火灾调查与常见问题辨析

王彦斌　著

吉林科学技术出版社

图书在版编目（C I P）数据

火灾调查与常见问题辨析 / 王彦斌著. -- 长春 : 吉林科学技术出版社, 2022.8

ISBN 978-7-5578-9371-2

Ⅰ. ①火… Ⅱ. ①王… Ⅲ. ①火灾一调查 Ⅳ. ①TU998.12

中国版本图书馆 CIP 数据核字(2022)第 113553 号

火灾调查与常见问题辨析

著　　　王彦斌
出 版 人　宛　霞
责任编辑　赵维春
封面设计　北京万瑞铭图文化传媒有限公司
制　　版　北京万瑞铭图文化传媒有限公司
幅面尺寸　185mm×260mm
开　　本　16
字　　数　327 千字
印　　张　15.125
印　　数　1-1500 册
版　　次　2022年8月第1版
印　　次　2022年8月第1次印刷

出　　版　吉林科学技术出版社
发　　行　吉林科学技术出版社
地　　址　长春市南关区福祉大路5788号出版大厦A座
邮　　编　130118
发行部电话/传真　0431-81629529　81629530　81629531
　　81629532　81629533　81629534
储运部电话　0431-86059116
编辑部电话　0431-81629510
印　　刷　廊坊市印艺阁数字科技有限公司

书　　号　ISBN 978-7-5578-9371-2
定　　价　58.00 元

《火灾调查与常见问题解析》编审会

王彦斌　吴小波　姜小平　吴林洁
徐海伟　朱根根　张　波　张正新
谢公民　王季楠

火灾调查是《消防法》赋予消防救援机构的法定职责，也是一项专业性，技术性很强的业务工作。尤其近年来，随着消防执法改革深度推进，火灾调查成为加强事中事后监管，确保消防安全责任落实的有力抓手，承担起从火灾中吸取教训，堵塞漏洞、补齐短板、完善机制的重要任务。面对新形势，新使命，新要求，必须大力发展火灾调查技术方法，不断提升专业水平和科技含量，推动火灾调查工作朝高质量，创新方向发展。

火灾事故调查不仅是查明火灾原因，追究事故责任的需要，而且也是一项消防基础工作。通过查找火灾背后的深层次原因，总结分析火灾暴露出的问题和教训，改进和完善防火、灭火工作相关方法、措施、政策、法规。

当前，随着我国经济的不断发展，新技术、新材料、新设备、新能源不断应用，用火、用电，用气量不断加大，火灾事故原因日趋复杂，火灾事故调查难度相应增大，同时火灾事故调查结论关系受灾当事人的法律责任和切身利益，工作稍有差池，就有可能引发矛盾纠纷。

因此，要通过现场勘验、物证鉴定与分析确定火灾事故的起火原因，对厘清和追究火灾事故责任十分重要。而对于重特大火灾事故，深入剖析火灾事故导致重大人员伤亡和财产损失的致灾机理，研究引发重大灾害事故发生、发展以及灾害扩大的原因，则对探究重大灾害事故隐含的火灾科学问题，系统分析典型场所火灾防控与灭火救援过程所存在的消防科技问题，总结经验教训，预防类似灾害事故的发生，具有十分重要的意义。

本书以火灾技术调查为主要对象，对我国火灾成因技术调查现状进行研究，介绍了火灾档案与火调业务信息、火灾现场勘验与建筑火灾与建筑防火、火灾事故处理与火灾应激与心理危机干预等内容。通过本书，读者可全面了解和掌握火灾成因调查的主要技术方法、程序以及调查流程等内容，对开展火灾成因调查分析、火灾事故重现模拟以及火灾调查工作具有很强的指导意义。本书内容详尽、实用性强，注重理论，可作为火灾调查人员以及相关火灾科学研究人员的参考用书。

目录

第一章 火灾调查的内涵

第一节 火灾调查概述

查清火灾原因，有效地预防和控制火灾，保护人民群众的生命、财产安全，维护公共安全，是公安机关消防机构的法定职责。经过广大消防工作者几十年的不懈努力，我国火灾调查工作从弱到强，已经建立了一支基本适应当前火灾调查工作的专业化队伍，积累了火灾调查工作经验，形成了较为科学的工作机制，相继制定了若干相关法规、技术规范，有力地推动了火灾调查工作的开展。

一、火灾调查的含义、任务和原则

从整个消防业务工作分工方面看，防火监督、灭火救援、火灾调查构成了消防安全防范和保卫工作的有机整体。火灾调查既是其中的重要组成部分、也是重要的基础性工作，搞好火灾调查工作，可以更加有力地促进防火监督和灭火救援工作。

（一）火灾调查的含义

1. 火灾调查的概念

随着社会经济的发展，新材料、新工艺、新技术、新装备的采用和运行，在生产、生活中经常会发生各种意想不到的事故，火灾是其中之一。火灾调查就是通过对火灾现场的勘验、对相关人员的调查询问和技术鉴定等活动，分析认定火灾原因和对火灾进行处理的过程。除了人为故意放火发生的火灾，大部分火灾都表现为火灾事故，在生产、生活中随机发生，这时，火灾调查又称火灾事故调查（除法律规定及特指外，本教材均采用“火灾调查”来表述）。火灾调查除涉及火灾场所的勘验外，还需对相关人员进行调查询问，涉及公民的隐私权和其他公民权利，一般由政府管理部门负责实施。因此，一般认为火灾调查工作属于政府进行社会公共安全管理的范畴。

火灾的发生既有自然的原因，也有各种人为的因素，其原因也多种多样。查明火灾发生的真正原因，吸取经验教训，从消防规范、规章制度、技术和管理的角度有针对性地开展消防监督工作和提高灭火效率，严惩犯罪，确保人民生命财产安全，维护社会和谐稳定是火灾调查工作的根本目的。

2. 火灾调查科学的发展

火灾调查是消防工作重要内容之一。我国的火灾调查科研工作虽然起步较晚，但是改革开放以后，消防工作受到了党和政府的高度重视及社会的普遍关注，火灾调查科学研究和教育事业迅速发展，火灾调查工作取得了显著的进步。

（1）设立了火灾调查机构，配备了火灾调查人员。

（2）研究配备了火灾调查器材。

（3）开展了火灾调查干部的培训和学历教育，为消防部队输送了大量火灾调查专业人才。

（4）加强了火灾调查科研和学术交流工作。

（5）加强了科技强警工作。

（6）加强了火灾调查法律法规建设。

3. 火灾调查研究的主要内容

火灾调查是政策性、法律性和专业技术性较强的工作，其主要研究内容为：

（1）火灾调查法规和技术规范方面的研究。主要包括：火灾调查工作指南，火灾事故调查规定，火灾现场勘验程序，火灾调查器材配备标准，火灾物证鉴定技术标准等。

（2）现场勘验技术方面的研究。主要包括：现场勘验器材的研制，火灾现场电脑绘图，火灾现场照相技术，火灾痕迹形成机理及证明作用，火灾痕迹物证提取方法的研究等。

（3）火灾物证鉴定技术方面的研究。主要包括：火灾物证仪器检测与鉴定方法，如电气火灾物证的金相分析法、成分分析法、形貌分析法，火灾残留物的色谱分析法、红外分析法、裂解色谱分析法、差热分析法等的研究。

（二）火灾调查的任务

火灾调查的任务是指调查机构所承担的火灾调查的工作和责任，是以法律和法规的形式规定的。《消防法》和《火灾事故调查规定》中所规定的火灾调查的任务是调查火灾原因，统计火灾损失，依法对火灾事故作出处理，总结火灾教训。

1. 调查火灾原因

调查火灾原因是公安机关消防机构火灾调查工作的首要任务。通过查明火灾原因，研究火灾发生、发展蔓延的规律，总结防火、灭火工作经验和教训，为依法处理火灾事故、改进和加强消防安全工作提供依据。因此，调查火灾原因是火灾调查工作的核心，是依法处理火灾事故的前提和基础。通过勘验火灾现场、调查询问相关人员和对有关痕迹物证进行技术鉴定和检验，获取证据材料，运用物质燃烧原理、火灾发展规律和人类认识规律，对火灾的发生、发展过程进行综合分析，作出火灾原因认定。

2. 统计火灾损失

统计火灾损失是火灾调查工作任务之一，也是确定火灾危害程度和依法处理火灾事故的依据。火灾损失包括火灾直接经济损失和人员伤亡情况。火灾直接经济损失统计范围为火灾直接财产损失、人员伤亡后支出的费用和善后处理费用。公安机关消防机构应当在火灾调查过程中，认真做好火灾损失统计工作。

按照《火灾事故调查规定》，受损单位和个人应当于火灾扑灭之日起7日内向火灾发生地的县级公安机关消防机构如实申报火灾直接财产损失，并附有效证明材料。公安机关消防机构应当根据受损单位和个人的申报、依法设立的价格鉴证机构出具的火灾直接财产损失鉴定意见以及调查核实情况，按照有关规定，对火灾直接经济损失和人员伤亡进行如实统计。

3. 依法对火灾事故作出处理

火灾调查是严肃的执法工作，只有对违法者依法进行处理，才能起到应有的警示和教育作用。公安机关消防机构在火灾调查中对火灾事故的处理方式有以下三种：

（1）刑事处罚。经过调查，涉嫌失火罪、消防责任事故罪的，按照《公安机关办理刑事案件程序规定》立案侦查；涉嫌其他犯罪的，及时移送有关主管部门办理。

（2）行政处罚。经过调查，涉嫌消防安全违法行为的，按照《公安机关办理行政案件程序规定》调查处理；涉嫌其他违法行为的，及时移送有关主管部门调查处理。

（3）行政处分。经过调查，不构成违法犯罪的，依照有关规定应当给予处分的，公安机关消防机构应当移交有关主管部门处理。

对于刑事处罚、行政处罚，公安机关消防机构需要向有关主管部门移送案件的，应当按照相关规定办理案件移交手续。

4. 总结火灾教训

火灾调查的目的之一就是要从火灾中吸取教训，有针对性地开展消防安全工作，避免类似的事故再次发生或尽量减少损失。公安机关消防机构应从火灾事故单位及人员落实消防安全职责、执行消防法规和消防技术标准情况、火灾防范措施、日常监管和火灾扑救等方面进行全面调查，分析查找在消防安全管理、技术预防措施、消防设备和火灾扑救中存在的问题，为修订和制定消防法规和技术标准，研究制定加强和改进消防安全工作的措施，进一步做好消防安全保卫工作，积累第一手资料。

（三）火灾调查的原则

火灾调查的原则是指在火灾调查工作中必须遵守的基本准则。根据《火灾事故调查规定》，为了查明火灾事故原因，必须坚持及时性、客观性、公正性、合法性原则。

1. 及时性原则

火灾调查工作具有很强的时效性，若不及时调查，时过境迁，证据无法收集和保全，起火原因就无法查清。另外，违法行为必须及时予以制裁，也要求时效性。为确保火灾调查工作及时有效地开展，《火灾事故调查规定》中对火灾调查工作的调查、复核时限等均作出了明确规定，从制度上给予了保障。

2. 客观性原则

客观是公正的前提，火灾调查必须实事求是，一切从火灾现场实际出发，注重证据，并利用科学的知识诠释证据。火灾是在一定的时空条件下发生的，发展蔓延具有一定的规律性，一般在现场留有相应的痕迹，也会被现场周围的人所感知，为查明火灾事实真相，应在充分调查获取各种证据的基础上才能认定起火原因。火灾现场破坏严重，勘验困难多、难度大，要求勘验和询问人员一丝不苟，注意寻找蛛丝马迹，善于发现线索，收集痕迹物证并对其进行分析论证，使各种证据能够形成完整的证据链。《火灾事故调查规定》中将现场勘验、调查询问和鉴定意见作为认定起火原因的前提条件，其目的就是要确保调查工作的客观性。

3. 公正性原则

公正即不偏不倚，公平对待，相应平等。其基本要求是：一切相等的情况必须平等地对待；一切在这方面不相等的情况必须不平等地对待；比较不平等的对待必须和比较不相等的情况保持对应关系。公正是社会发展的要求，是行政执法取信于民的前提，是全体公民的共同需求。火灾事故认定中调查机构具有一定的“自由裁量权”，调查人员必须无偏私地行使权力，做到法律面前人人平等，只有这样作出的决定才有公信力。

4. 合法性原则

火灾调查工作是行政执法的范畴。行政合法性是指行政权力的设立、行使、运用必须依据法律，符合法律要求，不能与法律相抵触。行政主体必须严格遵守行政法律规范，不得享有行政规范以外的特权。违法行政行为依法应予以追究，违法行政主体应承担相应的法律责任。我国是社会主义法治国家，经过多年的努力，各种法律体系逐渐完备，火灾调查工作已经基本做到了有法可依、有章可循。在火灾调查的整个过程中，调查人员都必须严格按照法律法规规定的程序、内容和要求，依法进行调查。凡是违犯相关法律法规要求的，不管是否造成严重后果，都应进行严肃处理。只有这样，才能确保火灾调查工作的合法性。

二、火灾调查的管辖和组织指挥

火灾现场的规模及造成的损害不同，调查工作的难易程度不同，需要配备的调查力量也就不同。各省市公安机关消防机构大都设有专门的火灾调查机构，但配备的人员及层次有所差异。为了有效地开展火灾调查工作，及时准确地查明火灾原因，最大化地发挥各级职能部门的作用，需要对火灾调查工作进行合理的管辖分工，并加以科学地组织实施。

（一）火灾调查的管辖

根据我国消防工作实际和《消防法》的原则规定，《火灾事故调查规定》中规定了火灾调查工作管辖分工。

1. 系统与部门管辖

《火灾事故调查规定》对火灾调查的管辖分工进行了明确划分，规定了各部门、机构的职责。火灾调查由县级以上人民政府公安机关主管，并由本级公安机关消防机构实施；尚未设立公安机关消防机构的，由县级人民政府公安机关实施。公安派出所应当协助公安机关火灾调查部门维护火灾现场秩序，保护现场，控制火灾肇事嫌疑人。铁路、港航、民航公安机关和国有林区的森林公安机关消防机构负责调查其消防监督范围内发生的火灾。可以看出，我国的火灾调查工作是由政府或行业系统的公安机关主管，由其各级公安机关消防机构组织实施的，也就是说公安机关消防机构是火灾调查的主体。

2. 属地与级别管辖

按照《火灾事故调查规定》中的有关要求，火灾调查实行属地和火灾分级管理制度。即：

（1）一次火灾死亡10人以上的，重伤20人以上或者死亡、重伤20人以上的，受灾50户以上的，由省、自治区人民政府公安机关消防机构负责调查；

（2）一次火灾死亡1人以上的，重伤10人以上的，受灾30户以上的，由设区的市或者相当于同级的人民政府公安机关消防机构负责调查；

（3）一次火灾重伤10人以下或者受灾30户以下的，由县级人民政府公安机关消防机构负责调查。

直辖市人民政府公安机关消防机构负责组织调查一次火灾死亡3人以上的，重伤20人以上或者死亡、重伤20人以上的，受灾50户以上的火灾事故；直辖市的区、县级人民政府公安机关消防机构负责调查其他火灾事故。

仅有财产损失的火灾调查，由省级人民政府公安机关结合本地实际作出管辖规定，报公安部备案。

3. 特殊管辖

《火灾事故调查规定》对于容易引起管辖争议火灾、放火嫌疑火灾、军事设施火灾等作出特别规定。

（1）跨行政区域的火灾，由最先起火地的公安机关消防机构按照级别管辖分工负责调查，相关行政区域的公安机关消防机构予以协助。对管辖权发生争议的，报请共同的上一级公安机关消防机构指定管辖，县级人民政府公安机关负责实施的火灾调查管辖权发生争议的，由共同的上一级主管公安机关指定。

（2）上级公安机关消防机构应当对下级公安机关消防机构火灾调查工作进行监督和指导。上级公安机关消防机构认为必要时，可以调查下级公安机关消防机构管辖的火灾。

（3）具有下列情形之一的，公安机关消防机构应当立即报告主管公安机关通知具有管辖权的公安机关刑侦部门，公安机关刑侦部门接到通知后应当立即派员赶赴现场参加调查；涉嫌放火罪的，公安机关刑侦部门应当依法立案侦查，公安机关消防机构予以协助：

①有人员死亡的火灾；

②国家机关、广播电台、电视台、学校、医院、养老院、托儿所、幼儿园、文物保护单位、邮政和通信、交通枢纽等部门和单位发生的社会影响大的火灾；

③具有放火嫌疑的火灾。

（4）军事设施发生火灾需要公安机关消防机构协助调查的，由省级人民政府公安机关消防机构或者公安部消防局调派火灾调查专家协助。

（二）火灾调查的组织指挥

火灾调查工作尤其是重特大火灾调查工作，牵涉面广，调查人员来自于不同的部门，因此，为了使调查工作有组织、有秩序地进行，必须实行统一领导和分工协作。

1. 统一领导

一般情况下，火灾调查都是由公安机关消防机构负责组织实施的。人员伤亡多、损失大或造成的影响较大的火灾，政府相关部门会专门成立事故调查组，但是火灾原因的调查工作一般仍由公安机关消防机构组织实施。无论是哪种形式，火灾调查工作必须在统一领导下进行，以便于调查力量的调配和各项调查工作的开展。火灾调查工作有时需要各个部门的人员、各个相关行业的专家学者参加，只有实行统一领导，才能有效协调各部门人员、各方面的关系，综合利用已经获取的信息，确保调查工作有序开展。

2. 分工协作

一般火灾调查应按照要求勘验现场、询问相关人员，并制作笔录，按照程序和要求认定火灾原因。

具有重大社会影响的火灾调查工作，应成立火灾调查组，并根据需要下设若干小组，如现场保护、现场勘验、调查询问、损失统计、后勤保障、信息综合与发布等具体的工作小组，对各个小组应指定负责人并提出工作要求。一般地，现场保护可由起火单位或辖区派出所负责；现场勘验和调查询问由公安机关消防机构负责，必要时，请求公安机关其他相关警种配合，起火单位及其上级主管部门应主动配合，积极协助做好工作；火灾损失一般是由起火单位申报，公安机关消防机构负责审核、统计，必要时，要求起火单位或事主申请中介机构鉴定火灾损失。

第二节　火灾调查的依据

火灾调查是一项行政执法工作，必须按照法律的规定执行。同时，火灾调查又是专业技术性较强的执法工作，在具体的操作过程中，也必须严格按照相应的规范执行。

一、火灾调查的法律、法规依据

火灾调查涉及消防行政案件和部分刑事案件的办理，所依据的法律、法规有《消防法》、《中华人民共和国刑法》（以下简称《刑法》）、《公安机关办理刑事案件程序规定》、《火灾事故调查规定》等。

（一）中华人民共和国消防法

《消防法》第4条规定："县级以上地方人民政府公安机关对本行政区域内的消防工作实施监督管理，并由本级人民政府公安机关消防机构负责实施。军事设施的消防工作，由其主管单位监督管理，公安机关消防机构协助；矿井地下部分、核电厂、海上石油天然气设施的消防工作，由其主管单位监督管理。""法律、行政法规对森林、草原的消防工作另有规定的，从其规定。"本法条规定了我国消防监督管理体制。从法条的规定可以看出，公安部是全国消防监督管理的最高领导机关，地方各级人民政府公安机关负责本辖区的消防监督管理工作，军事设施及一些特殊行业系统由其主管单位负责其系统内部的消防监督管理工作，并确定了公安机关消防机构对军事设施消防监督管理工作的协助义务。对消防工作实施监督管理历来是公安机关的重要职责之一，是由公安机关的性质及其承担的基本任务决定的。

（二）中华人民共和国刑法

《刑法》第115条规定："放火、决水、爆炸、投毒或者以其他危险致人重伤、死亡或者使公私财产遭受重大损失的，处十年以上有期徒刑、无期徒刑或者死刑。过失犯前款罪的，处三年以上七年以下有期徒刑；情节较轻的，处三年以下有期徒刑或者拘役。"

第139条规定："违反消防管理法规，经消防监督机构通知采取改正措施而拒绝执行，造成严重后果的，对直接责任人员，处三年以下有期徒刑或者拘役；后果特别严重的，处三年以上七年以下有期徒刑。在安全事故发生后，负有报告职责的人员不报或者谎报事故情况，贻误事故抢救，情节严重的，处三年以下有期徒刑或者拘役；情节特别严重的，处三年以上七年以下有期徒刑。

以上条款分别对失火罪、消防责任事故罪的犯罪构成及刑事法律责任作出了明确规定。根据《公安部刑事案件管辖分工规定》，《刑法》中的失火案和消防责任事故案由公安机关消防机构管辖。《关于公安机关消防机构办理刑事案件有关问题的通知》又对公安机关消防机构办理刑事案件的组织机构、人员、经费等问题作出了规定。其后，最高检察院、公安部对公安机关管辖的失火案、消防责任事故案等案件的立案追诉标准作了如下规定：

1. 失火案的立案追诉标准为以下情形之一：

（1）导致死亡 1 人以上，或者重伤 3 人以上的；

（2）造成公共财产或者他人财产直接经济损失 50 万元以上的；

（3）造成 10 户以上家庭的房屋以及其他基本生活资料烧损的；

（4）造成森林火灾，过火有林地面积 2 公顷以上，或者过火疏林地、灌木林地、未成林地、苗圃地面积 4 公顷以上的；

（5）其他造成严重后果的情形。

2. 消防责任事故案的立案追诉标准为以下情形之一：

（1）造成死亡 1 人以上，或者重伤 3 人以上的；

（2）造成直接经济损失 50 万元以上的；

（3）造成森林火灾，过火有林地面积 2 公顷以上，或者过火疏林地、灌木林地、未成林地、苗圃地面积 4 公顷以上的；

（4）其他造成严重后果的情形。

（三）公安机关办理刑事案件程序规定

《公安机关办理刑事案件程序规定》是为了保障《中华人民共和国刑事诉讼法》的贯彻实施，保证公安机关办理刑事案件中正确行使职权，规范办案程序，确保办案质量，提高办案效率而制定的部门规章。该规定分为任务和基本原则、管辖、回避、律师参与刑事诉讼、证据、强制措施、立案、撤案、侦查、执行刑罚、特别程序、办案协作、刑事司法协助和警务合作、附则等。公安机关消防机构在办理失火案和消防责任事故案时应执行此规定。

（四）火灾事故调查规定

《火灾事故调查规定》是为了规范火灾调查，保障公安机关消防机构依法履行职责，保护火灾当事人的合法权益，根据《消防法》而制定的部门规章。该规定分为总则、管辖、简易程序、一般程序、火灾事故调查的处理、附则等。在一般程序中对现场调查、检验、鉴定、火灾损失统计、火灾事故认定、复核作出了具体的规定。

二、火灾调查的标准、规定依据

火灾调查涉及专业领域多，在严格执行有关法律法规基础之上，还须执行和参照一些技术标准、规定。目前，与火灾调查有关的标准、规定较多，主要有：

（一）火灾统计管理规定

《火灾统计管理规定》是依据《中华人民共和国统计法》和相关消防法规而制定

的部门规章，其目的是为了加强火灾统计管理工作，保障火灾统计资料准确性和及时性，充分发挥火灾统计在消防工作中的作用而制定的。该规定确定了火灾统计的任务、范围、原则、时限、要求以及法律责任等。

（二）火灾损失统计方法

《火灾损失统计方法》是强制性公共安全行业标准，适用于公安机关消防机构对单起火灾损失的统计。该标准规定了火灾损失统计的术语、统计分类、统计要求、损失物识别、统计技术方法等。

（三）火灾直接财产损失统计方法

《火灾直接财产损失统计方法》是强制性公共安全行业标准。该标准规定了火灾直接财产损失的定义、计算方法和统计程序，适于各类房屋、构筑物、设备和其他财产的火灾损失统计，不适用于货币及有价证券等的火灾统计。火灾直接财产损失统计是火灾调查中统计火灾损失的必须遵照的技术标准。

（四）火灾间接经济损失额计算方法

火灾间接经济损失是指因火灾停工、停产、停业造成的经济损失，因火灾致人伤亡造成的经济损失，因火灾现场施救及清理火场的费用。该方法定义了火灾间接损失的范围，确定了统计方法，是通过公安部通知形式下发执行的。

（五）火灾现场勘验规则

《火灾现场勘验规则》是强制性的公共安全行业标准。该标准对火灾现场勘验的内容、程序、方法和要求作出了规定，规范了公安机关消防机构火灾现场勘验行为，增强了火灾现场勘验工作的科学性、公正性和权威性，提高了火灾调查质量。

《火灾现场勘验规则》是公安机关消防机构勘验火灾现场的行为准则和依据。

（六）火灾原因认定暂行规则

《火灾原因认定暂行规则》适用于按照一般程序调查的火灾原因的认定，包括认定起火时间、起火部位或起火点、起火原因、灾害成因。该规则是依据《火灾事故调查规定》和有关技术规范，为科学、合法、准确认定火灾原因而制定的暂行规则，是以公安部消防局通知形式下发执行的。

（七）火灾原因调查指南

《火灾原因调查指南》是推荐性公共安全行业标准。该标准规定了火灾原因调查的术语和定义、人员要求、基本程序、现场记录、询问、火灾痕迹、物证、起火原因认定以及电气火灾、燃气火灾、放火、汽车火灾、爆炸、静电和雷击火灾原因的调查技术和方法，对公安机关消防机构的火灾调查工作具有指导意义。

第三节　火灾调查的证据

火灾调查的证据是证明火灾事实是否存在的根据，它是以火灾调查中一些已知事实来证明未知问题的。火灾调查涉及事故认定、行政案件和刑事案件的办理，因此，涉及证据的种类较多。所有的证据，在应用时必须查证属实，才能作为定案的根据。

一、火灾调查证据的基本要求

作为证明火灾事实真伪的证据必须同时具备客观性、关联性和合法性（即“三性”），即证据的基本属性。

（一）客观性

证据是不以任何人的主观意志而客观存在的事实。任何火灾都发生在一定的时间、地点、条件下，火灾必然引起外界的变化，留下各种痕迹、物品，或反映在人的意识中。这些与火灾有关的各种痕迹、物品、文书或者人们看到的情况，都是客观存在的事实。火灾调查的工作任务之一就是发现收集这些事实作为证据，以查明火灾原因。任何想象、估计、分析、猜测、推论等，均不能作为火灾调查的证据。

（二）关联性

关联性是指证据与火灾事实之间存在着内在的必然联系。在火灾调查中收集的各种材料是否可以作为证据使用，需要对这些材料进行审查。其中审查证据材料的主要任务，就是要判明证据材料是否与火灾事实有内在的联系，确定是否对火灾事实有证明作用。不具有关联性的证据材料不得作为火灾调查的证据。

（三）合法性

合法性也称为证据的法律性。火灾调查证据的合法性要求调查人员在收集证据时必须依照法定程序进行，并具有法定形式。例如，现场勘验必须由两名勘验人员进行，提取现场痕迹物品时必须要由勘验人员、证人或者当事人签字；询问相关人员时，询问笔录必须交由询问对象阅读并签字。不具备法律要求的事实，不具有证据效力。

二、火灾调查证据的分类方法

火灾调查中依照不同的方法，对证据可以作出不同的分类。同一个证据，从不同的角度可以分为不同的类别。

（一）按照证据来源进行分类

按照证据来源，可以分为原始证据和传来证据。

1. 原始证据是直接来源于火灾事实的证据

包括：（1）火灾现场所留的尸体、物品、痕迹；（2）调查人员在调查中获取的作案工具，留有作案痕迹的衣服和物品；（3）与火灾事实有关的各种单据、文件的原件；（4）能够证明当事人身份的工作证、户口簿、档案材料的原件；（5）受害人陈述；（6）现场目击者和火灾知情人亲自提供的证言；（7）视听材料原件。原始证据未经过中间环节转手、复制或传抄，其真实性、可靠性较大，证明力较强。

2. 传来证据也称派生证据，是间接获得的证据

即通常所说的第二手或第三手材料。包括：（1）各种证物的复制品；（2）火灾现场照片、模型、视听材料的复制品；（3）根据证人和当事人提供的体貌特征所绘制的模拟画像；（4）各种书证的副本、抄件、复印件；（5）证人转述他听别人告知的有关火灾事实。传来证据经过中间环节的转手、传抄和转述，有失真的可能性，其可靠性和证明力一般不如原始证据。经过查证属实的传来证据，也可作为定案的根据。

（二）按照证据与火灾事实的关系进行分类

按照证据与火灾事实的关系，可以分为直接证据和间接证据。

1. 直接证据是直接证明火灾事实的证据

火灾调查中的直接证据主要有：（1）当事人对火灾事实的陈述；（2）证人就火灾事实提供的证言；（3）现场记录以及反映火灾事实的视听材料。直接证据在火灾调查中起着直接证明的作用，但因直接证据大多属于言词证据，易受主客观因素的影响，其客观真实性需要进行查证核实。

2. 间接证据是指间接证明火灾事实的证据

与直接证据不同，它只能从某一侧面证明火灾中的某一局部的事实或个别情节，不能单独地直接地证明火灾的主要事实。例如，火灾现场留下的各种痕迹、物品；放火嫌疑人使用的作案工具；认定火灾发生地点的各种物证和人证；价格鉴定机构对火灾损失作出的鉴定结果、火灾物证鉴定机构作出的鉴定意见，等等。间接证据在火灾调查中具有重要作用，它是鉴别直接证据真伪的有力手段。在没有直接证据的情况下，当数个间接证据形成一个有内在联系的相互印证的证据体系时，可以作为认定火灾原因的依据。

（三）按照证据的存在形式进行分类

按照证据的存在形式，可以分为实物证据和言词证据。

（1）实物证据又称物证，是以实物形态和客观存在的自然状况为表现形式的证据。火灾调查中的实物证据包括物证、书证、勘验笔录等。实物证据具有客观性强，比言词证据稳定的特点，但也有可能被伪造或发生变化。在运用实物证据时，应严格审查核实，判明真伪。

（2）言词证据又称人证，是以口头或书面陈述为表现形式的证据。火灾调查中的言词证据有证人证言、当事人陈述等。言词证据受主客观条件的影响，可能出现失

真的现象，必须从多方面加以验证核实。

三、火灾调查证据的种类

证据的种类又称证据的法定形式，是指表现证据事实内容的各种外部表现形式。证据的种类是由法律规定的。公安机关消防机构承办的火灾案件性质不同，适用的证据类别和要求存在差异。

《中华人民共和国刑事诉讼法》（以下简称《刑事诉讼法》）规定的证据有八种：物证；书证；证人证言；被害人陈述；犯罪嫌疑人、被告人供述和辩解；鉴定意见；勘验、检查、辨认、侦查实验等笔录；视听资料、电子数据。

《中华人民共和国行政诉讼法》（以下简称《行政诉讼法》）规定的证据有七种：书证；物证；视听资料；证人证言；当事人的陈述；鉴定结论；勘验笔录、现场笔录。

《公安机关办理刑事案件程序规定》中规定的证据有八种：物证；书证；证人证言；被害人陈述；犯罪嫌疑人供述和辩解；鉴定意见；勘验、检查、侦查实验、搜查、查封、扣押、提取、辨认等笔录；视听资料、电子数据。

《公安机关办理行政案件程序规定》中规定的证据有七种：物证；书证；被侵害人陈述和其他证人证言；违法嫌疑人的陈述和申辩；鉴定意见；勘验、检查、辨认笔录，现场笔录；视听资料、电子数据。

公安机关消防机构在调查火灾及办理案件过程中，火灾性质不同，则适用的证据种类不同。若办理失火案、消防责任事故案等消防刑事案件，证据的种类应适用《刑事诉讼法》的规定；若进行一般的火灾调查，证据的种类适用《行政诉讼法》和《公安机关办理行政案件程序规定》。

（一）物证

对案件事实具有证明作用的物品、痕迹等。物证是以其外部特征、属性、存在情形等证明案件事实的。外部特征指物体的大小、形状、颜色、光泽和图案等；属性指物体的物理属性（密度、弹性等）、化学成分和内部结构；存在情形则指物体所处的空间位置、环境、状态及与其他物体的相互关系等。常见的火灾物证有：烟熏痕迹、炭化痕迹、摩擦痕迹、燃烧图形、短路熔痕、火烧熔痕等。物证应妥善保管与封存，必要时可制成模型，或拍照、绘图。

（二）书证

书证是以文字、符号、图画记载或表述的内容含义证明案件事实的书面材料。从广义上讲，书证也属于物证。火灾调查中常见的书证有动火许可证，消防监督检查记录、责令改正通知书等消防监督法律文书、账目等，一般是在火灾发生前业已存在的。

（三）视听资料、电子数据

视听资料、电子数据是以录音录像或电子计算机储存的以及其他科技设备与手段所提供的有关信息。视听资料具有高度的准确性和逼真性，具有言词证据所不具备的直感性，具有实物证据所不具备的动态连续性。但视听资料是由人制作的，也可能被用以制作伪证，因此应对其真实性进行审查核实。火灾调查中常见的视听资料、电子数据有：火灾现场及周边监控摄像头拍摄的影像、现场勘验时的录像、涉及报警时间的通信数据等。

（四）证人证言

证人就自己所了解的与案件有关的情况向办案机关所作出的书面或口头陈述。对口头陈述的证言，应制作《询问笔录》，证人核对后签名或盖章。证人证言可以是证人亲自看到或听到的情况，也可以是间接知道的情况。

（五）被害人陈述和被侵害人陈述

被害人陈述是《刑事诉讼法》中规定的证据之一，是遭受犯罪行为直接侵害的人就有关案件事实所作出的叙述。被害人对受害的经过和案件发生的情况有直接的了解，其陈述对揭露和惩治犯罪分子，正确认定案情具有重要的作用。但由于主客观因素的影响，被害人的陈述有时会发生偏差、错误。

被侵害人陈述是公安机关办理行政案件中的证据之一。被侵害人是指案件中在身体、精神、财产或名誉方面受到伤害的人。被侵害人陈述是被侵害人就有关侵权违法行为所造成的自身被侵害事实所作出的叙述。由于主客观因素的影响，被侵害人陈述有时也会出现偏差和错误。

（六）犯罪嫌疑人、被告人供述和辩解与违法嫌疑人的陈述和申辩

犯罪嫌疑人、被告人供述和辩解是《刑事诉讼法》中规定的证据之一，是犯罪嫌疑人、被告人在受审中口头陈述或用文字书写的与案情有关的陈述。

违法嫌疑人的陈述和申辩是公安机关办理行政案件程序规定中的证据之一，是违法嫌疑人就本人是否实施违法行为以及案件的具体情况所作的陈述和申辩。

（七）当事人的陈述

当事人的陈述是我国行政诉讼证据中的证据形式之一。狭义的当事人陈述仅指当事人（原告、被告、第三人）对事实问题的陈述。而广义的当事人陈述包括当事人在诉讼中间向人民法院所作的关于案件事实情况的陈述，诉讼请求的提出、说明和关于案件处理方式的意见，对证据的分析、判断和应否采用的意见，对所争议事实适用法律的意见，等等。在诉讼中，一般以狭义的当事人陈述作为行政诉讼的证据。

（八）鉴定意见（结论）

鉴定意见（结论）是鉴定人对案件中专门性问题进行鉴定后制作的书面报告。鉴定的结果不是最终结论，仍然要经过公安司法机关结合全案情况和其他证据进行审查判断，查证属实之后，才能作为定案的根据。

（九）勘验、检查、辨认、侦查实验等笔录

勘验、检查笔录也称现场笔录，是指侦查人员对与犯罪有关的场所、物品、人身、

尸体等进行现场勘验、检查所作的记录。这种笔录根据实际需要可分为《现场勘验笔录》《尸体检验笔录》《物品检验笔录》和《人身检查笔录》。

辨认笔录是指侦查人员让被害人、犯罪嫌疑人或者证人对与犯罪有关的物品、文件、尸体、场所或者犯罪嫌疑人进行辨认所作的记录。

侦查实验笔录是指侦查人员在必要的时候按照某一事件发生时的环境、条件，进行实验性重演的侦查活动形成的笔录。

侦查机关依法进行其他侦查活动形成的笔录，也可以作为证据。

第四节　火灾调查的程序

火灾调查的程序是指调查火灾的工作内容与步骤。为了提高办事效率，节约行政成本，依据火灾的危害程度和调查的难易度不同，《火灾事故调查规定》中规定了简易程序与一般程序。

一、火灾调查的简易程序

火灾调查的简易程序是对一些小规模火灾调查工作程序的简化，目的是提高火灾调查效率，进一步规范火灾调查工作内容与步骤，提高火灾统计的准确性。

（一）适用对象

按照《火灾事故调查规定》，同时具有下列情形的火灾可以适用简易调查程序：

（1）没有人员伤亡的；

（2）直接财产损失轻微的；

（3）当事人对火灾事实没有异议的；

（4）没有放火嫌疑的。

其中，第二项的具体标准由省级人民政府公安机关确定，报公安部备案。

（二）调查内容与步骤

适用简易调查程序的，可以由一名火灾调查人员调查，并按照下列程序实施：

（1）表明执法身份，说明调查依据；

（2）调查走访当事人、证人，了解火灾发生过程、火灾烧损的主要物品及建筑物受损等与火灾有关的情况；

（3）查看火灾现场并进行照相或者录像；

（4）告知当事人调查的火灾事实，听取当事人的意见，当事人提出的事实、理由或者证据成立的，应当采纳；

（5）当场制作火灾事故简易调查认定书，由火灾调查人员、当事人签字或者捺指印后交付当事人。

火灾调查人员应当在2日内将火灾事故简易调查认定书报所属公安机关消防机构备案。

二、火灾调查的一般程序

除依照规定适用简易调查程序的火灾外，其余的按照一般程序调查。公安机关消防机构调查火灾时，调查人员不得少于两人，必要时可以聘请专家或专业人员协助调查。

火灾发生地的县级公安机关消防机构应当根据火灾现场情况，排除现场险情，保障现场调查人员的安全，初步划定现场封闭范围并根据火灾调查需要，及时调整现场封闭范围，设置现场警戒标志，禁止无关人员进入现场。封闭火灾现场的，公安机关消防机构应当在火灾现场对封闭的范围、时间和要求等予以公告。公安机关消防机构应要求公安派出所协助控制火灾肇事嫌疑人。

公安机关消防机构自接到火灾报警之日起30日内作出火灾事故认定；情况复杂、疑难的，经上一级公安机关消防机构批准，可以延长30日。火灾调查中需要进行检验、鉴定的，检验、鉴定时间不计入调查期限。

（一）现场调查

公安机关消防机构应根据火灾调查管辖权限，及时组织开展火灾调查工作。

1. 询问知情人

火灾调查人员应当根据调查需要，对发现、扑救火灾人员，熟悉起火场所、部位和生产工艺人员，火灾肇事嫌疑人和被侵害人等知情人员进行询问，询问应当制作询问笔录。

2. 勘验记录火灾现场

按照火灾现场勘验规则勘验现场，采用现场照相或者录像、录音等方法记录现场情况，制作现场勘验笔录和绘制现场图等。

3. 提取火灾物证

按现场勘验规则提取火灾物证，并妥善保存。

4. 现场实验

根据调查需要，经负责火灾调查的公安机关消防机构负责人批准，可以进行现场实验。现场实验应当照相或者录像，制作现场实验报告。

（二）检验、鉴定

对火灾现场提取的痕迹物证进行专门性技术鉴定的，公安机关消防机构应当委托依法设立的鉴定机构进行，并与鉴定机构约定鉴定期限和鉴定检材的保管期限。

对火灾直接财产损失鉴定，公安机关消防机构可以委托依法设立的价格鉴证机构进行。

对于火灾中死亡尸体的鉴定，公安机关消防机构应当立即通知本级公安机关刑事科学技术部门进行尸体检验。公安机关刑事科学技术部门应当出具尸体检验鉴定文书，确定死亡原因。

（三）火灾损失统计

公安机关消防机构应根据火灾受损单位和个人的申报，进行火灾损失统计。

1. 申报

受损单位和个人应当于火灾扑灭之日起7日内向火灾发生地的县级公安机关消防机构如实申报火灾直接财产损失，并附有效证明材料。

2. 核实与统计

公安机关消防机构应当根据受损单位和个人的申报、依法设立的价格鉴证机构出具的火灾直接财产损失鉴定意见以及调查核实情况，按照有关规定，对火灾直接经济损失和人员伤亡进行如实统计。

（四）火灾事故认定

公安机关消防机构应当在现场勘验、调查询问及有关物证检验、鉴定后，对各个证据进行综合分析，及时作出起火原因的认定。

1. 认定前的工作

在作出火灾事故认定前，应当召集当事人到场，说明拟认定的起火原因，听取当事人意见，以尽可能地减少复核和上访案件。

2. 认定内容与依据

对起火原因已经查清的，应当认定起火时间、起火部位、起火点和起火原因；对起火原因无法查清的，应当认定起火时间、起火点或者起火部位以及有证据能够排除和不能排除的起火原因。认定意见及排除意见应有证据支持。

3. 送达文书

公安机关消防机构应当制作火灾事故认定书，自作出之日起7日内送达当事人，并告知当事人申请复核的权利。无法送达的，可以在作出火灾事故认定之日起7日内公告送达。公告期为20日，公告期满即视为送达。

4. 技术调查

对较大以上的火灾事故或者特殊的火灾事故，公安机关消防机构应当开展消防技术调查，形成消防技术调查报告，逐级上报至省级人民政府公安机关消防机构，重大以上的火灾事故调查报告报公安部消防局备案。调查报告应当包括：起火场所概况；起火经过和火灾扑救情况；火灾造成的人员伤亡、直接经济损失统计情况；起火原因和灾害成因分析；防范措施。

（五）复核

为了维护当事人的合法权益，从源头上杜绝和减少火灾事故上访事件的发生，当事人如果对于公安机关消防机构出具的火灾事故认定书存有异议，可以依照程序提请复核，公安机关消防机构必须给予答复。

1. 复核申请

当事人对火灾事故认定有异议的，可以自火灾事故认定书送达之日起 15 日内，向上一级公安机关消防机构提出书面复核申请；对省级人民政府公安机关消防机构作出的火灾事故认定有异议的，向省级人民政府公安机关提出书面复核申请。

复核申请应当写明申请人的基本情况，被申请人的名称，复核请求，申请复核的主要事实、理由和证据，申请人的签名或者盖章，申请复核的日期。

2. 复核的受理

复核机构应当自收到复核申请之日起 7 日内作出是否受理的决定并书面通知申请人。有下列情形之一的，不予受理：

（1）非火灾当事人提出复核申请的；

（2）超过复核申请期限的；

（3）复核机构维持原火灾事故认定或者直接作出火灾事故复核认定的；

（4）适用简易调查程序作出火灾事故认定的。

公安机关消防机构受理复核申请的，应当书面通知其他当事人，同时通知原认定机构。

原认定机构应当自接到通知之日起 10 日内，向复核机构作出书面说明，并提交火灾事故调查案卷。

3. 复核的方法

复核机构应当对复核申请和原火灾事故认定进行书面审查，必要时，可以向有关人员进行调查；火灾现场尚存且未被破坏的，可以进行复核勘验。复核审查期间，复核申请人撤回复核申请的，公安机关消防机构应当终止复核。

4. 复核的期限

复核机构应当自受理复核申请之日起 30 日内，作出复核决定，并按照《火灾事故调查规定》的时限送达申请人、其他当事人和原认定机构。对需要向有关人员进行调查或者火灾现场复核勘验的，经复核机构负责人批准，复核期限可以延长 30 日。

5. 复核结论

复核机构应根据情况作出维持原认定或重新认定的结论。

（1）维持原认定。原火灾事故认定主要事实清楚、证据确实充分、程序合法，起火原因认定正确的，复核机构应当维持原火灾事故认定。

（2）重新认定。原火灾事故认定具有下列情形之一的，复核机构应当直接作出火灾事故复核认定或者责令原认定机构重新作出火灾事故认定，并撤销原认定机构作出的火灾事故认定：①主要事实不清，或者证据不确实充分的；②违反法定程序，影响结果公正的；③认定行为存在明显不当，或者起火原因认定错误的；④超越或者滥用职权的。

原认定机构接到重新作出火灾事故认定的复核决定后，应当重新调查，在 15 日内重新作出火灾事故认定。

复核机构直接作出火灾事故认定和原认定机构重新作出火灾事故认定前，应当向申请人、其他当事人说明重新认定情况；原认定机构重新作出的火灾事故认定书，应当按照《火灾事故调查规定》的时限送达当事人，并报复核机构备案。

复核以一次为限。但当事人对原认定机构重新作出的火灾事故认定，仍可以按照《火灾事故调查规定》申请复核。

第二章 火灾档案与火调业务信息

第一节 火灾档案的管理

火灾档案是公安消防部门的火灾调查人员，依据有关规章和规范性文件的规定，结合火灾调查工作实际，在火灾调查和处理过程中，通过调查走访、询问当事人、现场勘验等方法和手段，将收集到的各种内容和形式的材料，按照规定的顺序和装订要求进行归档，并在规定期限内交由档案管理部门在保存期限内统一进行管理。火灾档案包括火灾案卷、电子案卷及视听资料、电子数据。

一、案卷制作

火灾事故调查档案分为火灾事故简易调查卷、火灾事故调查卷和火灾事故认定复核卷。火灾事故简易调查卷、火灾事故调查卷归档内容及装订顺序分别如下：

（一）简易程序案卷

（1）卷内文件目录。

（2）火灾事故简易调查认定书。

（3）询问笔录或调查走访记录。

（4）现场照片。

（5）火灾直接财产损失申报统计表（涉及两户以上或有赔偿纠纷的，必须制作）。

（6）其他有关材料。

（7）备考表。

火灾事故简易调查卷应以每起火灾为单位，以报警时间为序，按季度或年度立案归档，也可一案一卷。

（二）一般程序案卷

（1）卷内文件目录。

（2）火灾事故认定书及呈请审批表。

（3）火灾报警记录。

（4）询问笔录，证人证言。

（5）传唤证及审批表。

（6）火灾现场勘验笔录。

（7）火灾痕迹物品提取清单。

（8）火灾现场图：方位图、总平面图、现场平面图、物品复原图、电气线路图（涉及电气火灾的，必须制作）及其他有关图纸。

（9）现场照片、物证照片或录像。

（10）鉴定、检验意见，专家意见。

（11）现场实验报告、照片或录像。

（12）公安及消防队提供的证明材料。

（13）视频、音频资料。

（14）火灾损失统计表，火灾直接财产损失申报统计表，火灾直接财产损失申报表发放登记单。

（15）火灾事故认定说明记录。

（16）火灾现场保护告知单、或机动车火灾现场保护告知单。

（17）火灾事故调查报告、或消防技术调查报告。

（18）火灾事故认定集体会审记录。

（19）消防刑事案件立案前审查情况表、火灾事故刑事责任追究调查情况报告、火灾事故刑事责任追究集体议案。

（20）火灾涉及单位的营业执照（属于单位火灾的，必须制作）。

（21）文书送达回执（送达文书时，当事人拒绝签收或不能采取当场交付方式的，必须制作）。

（22）其他有关材料。

（23）备考表。

二、档案管理

（一）档案保管

（1）火灾事故调查人员应当在火灾事故认定完结后30个工作日内立卷并移交档案室（柜）。

（2）火灾事故调查档案保管期限为长期（16～50年），其中火灾事故简易调查卷保管期限为5年，较大以上火灾事故调查卷保管期限为50年。

（3）现场照片、视频监控等电子数据资料及实物物证存档编号应与火灾事故认定案卷存档编号相对应，以方便查找。电子数据资料应与纸质案卷保管期限相一致。

（二）档案查阅

1. 当事人

在严格按照《火灾事故调查规定》第三十四条的规定执行时，应注意：

（1）尚未结案仍在调查中的，不得查阅、复制、摘录。

（2）不属于火灾当事人的，不提供查阅、复制、摘录，如保险公司、产品厂商、未受委托的第三方等。

（3）当事人要查阅、复制、摘录的，应当书面提出申请。提供材料仅限于火灾事故认定书，现场勘验笔录和检验、鉴定意见。经消防部门整理，分管领导同意，可在7个工作日内予以提供。

（4）向当事人提供材料时，应提供原件复印件并加盖确认章，不得将整本案卷交由当事人查阅、复制、摘录。

（5）涉嫌放火已移送刑侦部门的案卷除《移送通知书》外不提供相关材料查阅、复制、摘录。

2. 法院工作人员

法院工作人员持本人有效工作证件及单位介绍信的，应配合其调查。

（1）在充分了解法院工作人员来意和诉讼内容后，可由参与火灾调查的人员介绍案情，或配合制作有关询问笔录。

（2）要求查阅、复制、摘抄的，经消防部门整理，分管领导同意，可在7个工作日内予以提供。

（3）对火灾案情复杂的，可与法院工作人员另行约定时间，再予答复，以免匆忙答复引起歧义，造成工作被动。

（4）涉及国家秘密、商业秘密、个人隐私以及证人保护的，应向法院工作人员提前告知，并在复制、摘抄时隐去相关内容。

3. 律师

律师持本人有效工作证件及当事人委托书或法院《调查令》的，应充分了解来访律师的代表方、来意和诉求，并视为当事人予以接待。

第二节 常用数据与信息

一、常见自燃物质

（一）氧化放热物质

1. 低自燃点物质

包括白磷（40℃）、黄磷（45℃）、还原铁粉。

2. 含不饱和双键的油脂类物质

包括植物油、动物油及其制品，还包括原棉、棉籽、油布、涂料渣、炸油渣、骨粉等含有动植物油的物质。油脂本身发生自燃可能性很小，通常需要浸渍吸附在表面积很大的固体载体上才能发生自燃。

3. 其他氧化放热物质

包括煤（不含无烟煤）、橡胶、金属粉（屑）。

（二）分解放热物质

包括硝化棉、赛璐珞、硝化甘油、硝化棉漆片。

（三）发酵放热物质

包括常见植物茎秆、果实等。

（四）吸附生热物质

包括活性炭末、木炭粉末、油烟粉末。

（五）遇水自燃物质

（1）碱金属：锂、钾、钠。

（2）金属氢化物：氢化钠、氢化锂、氢化钙、氢化铝。

（3）金属碳化物：碳化钙、碳化钾。

（4）金属磷化物：磷化钙、磷化锌。

（5）其他：保险粉、含氯石灰、锌粉、三乙基铝、硅化镁、氰化钾等。

（六）混触自燃（爆炸）的物质

指强氧化剂物质和强还原剂物质混合会发生燃烧或爆炸的物质。

1. 强氧化剂

硝酸盐类：硝酸钾、硝酸钠、硝酸铵；

氯酸盐类：氯酸钾、氯酸钠、氯酸铵；

次氯酸盐类：次氯酸钠、次氯酸钾、次氯酸钙；

重铬酸盐类：重铬酸钾、重铬酸钠、重铬酸铵；

溴酸盐类：溴酸钾、溴酸钠、溴酸锌；

碘酸盐类：碘酸钾、碘酸钠、碘酸银；

亚硝酸盐类：亚硝酸钾、亚硝酸钠、亚硝酸铵；

其他：无水铬酸、二氧化猛、高锰酸钾、过氧乙酰、过氧化氢、氧、氯、臭氧等。

2. 强还原剂

大多数的有机物：烃类、胺类、苯及其衍生物、醇类、油脂等；

无机还原物：磷、硫、硫化砷、金属粉末（铁、锌、铝、力、镒）、木炭、活性炭、煤；植物可燃纤维及其制品。

二、常见爆炸性粉尘

（一）易造成粉尘爆炸的常见粉尘：

（1）金属粉尘：铝粉、锌粉、硅铁粉、镁粉、铁粉、铝材加工研磨粉等。

（2）农产品：面粉、淀粉、糖粉、奶粉、纸粉、茶叶粉、烟草粉等。

（3）各种塑料粉末。

（4）其他：煤炭粉末、植物纤维粉。

粉尘的爆炸下限是不固定的，通常粉尘颗粒越小，可燃气体和氧的含量越大，火源强度越大，初始温度越高，湿度越低，惰性粉尘及灰分越少，爆炸范围也就越大。

第三节 常用电工知识

一、电能表

电能表又叫电度表，用来测量某一段时间内，发电机发出的电能或负载消耗的电能。常用的有功电度表、三相三线有功电度表和三相四线有功电度表，如图 2-1 所示。

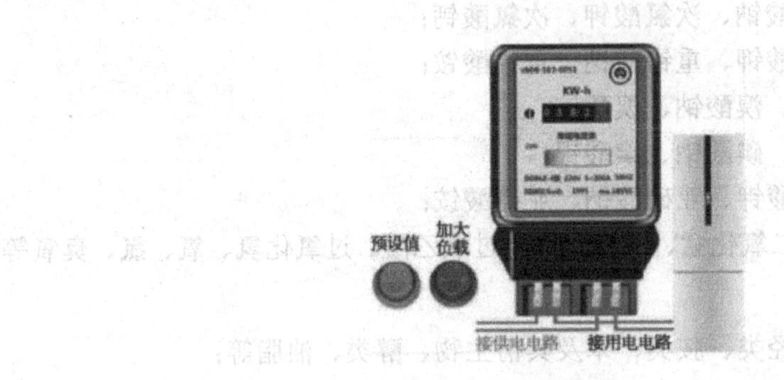

图 2-1 电能表

二、刀开关

刀开关是一种配电电器，在供配电系统和设备自动系统中通常用于电源隔离。通常将刀开关和熔断器合二为一，组成具有一定接通分断能力和短路分断能力的组合式电器，如图 2-2 所示。

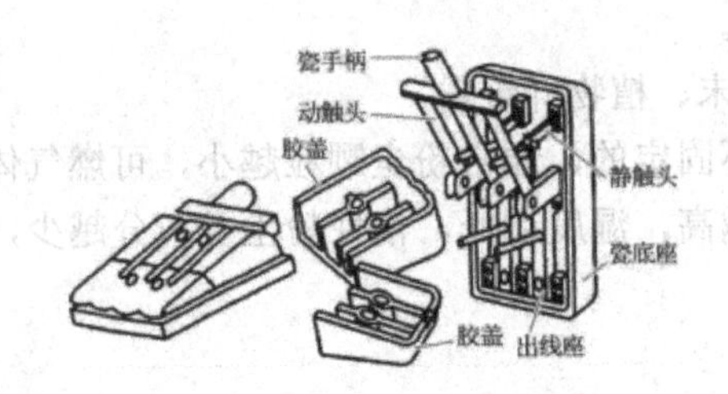

图 2-2 刀开关

三、低压断路器

低压断路器又称自动空气开关，在正常时可人工接通或切断电源与负载的联系，当电路发生故障时，又能自动切断故障电路，起到保护电路的作用，如图 2-3 所示。断路器都装有灭弧装置，因此它可以安全地带负荷合闸与分闸。常见的断路器主要是过载和短路保护，还有的具备欠电压保护。

图 2-3 低压断路器

四、熔断器

熔断器是一种低压线路及电机控制线路中作为过载和短路保护的电器。熔断器与所保护的电路串联连接，当该电路发生过载或短路故障时，熔断器中的熔体便灼热而熔化，从而切断故障电流，完成保护任务。常见的熔断器有瓷插式熔断器（居村民家庭常用的“插铅丝”）、螺旋式熔断器、管式熔断器等。

五、漏电保护断路器

漏电保护断路器是一种安全保护电器，在电路中作为触电和漏电保护之用。在线路或设备出现对地漏电或人身触电时，迅速自动断开电路，能够有效地保证人身和线路安全。

虽然部分漏电保护断路器和断路器、熔断器一样，也具备过载和短路保护的作用，但其与后两者还是有区别的，其漏电保护的原理是通过监测电路中的剩余电流实现保护功能，与后两者动作原理都不同。

第四节 常用勘验仪器使用方法

一、激光测距仪

（一）在火灾事故调查中的应用

激光测距仪（图 2-4）是利用调制激光的某个参数对目标的距离进行准确测定的仪器。火灾事故调查常用的激光测距仪主要是手持式激光测距仪，常被用来测量距离、面积、高度等。

图 2-4　激光测距仪

（二）常见使用方法及使用注意事项

1. 测量距离

测量火灾建筑及火场痕迹物证的位置、尺寸等。将测距仪的底座垂直置于被测房间墙面或与被测体一端平齐，按下测量键打开激光，确保激光点准确投射到被测房间或物体另一侧后再次按下测量键即可获得测量数值。

2. 测量面积

在基础测距基础上，大多数测距仪具备计算面积的功能。即将测距仪调整至测面积的功能界面，通过测量房间或物体的长宽，由测距仪自动计算出房间或物体面积。

3. 测量高度

测量建筑或较高物体的高度。

（1）通过基础测距功能，在距被测体一定距离后测量出到被测体顶端的距离和到被测体与测点水平距离，通过勾股定理可算出相对测点的高度，再加上测点高度就是被测体的实际高度。

（2）具备自动测高功能和倾角传感器的，只需将测距仪调至测高度功能界面（有时称为测角度或测三角），测量被测体的顶端距离即可获得相对高度，再加上测点高度就是被测体的实际高度。

4. 使用注意事项

（1）激光测距仪是有测程的，一般手持式激光测距仪测程都在 200m 以内，超过测程其精度就无法保证。

（2）使用激光测距仪测量除了仪器本身存在误差，由于使用不当也会产生误差，特别是在测量中长距离时。因此测量短距离时应保持测距仪水平、垂直；测量中长距离时应将测距仪连接在三脚架上（手持式激光测距仪一般都有三脚架螺孔），以获得稳定的测量状态，确保测量数据的准确。

（3）测量时不要将激光发射口对准太阳，以免损坏仪器的光敏元件。

二、数字万用表

（一）在现场勘验中的应用

万用表是一种多用途的电工电气测量仪表，可测量电流、电压和电阻等电气参数。

现场勘验时主要用于确定出故障线路的走向，即电线安装中的“校线”作用，还可以测量外壳被熔融的开关所处的原始状态，以判断线路火灾前是否通电。

（二）测量方法

1. 确定开关状态

（1）断开电源，确保所测部位不带电。

（2）将万用表调到 200 电阻挡或者通断挡位。

（3）电阻挡位时，测量结果为“1”，说明电路完全断开，结果为“0”或接近 0，说明电路通，若在通断挡位时，万用表蜂鸣器响说明电路断开，不响说明电路通。

2. 确定出故障线路的走向

主要是为了确定出故障线路的走向以及故障线路与分路空气开关的对应关系。

测量前要根据故障线路两端之间的距离，准备一段电线，然后连接故障线路与万用表形成回路，后面的测量方法与确定开关状态的测量方法一致。

（三）使用注意事项

（1）在使用万用表过程中，不能用手去接触表笔的金属部分，这样一方面可以保证测量的准确性，另一方面也可以保证人身安全。

（2）在测量某一电量时，不能在测量的同时换档，尤其是在测量高电压或大电流时更应注意。否则，会使万用表毁坏。如需换档，应先断开表笔，换档后再去测量。

（3）切勿在电路带电情况下测量电阻。不要在电流档、电阻档、二极管档和蜂鸣器档测量电压。

（4）当屏幕出现电池符号时，说明电量不足，应更换电池。每次测量完毕结束后，应把仪表关掉。

（5）无论使用或存放，严禁受潮和进水。

三、数字回弹仪

1. 在火灾现场勘验中的应用

回弹仪是一种在火灾现场勘验中的常用测量仪器，它是通过弹击杆将冲击动能传送给被测体，在被测体反弹后，将回弹能量以读数显示，从而判断被测体的强度。

现场勘验中，利用回弹仪测量地面、梁、板、柱等混凝土构件，通过对这些物体强度的测量，可以找到受热后强度变化的规律。通常情况下，同一种混凝土构件，强度下降大的部位往往是被烧时间长或所处温度高的部位。因此，可以初步判定该部位可能是起火部位。

2. 操作方法

（1）将回弹仪的前端弹击杆顶住混凝土试面，轻压尾盖，此时弹击杆的锁钮弹起，弹击杆伸出，指针滑块回到“0”位。

（2）将已伸出的弹击杆对准混凝土试面，并保持回弹仪的中心轴线垂直于被测面，然后一手扶握仪器壳体，一手缓慢均匀地握压尾盖，此过程不要用力过猛，不要倾斜。

（3）保持继续施压，弹击杆撞击试面，并通过内部弹击锤的联动显示读数，然后直接读取回弹值。

3. 使用注意事项

（1）比较不同部位被测体的强度，以每个测试区为比对区间，每个比对区间至少弹击 10 次以上，以平均值作为测量数据，可在火场平面图上标注，便于比较。

（2）每个测点应具有可对比性，在不同部位可选取同一高度的同种混凝土构件作为测点比较。

（3）回弹仪应定期保养，使用数字回弹仪时，应当注意标尺读取的数据和屏幕显示的数据之间的误差应不超过 ±1，否则应对回弹仪进行保养、维护或维修。

四、炭化深度测定仪

木材是建筑工业中最常用的材料之一，其广泛应用于房架、梁、柱、门窗、家具等，因此，火灾发生时经常涉及木材燃烧和炭化。在火场中，人们利用炭化深度测定仪可以迅速可靠地提供被火烧后留下的木材炭化程度，通过对木材残骸炭化情况的分析研究，测量和计算出炭化深度，进而计算出燃烧时间和火焰温度，从而为推算出着火的时间和温度值，为判明起火部位和起火点提供科学依据。

（一）性能指标

金属材质，手持式，弹簧联动，精度 1mm；测量范围：0 ～ 70mm，刚度：150N/m。

（二）操作方法

将探针拉回至零点，下盖顶住被测面，按动手柄使探针插入炭化层，按不动时从刻度表上读取毫米数，读数为实测炭化层深度。测量时要注意木材烧损前的基准面。因为木材被烧后有一部分被完全烧毁了，如从炭化表面测量将造成误差。测量时需要对多个样品进行比较，对于迎火面和背火面必须按同一方向进行测量。

五、短路磁性测试仪（特斯拉计）

电气线路、电气设备等发生短路或受到雷击作用时，瞬间会产生大电流通过。由于电磁效应，大电流对周围空间产生强磁场，处于磁场中的铁磁性物质会受到磁化。火灾后，磁场逸去，铁磁性物质仍保持一定磁性，即谓剩磁。

火灾事故调查时，使用短路磁性测试仪（图 2-5）对现场铁磁性物质的剩磁进行测量，依据剩磁数据的有无和大小，判定周围是否有大电流发生，为进一步寻找短路熔痕或雷击痕迹、确定是否因短路或雷击现象引起火灾，提供技术支持。

图 2-5　短路磁性测试仪

（一）适用范围

短路磁性测试仪适用于发生短路的电气线路、电气设备附近的铁磁性物质以及雷击现场一切铁磁性物质的测量。列出如下：

（1）发生短路可能的电气线路、电气设备附近的铁丝、铁钉、套管等铁磁性材料；

（2）发生短路可能的架空线附近的金属框架、角铁等铁磁性构件；

（3）发生短路可能的电气设备的金属外壳、螺丝、铁钉等铁磁性配件；

（4）雷击现场中一切铁磁性物质。

（二）判定依据

（1）铁钉、铁丝等：剩磁数据≥ 1.0mT，可确定发生短路或雷击（剩磁数据＜ 0.5mT，不能作为判据使用；0.5mT ≤剩磁数据＜ 1.0mT，可作为参考依据使用）。

（2）穿线铁管、屋架钢筋等：剩磁数据≥ 1.5mT，可确定发生短路或雷击（剩磁数据＜ 1.0mT，不能作为判据使用；1.0mT ≤剩磁数据＜ 1.5mT，可作为参考依据使用）。

（3）杂散铁件（主要指导线附近的铁棒、角铁、金属框架、工具等）：剩磁数据≥ 1.0mT，可确定发生短路或雷击。

（三）操作方法

（1）准备。将霍尔传感器插头插入仪器面板上部的插槽内；安装干电池或接通 220V 交流电，按 ON/OFF 键启动；按 RANGE 键，选择量程至 0 ～ 200m 档，液晶显示 0.00mT，如图 2-6 所示；按 DC/AC 键，选择测量直流磁场，液晶左上角显示 N 或 S。

图 2-6　测量前准备

（2）测量。将霍尔传感器护套打开，按 ZERO/RESET 键校准，液晶显示 0.00mT；将霍尔传感器触点（端部无数字刻度一面的黑色圆点，如图 2-7 所示）轻触被测铁磁性物质表面，液晶显示数值即为被测点剩磁的大小。

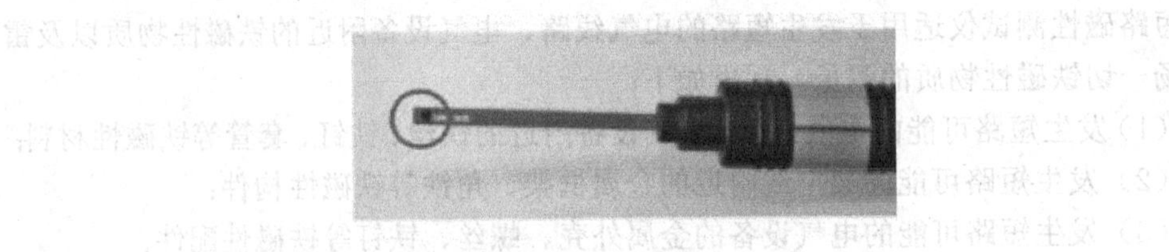

图 2-7　传感器触点

（四）使用注意事项

（1）同一铁磁性物质表面不同测试点剩磁数据可能存在不同，应选取其角部、棱角或尖端部位进行测量、比较。

（2）一定长度的电气线路在敷设时，用以固定的铁钉、角铁等铁磁性物质，在不同位置测试剩磁数据可能存在不同，应对存在短路可能的电气线路所经过的每个铁磁性物质进行测量、比较；如果铁磁性物质较大，可在每个铁磁性物质上选取几个相同的点分别进行测量、比较。

（3）测量时，应将霍尔传感器平贴在铁磁性材质表面，缓慢改变传感器的位置和角度进行探索式测量，直到液晶显示稳定的最大值为止。

（4）测量点位选取及测量过程应通过拍照或录像予以固定，测量数据应以照相或制表的方式予以记录。

（5）测试完毕后，应将仪器传感器上的护套插上，以免霍尔头基板受损，影响使用精度；应取出电池，以免电池长期放置出现漏液，腐蚀仪器。

第三章 火灾现场勘验

第一节 火灾现场保护

火灾现场保留有能证明起火点、起火时间、起火原因等的痕迹物证，如不及时保护好火灾现场，现场的真实状态就可能遭到人为的或自然原因的破坏，增加了火灾调查的难度，也有可能查不清起火原因。因此公安消防机构接到火灾报警后，应当立即派员赶赴火灾现场，做好现场保护工作。

一、保护范围

（一）基本原则

一般情况下，火灾现场保护的范围应包括火灾燃烧的全部场所及与火灾有关的一切地点。主要包括现场燃烧过火区域、与现场有关的电气设备和线路通过或安装的场所，如进户线、总配电盘、电表箱等。

（二）扩大保护范围

（1）对于起火点未能确定或者大面积坍塌的火灾现场，应当适当扩大保护范围。

（2）对于爆炸现场或者易燃液体、易燃气体火灾现场，应将爆炸抛出物的落地点、冲击波破坏痕迹的地点或者易燃液体、易燃气体可能的泄漏点列入保护范围。

（3）对于有放火嫌疑的火灾现场，必须扩大保护范围，将现场周边犯罪嫌疑人可能遗留的痕迹物证的地点一并保护。

（4）对于飞火引起的火灾现场，应将可能产生飞火的火源与现场之间的区域列为保护范围。

（5）对于设有视频监控的火灾现场（含周边），应及时将视频监控主机列入保护范围。

（三）调整保护范围

现场保护范围必须合理确定，并根据调查情况及时调整。保护范围过大，对周边居民的生活、工作和交通会带来很大的影响，同时也会给现场保护工作造成很大负担。因此火灾调查人员在保证能够查清起火原因、查明事故责任及统计火灾损失的前提下，尽可能把保护范围缩小到合理范围。

二、保护时间

根据《火灾事故调查规定》，现场保护时间自发现火灾时起，至火灾现场勘验结束时止。火灾现场勘验负责人认为不再需要从现场获取任何与起火原因、火灾损失、火灾事故责任等相关证据时，方可视为火灾现场勘验结束。

而在火灾事故认定说明或火灾事故认定书送达时，往往会有当事人对火灾事故认定有异议或提出与火灾有关的新的事实、证据或线索，公安机关消防机构应当组织调查核实，可能还需要复勘现场；当事人对火灾事故认定不服，明确提出要向上级公安消防机构复核的，此时保留现场更有利于复核工作的开展。因此，撤销现场保护的时间一般为火灾事故认定书送达之日；送达时，任何当事人明确对火灾事故认定有异议的，现场封闭工作应当顺延至申请复核的有效期后。

三、工作程序

（1）火灾事故调查人员到场后，应立即了解火灾基本情况，对现场外围进行查看，确定封闭现场范围，部署现场保护工作，组织人员维护现场秩序，出具《火灾现场保护告知单》，必要时通知公安机关有关部门实行现场管制。

（2）适用一般程序的，除出具《火灾现场保护告知单》外，还应当张贴《封闭火灾现场公告》，对封闭的范围、时间和要求等予以公告，对封闭区域的进出口设置警戒标志。对张贴的《封闭火灾现场公告》以及警戒标志等，应采用照相或录像等方式予以固定。

（3）列入封闭范围的火灾现场，禁止无关人员进入，火灾当事人及相关证人须经火灾现场勘验负责人的许可后方可进入现场，并在限定区域内活动。

（4）在火灾事故调查人员撤离现场时，应落实现场保护力量，切断现场的水、电、气。现场保护工作应由第三方实施，不得由当事人自行保护现场。

（5）火灾现场勘验负责人应根据勘验需要和进展情况，调整现场保护范围，经勘验不需要继续保护的区域，应及时调整封闭范围并通知火灾当事人。

（6）公安机关消防机构撤销现场保护后，火灾现场交由当事人自行处理，涉及多名当事人的，应一并告知；任一当事人对火灾事故认定有异议的，应建议当事人自行保护现场。

四、注意事项

（1）消防队在灭火救援的过程中，应注意对现场痕迹物证的保护：在消灭残火时不要轻易破坏或变动物品的位置，灭火中尽可能应用开花水流或喷雾水扑救，在拆除某些构件时，注意保护原状，对现场发现的尸体要编号，且对尸体原始状态进行照相固定。

（2）火灾现场勘验人员应对可能受到客观因素破坏的现场痕迹、物品采取相应的保护措施。在火灾现场移动重要物品前，应采用照相或者录像等方式先行固定。

（3）对位于人员密集地区的火灾现场宜采用彩条布等在外围进行围挡，减少围观人员及社会影响。

（4）在被火灾殃及的单位或居民申报火灾损失后，火灾调查人员应及时开展现场核实和取证工作。在损失统计的现场工作完毕后，可视情缩小现场封闭范围。

（5）在道路上发生火灾的车辆，消防队或第一到场的调查人员应当在车辆拖离现场前采用照相或者录像等方式固定第一现场情况；停放在其他位置发生火灾的车辆，消防部门应及时派员调查并保留火灾第一现场，未经消防调查人员同意不得随意将火灾车辆拖离现场或破坏原始现场。

第二节　勘验的步骤与物证的提取

一、现场勘验的步骤、原则及方法

（一）现场勘验的步骤

1. 环境勘验

环境勘验是指现场勘验人员在火灾现场的外围进行巡视、观察和记录火灾现场外围和周边环境的勘验活动，目的是确定下一步勘验的范围和重点。

环境勘验的主要内容包括：

（1）观察外部整体燃烧蔓延痕迹，确定火灾范围，分析火灾蔓延的大致方向；

（2）观察建筑各门窗洞口启闭或破坏状态，分析有无外部火源进入的条件，分析有无外来人员进入的条件；

（3）观察外部环境，分析有无外来火源、电气故障引燃的可能性，发现与放火有关的可疑痕迹和物证，发现有无其他证人，发现有无外围监控。

2. 初步勘验

初步勘验是指现场勘验人员在不触动现场物体和不变动现场物体原始位置的情况下对火灾现场内部进行的初步的、静态的勘验活动，目的是确定起火部位和下一步勘验重点。

初步勘验的主要内容包括：

（1）观察内部整体燃烧蔓延痕迹，确定起火部位；

（2）观察内部火源、电源、气源情况，分析有无内部火源、电源、气源故障起火的可能；

（3）观察内部物品摆放及物质堆放情况，分析有无物品非正常移位，分析有无内部物质自燃引起火灾的可能；

（4）观察各门窗洞口启闭或破坏状态，分析有无外部火源进入的条件，分析有无外来人员进入的条件；

（5）观察内部监控位置，分析起火部位及起火原因。

3. 细项勘验

细项勘验是指现场勘验人员在初步勘验的基础上，对各种痕迹物证进行的进一步勘验活动，目的是确定起火点及专项勘验的对象。

细项勘验的主要内容包括：

（1）查看可燃物烧毁、烧损的具体状态；

（2）比较不燃物的破坏情况；

（3）物品塌落的层次和方向；

（4）低位燃烧区域和燃烧物；

（5）详细勘验并确认各种燃烧图痕的底部。

4. 专项勘验

专项勘验是指现场勘验人员对火灾现场收集到的引火物、发热体以及其他能够产生火源能量的物体、设备、设施等特定对象所进行的勘验活动，目的是收集证明起火原因的证据，分析火灾原因。

专项勘验的主要内容包括：

（1）勘验、鉴别引火源、起火物的物证；

（2）勘验生产工艺流程（或工作过程）形成引火源或故障的原因的条件；

（3）勘验引火源与起火点、起火物的关系；

（4）判断引火源的能量是否足以引燃起火物；

（5）对电气进行勘验，确定或排除电气火灾；

（6）亡人火灾中对尸体进行勘验，分析死因。

（二）现场勘验的原则及要求

现场勘验就是要收集能证明火灾事实的一切证据。为了保证各种痕迹、物证的原始性、完整性，确保它们的证明作用，在现场勘验过程中必须遵循“先静观后动手、先固定后提取、先表面后内层、先上部后下部、先重点后一般”的基本原则，并应做到以下要求：

1. 及时

火灾调查人员到场后，应及时对现场进行封闭保护，并着手开展勘验工作，避免现场变动破坏而干扰认定工作。

2. 全面

火灾调查人员到场后，应将现场所有高温、烟熏、火势影响到的部位及物品列入保护范围，进行观察及勘验，同时应对火场周边进行观察，避免遗漏。

3. 客观

火灾现场勘验结论正确与否，涉及火灾的定性以及当事人的利益。火灾调查人员在勘验过程中，必须做到实事求是、客观公正，这样才能维护法律的公正性。对于物证的分析认定，一定要按照科学规律办事，切忌主观臆断，决不能弄虚作假，歪曲事实。

4. 合法

火灾现场勘验必须按照法律程序进行，使勘验活动具有合法性，使收集的物证、制作的勘验笔录都具有证据效力。现场勘验的目的，是在现场收集证明火灾事实的证据，勘验活动不合法，由勘验活动产生的一切证据就失去了证据效力。例如，勘验现场及提取物证都要求有见证人见证。

（三）现场勘验的常用方法

1. 静态勘验法

静态勘验法是指勘验人员不加触动地观察现场痕迹、物证的特征、所在位置及相互关系，并对其进行固定、记录。

2. 动态勘验法

动态勘验法是指勘验人员在静态勘验的基础上，对怀疑与火灾事实有关的痕迹、物证等进行翻转、移动的全面勘验、检查。主要包括离心法、向心法、分片分段法、循线法。

（1）离心法

由现场中心向外围进行勘验的方法。适用于现场范围不大，痕迹、物证比较集中，中心处所比较明显的火灾现场，也适用于在无风条件下形成的均匀平面火场。

（2）向心法

由现场外围向中心进行勘验的方法。适用于现场范围较大，痕迹、物证分散，物质燃烧均匀，中心处所不突出的火灾现场。

（3）分片分段法

对现场进行分片分段勘验的方法。该方法适用于现场范围较大，或者现场较长，环境十分复杂，痕迹、物证细小分散的火灾现场。

（4）循线法

根据行为人引发火灾时进出现场的路线进行勘验的方法。适用于放火嫌疑现场的勘验。

3. 细项勘验的方法

（1）观察法

对火灾现场痕迹、物证进行观察、了解，获取感性认识，判断形成机理、本质特征和证明作用的方法。

（2）比较法

对火灾现场不同部位或不同部位上的痕迹、物证，对同一物体不同部位进行比较，发现火势蔓延方向、起火部位和起火点位置的方法。

（3）剖面勘验法

在初步判定起火部位处，将地面上的燃烧残留物和灰烬扒掘出一个垂直的剖面，观察残留物每层燃烧的状况，辨别每层物质的种类，判断火灾蔓延过程的方法。

（4）逐层勘验法

对火灾现场上燃烧残留物的堆积物由上往下逐层剥离，观察每一层物体的烧损程度和烧毁状态的方法。

（5）全面扒掘勘验法

对只知道起火点大致的方位，需要对较大范围区域进行详细勘验所采用的一种方法，可分为合围扒掘、分段扒掘和一面推进扒掘。

（6）复原勘验法

根据证人、当事人提供的现场情况，或是根据现场物体摆放痕迹，将现场残存的建筑构件、家具等物品恢复到原来位置的形状，观察分析火灾发生、发展过程的方法。

（7）水洗勘验法

用水清洗起火点所在的表面或其他一些特定的物体和部位，发现和收集痕迹物证的方法。

（8）筛选勘验法

对可能隐藏有小型物证的火灾现场的残留物，通过适当的手段除去杂物，找出痕迹物证的方法。

（9）整体移动勘验法

将被勘验的物体整体移动到适宜勘验的场所进行勘验的方法。

4. 专项勘验的方法

（1）直观鉴别法

直观鉴别法是火灾调查人员根据自己的日常生活知识、工作经验等，用肉眼、放大镜或显微镜对物证进行鉴别的方法。直观鉴别法适用于判断比较简单的物体，如电熔痕和火烧熔痕等。

（2）物理检测法

物理检测法是用物理学的方法对待勘验的物品进行勘验检查的方法。现场勘验中常用的物理学检测方法有：

①电量参数检测。用万用表等对被勘验对象的电压、电流、电阻等电量参数进行检测。

②剩磁检测。用特斯拉计来测定火灾现场上铁磁性物件的磁性变化，以判断该物体附近在火灾前是否有大电流通过，主要用来鉴别有可能是雷击或较大电流短路造成的火灾。

③弹性检测。使用混凝土回弹仪测量混凝土的弹性，可以判断混凝土被烧损的程度。

④温度测量。使用温度计测量物体的温度，判断其作为引火源的可能性。

⑤炭化深度测定。使用炭化深度测定仪，可以测量可燃物的炭化深度，以此来判断物体被火烧损的程度，进而推断火灾蔓延的方向。

⑥探测金属。使用金属探测器、便携式X射线检测仪，可以在火场的残留物中搜寻小件金属（如金属熔珠等）；使用磁铁在火场的残留物中搜寻电焊熔渣等铁磁性物质。

（3）化学分析法

化学分析法就是火灾调查人员在现场使用便携的化学分析仪器对待勘验物体的化学性质进行简单的识别、判断的方法。

在专项勘验中，需要使用化学分析法的，主要是对所勘验物体是否含有易燃液体、可燃气体进行定性的勘验检测。若须对该物体的性质做更多的了解，只能提取检材送有关鉴定机构进行鉴定、检测。现场勘验中常用的化学分析法仪器有可燃性气体探测仪、易燃液体探测仪、直读式气体检测管和便携式气相色谱仪等。

（4）调查实验法

调查实验法，是火灾事故调查人员为了查明或验证火灾事实的某个情节，按照火灾发生时的条件，对该情节进行模拟的方法。火灾调查中常做的调查实验是模拟某热源在一定条件下能否引燃某物体、某物体的燃烧能否形成某种痕迹等。通过调查实验，可以帮助调查人员验证对某些火灾痕迹物证的判断或对火灾事实某些情节的推断。

二、火灾物证的提取

火灾物证是指火灾现场中提取的，能有效证明火灾发生原因的物体及痕迹。火灾物证提取是火灾调查人员在现场勘验时的重要工作内容之一，是通过法定和科学的方法、固定与火灾事实有关的物证的过程。火灾物证提取过程中，要确认物证的位置和来源、使用正确的提取技术，保证物证的证据作用。

（一）火灾物证提取的原则

1. 提取程序要合法

物证提取应严格遵循根据《公安机关办理行政案件程序规定》和《火灾现场勘验规则》等法律法规的规定，物证提取应填写《物证提取清单》，清单中应详细记录物证的提取时间、提取数量和提取部位，并由不少于两名的提取人和见证人签字。

2. 提取位置要准确

物证提取应在确定或初步确定起火部位、起火点的基础上，通过对引火源、起火物的分析，有针对性地进行，不应随意提取。

3. 提取方式要合理

在提取物证前应明确鉴定目的，提取物证的种类、数量、取样方法、封装方式等要能够满足鉴定的要求。如不能确定提取方式，应向鉴定机构进行咨询后再进行提取。

4. 提取时间要及时

物证具有一定的时效性，火场高温、消防射水、气候环境、自然挥发、人为破坏等因素都可能对物证的有效性造成影响，应在条件允许的情况下尽早提取物证。

（二）火灾物证提取的要求

1. 提取物证要真实

提取物证时应根据现场保护情况和询问笔录，对物证进行审查，验证物证的真实性。同时还要判断物证是否处于火灾前的原始位置，物证破损状态是火灾本身造成还是火灾扑救过程中人为因素造成的。

2. 提取物证要可追溯

提取物证前应通过拍照、录像、绘图等方式记录物证的原始位置和形貌，并对物证进行编号，以确保物证的可追溯性。

3. 提取物证要完整

提取物证时应尽量保持物证完整，不能损坏和残缺；具有关联的物证应全部提取，不能疏漏。如果物证体积很大或数量很多，应酌情提取能够反映该物证全部状况并具有代表性的部分。

4. 提取物证要细致

对微小物证的提取要特别谨慎，用干净的镊子提取。对特别细小和容易失落的残渣和碎屑，可用透明胶纸直接粘取。对纤维、粉尘等要轻拿轻放，提取时佩戴口罩。对于怀疑是放火工具或用品的物证，提取时应避免破坏上面可能留有的指纹。

5. 提取物证要封装

物证封装应采用专用物证袋、采集罐、采集瓶、物证提取箱等规范、可靠的方式，应在包装外张贴封条，以保证物证从火灾现场转移到鉴定机构期间的真实性。封装容器上应注明物证编号、名称和火灾信息，并能够与物证提取清单相对应，不能将不同编号的物证放在同一个封装容器内。

（三）火灾物证提取的方法

1. 固态物证的提取

火灾现场经常提取的物证主要是固体实物，如导线、设备（元器件）、开关、插座、容器、炭化物及灰烬等。

对于体积较小的应整体提取；对于体积较大或有效检材比较集中的，在不影响物证完整性的情况下，可采用截取、剥离等方法进行提取。如怀疑是放火工具时，应戴上手套提取，避免留下指纹。可能涉及刑事案件的凶器、工具、遗留物，应通知刑侦部门共同开展工作。

2. 液态物证的提取

常见的液态物证主要有现场上的液体、盛装液体的容器、浸到载体中的液体、水面浮着的有机液体等。

提取的方法有：

（1）容器内的液体用移液管吸取上、中、下三层；

（2）水面上浮着的有机液体用吸耳球吸取；

（3）浸到木板、泥土、水泥地面、纤维材料等物体中的液体连同本体一并提取；

（4）怀疑放火用的容器要一并提取。

3. 气态物证的提取

现场气态物证主要是残留的可燃气体、燃烧产生的气态产物、燃烧物质的挥发物等。

提取方法有：

（1）用抽气泵或注射器将气体样品抽进气囊；

（2）用吸附性较强的碳棒或聚合物的吸收材料提取并密封；

（3）用真空采样罐装置提取。

第三节 火灾现场勘验记录

火灾现场勘验记录是对火灾现场进行客观记载并予以再现的方法，是现场勘验工作的重要内容之一，主要包括火灾现场照相、火灾现场摄像、火灾现场制图和火灾现场勘验笔录等。

一、火灾现场勘验笔录

火灾现场勘验笔录，是火灾现场勘验人员在现场勘验过程中对火灾的发展蔓延过程、火灾现场物证状态、空间关系、火灾现场状况及火灾现场勘验活动的书面记录。它是火灾勘验记录的一个重要组成部分，是分析研究火灾现场、认定起火点和起火原因、认定火灾事故责任的证据，具有法律效力。

现场勘验笔录的记述要客观全面、准确，手续要完备，符合法律程序，才能起到证据的作用。

（一）火灾现场勘验笔录的构成

火灾现场勘验笔录由前言部分（首部）、正文部分（叙事）、结尾部分构成。

1. 前言部分

此部分为火灾的一般情况，内容包括：

（1）勘验时间。指现场勘验开始及结束时间。

（2）勘验地点。指对勘验火灾现场的具体位置进行说明。

（3）勘验人员姓名、单位、职务（含技术职务）。

（4）勘验气象条件（天气、风向、温度）。

2. 正文部分

此部分主要记录现场勘验过程，是现场笔录的主要部分。勘验情况主要载明以下内容：

（1）报警时间，发生火灾单位名称、地址等火灾基本情况；

（2）现场保护情况；

（3）现场勘验过程和勘验方法（现场勘验过程应按勘验顺序，客观地进行记录，这部分内容是勘验笔录的核心内容）；

（4）现场变动的情况以及反常现象；

（5）现场的周围环境、建筑结构；

（6）燃烧面积，现场主要存放物品、设备及其烧损情况；

（7）尸体、重要痕迹物品的位置、状态、数量和燃烧特征；

（8）提取痕迹物品的名称、具体位置、尺寸、规格、数量、特征等；

（9）现场照片、现场图以及录像、录音的种类、内容和数量。

3. 结尾部分

现场勘验结束后，相关人员应在笔录上签名。有多个证人、当事人的，应分别签名或捺指印。

（二）现场勘验笔录的制作要求

（1）笔录中所记录的内容必须是勘验人员在现场根据视觉、触觉、嗅觉、味觉感知或通过检验仪器直接测定的客观事实。他人的议论和自己的分析判断均不得记入现场勘验笔录。

笔录中的用语必须准确，不应使用“大约”“大概”“也许”“可能”“估计”等模棱两可的词语。对于痕迹物品大小的记述，必须使用国家统一规定的计量单位，对于客体应该按其专有名称记录。

（2）笔录记录的顺序应当与现场勘验的实际顺序一致，笔录记载的内容要有逻辑性，先勘验的部分要先记录，后勘验的部分要后记录，以避免记载出现紊乱、重复或遗漏。

（3）凡是与查清火灾原因、事故责任有关的火灾物证，必须详细记录，不能省略，也不能过于简单；对于与火灾原因、事故责任无关的现场情况，则需尽量概括一些，以防中心内容不明确。

（4）现场勘验笔录应该由参加勘验的人员、见证人当场签名或捺指印；笔录一经有关人员确认后，原则上不能改动。如果发现笔录中有错误或遗漏之处，应另作更正或补充笔录。

（5）对同一现场进行多次勘验的，应在制作首次勘验笔录后，逐次制作补充勘验笔录，并在笔录首页右上角用阿拉伯数字填写勘验次序号。

二、火灾现场照相

火灾现场照相是指运用照相技术，按照火灾调查工作的要求和现场勘验的规定，用拍照的方式对火灾现场的一切有关事物的记录。

（一）火灾现场照相的器材

由于火灾现场环境较为恶劣，为拍摄到符合证据要求的照片，照相器材应满足如下要求：

（1）应选用单反式数码相机，拍摄像素不低于1200万；

（2）相机镜头应采用可变焦镜头，具有广角、微距功能，其广角焦距不得大于24mm；

（3）应配置外置式闪光灯；

（4）相机的存储卡、电池应保持一用一备。

（二）火灾现场照相的注意事项

（1）火灾事故调查人员应定期检查相机功能、存储卡剩余容量、电池电量等，确保满足火场勘验需要。

（2）火灾现场照相人员应熟悉掌握所用相机的操作方法和性能特点。

（3）火灾现场照相应与火场勘验顺序匹配，切忌漫无目的、随意拍摄，防止拍摄遗漏和不同证据照片的混淆。

（4）火灾现场照相时，应注意及时回看拍摄照片，如不满意应及时补拍。

（5）除拍摄重要物证时应使用标识外，对拍摄差异较小的不同对象或较难分辨的痕迹物证时，也应使用辅助的标识以便于辨识。

（三）火灾现场照相的内容

1. 火灾现场方位照相

火灾现场方位照相是指以整个火灾现场及现场周围环境为拍摄对象，反映火灾现场所处的位置及其与周围事物关系的照相。

拍摄对象：火灾现场及其周边环境，如图3-1所示。

图 3-1　火灾现场方位照相

作用：反映火灾现场所处方位，其周边情况以及与其关系。

常用照相技法：视火场大小选择火灾现场周边的拍摄点，常使用广角拍摄火灾现场全景照，如有制高点可利用，要在制高点俯拍火灾现场全景照。特别是较大火灾现场，俯视照能更好、更全面地反映整个火灾现场情况，可采用无人机航拍的方式进行固定。

注意事项：

（1）除方位指示或说明性照片外，火灾现场方位照相应始终以火场为拍摄主体；

（2）应与火灾现场保持足够距离，使用远景照，并采取多点多角度拍摄的方式，确保火灾现场方位情况反映完整，特别是大型火灾现场要防止遗漏；

（3）火灾现场周边较空旷或四周情况较相似，在拍摄方位照时应尽可能拍入一些参照物或标识，以便于辨认；

（4）方位照拍摄范围较大，不便使用辅助光源，为保证拍摄质量应在光照充足的情况下进行拍摄；

（5）对面积大、难以取景拍摄的火灾现场，可尝试使用地图网站的卫星图代替，但应标明比例，并辅以文字说明出处。

2. 火灾现场概貌照相

火灾现场概貌照相是指以火灾现场或现场中心地段为拍摄内容，反映火灾现场的全貌以及现场内各部分关系的照相。

拍摄对象：以整个火灾现场或现场中心地段为拍摄内容，反映现场的范围以及现场内各部位关系的专门照相。

作用：反映火灾现场各个部位空间位置，概览火场整体和各部位烧损情况。

常用照相技法：一般拍摄范围较大，常用方法与方位照相类似。对长距离、大跨度火灾现场如无合适拍摄位置和角度，为取得全面的概貌相片可采取分段、分层拍摄的方法。

注意事项：

（1）概貌照以拍摄火灾现场为主，不需要表现环境，否则就容易混同于方位照；

（2）尽可能在光线充足的情况下拍摄，采用调节适当焦距和较小光圈以实现大景深拍摄出前后清晰的火灾现场全景；

（3）如果火灾现场概貌照数量较多，拍摄时应注意按照一定顺序拍摄，以利于后期筛选入档。

3. 火灾现场重点部位照相

火灾现场重点部位照相是指以火灾现场起火点、起火部位或燃烧炭化破坏严重部位、遗留尸体、痕迹或可疑物品等所在部位为拍摄内容，反映火灾痕迹、物品在火灾现场的位置、状态及与周边事物的关系的照相。

拍摄对象：拍摄火灾现场重要部位或地段，反映其状况、特点及火灾痕迹、有关物品所在部位的专门照相。

火灾现场重点部位包括起火部位和起火点、火灾烧损严重的部位，留有各种痕迹、尸体、引火物和点火源等重要物证的部位。

作用：反映与火灾事故有着直接、间接关系的痕迹物证的状态及其空间位置。

常用照相技法：火灾现场重点部位一般范围较小，拍摄位置也较易选择，在光线不足的情况下，使用闪光灯等辅助光源也能满足拍摄需要，但火灾现场内部物品对比度较低，环境光线复杂，拍摄时要注意合理使用好相机的对焦、光圈、快门等功能，注意不同光源对成像的影响。具体描述如下：

（1）低照度下使用闪光灯拍摄。在夜间或光线弱的较小空间拍摄，使用外置闪光灯直射拍摄往往造成照片过曝，如现场有玻璃、光滑金属等还会形成亮斑，影响照片质量。一是可使用遮光板或调节闪光灯参数减少闪光灯输出光量；二是调节闪光灯角度，使用闪光灯反射、散射光来补光。

（2）低照度下无闪光灯拍摄。夜间或光线弱的室内照相时如无闪光灯，往往拍摄的照片景物模糊、画面灰暗，无法辨识。应使用三脚架或依托现场物品固定相机，采取增加快门曝光时间来获得明亮清晰的照片。

（3）背光拍摄门窗、孔洞等痕迹。普通拍摄往往造成开口过曝，而需要拍摄清楚的痕迹却太暗。应采用半按拍摄按钮的方法对准痕迹部位锁定焦距、光圈后移至理想取景位置拍摄，建议使用闪光灯。

注意事项：

（1）拍摄重点部位，特别是拍摄遍地灰烬的场景和火场内类似程度高的房间、空间时，注意留有参照物或使用辅助标识，以便在火灾现场中定位；

（2）拍摄主体与背景反差较小的场景，要注意拍摄角度，使用辅助光源并结合使用火场标识以突出主体。

4. 火灾现场细目照相

火灾现场细目照相是指以与引火源有关的痕迹、物品为拍摄对象，反映痕迹、物品的大小、形状等特征的照相。

拍摄对象：拍摄火灾痕迹物证，反映火灾痕迹物证的大小、形状、颜色、色泽等表面特征。

作用：清晰表现痕迹物证的证明内容及其状态位置。

常用照相技法：通常采取近距和微距拍摄。

注意事项：

（1）细目照一般范围较小，应注意与重点部位照配合拍摄，确保物证在火场的准确定位及其证据效力；

（2）注意防止近距、微距拍摄出现的影像变形；

（3）注意光影，尽量使用闪光灯补光，确保影像清晰逼真；

（4）提取物证前原始状态的拍摄不能遗漏。

（四）火灾现场照相的后期处理

为了让火灾现场照相更好地服务火调工作，照相结束后应注意做好以下工作：

（1）现场拍摄结束后应及时将相机中的照片数据导入计算机，建立按“时间＋火灾名称”命名的文件夹分别保存，并按照双备份原则使用移动硬盘予以备份；

（2）现场照片文件备份应使用原始文件保存，不得压缩、裁剪、修改后再保存，但上传至消防监督管理系统的火调照片文件，由于上传大小限制可进行压缩处理；

（3）归入火调档案的现场照片均应配以文字说明，至少应说明拍摄对象、拍摄方向和角度等内容。

三、火灾现场摄像

摄像技术可以将火灾现场的燃烧状态、火灾发展蔓延、火灾扑救、火灾现场的勘验过程等各种复杂情况及其在时间和空间中的关系记录下来，以获得客观、真实和连续的视觉形象。

（一）火灾现场摄像的器材

火灾现场摄像应选择体积小、重量轻、清晰度高、色彩还原好、照度要求低的摄像机，一般采用数码摄像机。

（二）火灾现场摄像的注意事项

（1）火灾事故调查人员应定期检查摄像机功能、存储卡剩余容量、电池电量等，确保满足火灾现场拍摄需要。

（2）火灾现场摄像人员应熟悉掌握所用摄像机的操作方法和性能特点。

（3）拍摄差异较小的不同对象或较难分辨的痕迹物证时，也应使用辅助的标识以便于辨识。

（三）火灾现场摄像的内容

1. 火灾现场方位摄像

火灾现场方位摄像反映现场周围的环境和特点，并表现现场所处的方向、位置及其与其他周围事物的联系。这一内容，一般用远景和中景来表现。摄像时，宜选择视野较为开阔的地点，把能够说明现场位置和环境特点的景物、标志摄录下来。当火灾现场周围建筑物较多时，需要从几个不同的方向拍摄，反映其位置和环境。也可采用无人机拍摄的方法。

2. 火灾现场概貌摄像

火灾现场概貌摄像是以整个火灾现场为拍摄内容，反映现场的基本状况，可分为两部分：

（1）拍摄火灾扑救过程，如起火部位、燃烧范围、火势大小、抢救物资和疏散人员、破拆、灭火活动的镜头；

（2）拍摄勘验活动的过程，如火灾现场范围及破坏程度、损失情况、火灾现场内各部位之间的关系等。

3. 火灾现场重点部位摄像

火灾现场重点部位摄像是以起火部位、起火点、燃烧严重部位、炭化严重部位和遗留火灾痕迹物证的部位为拍摄内容，反映其位置、状态及相互关系。火灾现场重点部位摄像是整个现场摄像中的重要部分，常用的拍摄方法有：

（1）静拍摄。对现场的原貌进行客观记录。

（2）动拍摄。将勘验、现场挖掘和物证提取的过程一同拍摄。

4. 火灾现场细目摄像

火灾现场细目摄像是以火灾痕迹物证为拍摄内容，反映火灾痕迹物证的尺寸、形状、质地、色泽等特征，常采用近景和特写的方法拍摄。拍摄时，应选择适宜的方向、角度和距离，充分表现痕迹物证的本质特征。对各种痕迹物证进行拍摄时，应在其边缘位置放置比例尺。

5. 火灾现场相关摄像

火灾现场相关摄像包括拍摄现场访问、现场分析会和对痕迹物证进行检验分析、模拟实验等活动的过程，可根据火灾的具体情况而定。

四、火灾现场制图

火灾现场制图是指火灾现场勘验人员运用制图学原理和方法，利用图形、符号固定和反映火灾现场客观情况的现场记录形式。

（一）火灾现场图的种类

火灾现场图包括火灾现场方位图、火灾现场平面图、火灾现场示意图、火灾现场立面图、火灾现场复原图、火灾现场电气线路图、火灾现场人员定位图、火灾现场尸体位置图等。

（二）火灾现场制图的要求

（1）应当使用计算机绘图软件制图。

（2）重点突出、图面整洁、图例规范、比例适当、文字说明简明扼要。

（3）清晰、准确反映火灾现场方位、过火区域或范围、起火点、引火源或起火物位置、尸体位置和朝向。

（4）注明火灾名称、绘图比例、方位、图例、尺寸。

（5）注明绘制时间、制图人、审核人，其中制图人、审核人应当签名。

第四节 视频分析技术

随着科技进步和全社会对安全的日益重视，视频监控逐渐普及。无论大街小巷，还是市集农村；无论是重点场所，还是小店小铺，甚至居民家庭，都有各种视频监控探头的身影，视频监控在各类火灾事故调查工作中发挥了重要作用。

一、监控探头的查找

火灾事故现场是否有视频监控，是火灾事故调查的一项重要内容。查找监控探头应注意从以下三个方面入手：

（1）询问火灾当事人、知情人，了解火灾现场及其周边是否安装有视频监控；

（2）在现场环境勘验过程中，查看火灾建筑周边的建筑物、道路上是否有监控探头；

（3）在室内勘验过程中，查找监控系统主机、监控探头或烧损残留物中是否有监控探头残骸。

二、监控视频的证明作用

（1）对直接清晰拍摄到起火部位（点）的，可直接证明起火时间、起火点和起火原因。

（2）对未能直接拍摄到起火部位（点）的或图像不清的，可根据火光、烟雾的特征证明起火时间、起火部位和起火特征。

（3）对仅拍摄到出入口、周边道路的，可证明火灾相关人员活动情况，排除或证明其放火作案嫌疑。

在查找探头时，一定不能将排查对象仅仅局限于拍摄到起火部位（点）的探头，应扩大筛查范围，认真查看和分析所有监控视频内容。

三、监控视频的分析方法

（一）前期准备

1. 时间的校对

大多数视频监控系统的时间与北京时间存在误差，因此在监控视频作为证据分析前，应首先校对视频监控系统时间。

2. 探头的标定

一般视频监控系统都有多个探头，为了方便辨识和将具有证明作用的视频筛选出来，应首先标定所有探头。常见的方法：对所有探头按系统顺序编号，并根据火灾前或当前探头拍摄的内容，确定每个探头的安装位置和拍摄范围。

（二）常见分析方法

除了观看清晰记录火灾发生经过的监控视频录像来直接证明起火部位（点）和起火原因的基础方法外，常见分析方法还有以下几种。

1. 比对分析法

常用于分析夜间或关灯等光线较弱情况下的视频录像。分为以下两种：

（1）比对位置分析方法。包括：一是截取需比对的同一监控探头拍摄的白天或照明灯打开时最清晰的一段视频录像或录像截图。二是通过知情人指认或监控系统完好情况下的实地核实，分析确定截取视频或截图中各部位、点的实际位置。三是将截取的视频录像和截图与火灾发生时的录像视频进行比对，得出最先冒烟或出现火光的位置。

（2）比对特征分析方法。通过将拍摄到的起火经过的视频与已知类型的起火特征进行比对，两者吻合的，可作为判定起火特征和起火原因的依据。

2. 逐帧分析法

常用于分析视频录像中相关人员行为、起火瞬间特征等。由于光线和分辨率的原因，以及拍摄内容快速变化的原因，在分析视频录像时经常有必要对重要视频内容慢放甚至逐个画面地进行仔细观看分析。方法是通过播放器对视频录像进行逐帧播放而后观察。

3. 辅助物分析法

常用于分析由于距离远、清晰度差等原因无法准确分辨位置的视频录像，前提是视频监控系统未在火灾中受损。在通过比对法仍无法确定视频录像中特定位置或对确定位置需要更高精度时，需要采用一些辅助手段来辨识位置。方法是由一人通过视频监控观察并指挥，另一人使用激光笔指向的光斑或其他鲜艳醒目的物品根据观察人员指挥确定需要标定的准确位置。

4. 计算分析法

指利用光线直线传播的原理，对仅拍摄到反光的视频录像进行计算分析的方法。

四、视频监控的提取和入档

对具有证据效力的视频监控数据应及时使用刻录光盘、优盘、移动硬盘等载体予以提取保存。在分类整理后应将数据材料至少一式两份保存，一份在稳定、耐久的载体上入档保存，一份保存在工作用计算机硬盘上或专用保存电子证据的移动硬盘等存储介质上。为便于视频监控证据的查阅，入档时应当建立视频监控数据的内容说明和索引。

第五节　现场实验与痕迹物证

一、现场试验

（一）现场实验目的

现场实验是指为了证实火灾在某些外部条件、一定时间内能否发生，或证实与火灾发生有关的某一事实是否存在的再现性试验。

现场实验应验证如下内容：（1）某种引火源能否引燃某种可燃物；（2）某种可燃物在一定条件下燃烧所留下的痕迹；（3）某种可燃物的燃烧特征；（4）某一位置能否看到或听到某种情形或声音；（5）当事人在某一条件下能否完成某一行为；（6）其他与火灾有关的事实。

（二）现场实验要求

现场实验要求如下：

（1）现场实验由火灾现场勘验负责人根据调查需要决定。一旦确定开展现场实验，应注意保密原则，禁止向无关人员或单位泄露。

（2）实验应尽量选择在与火灾发生时的环境、光线、温度、湿度、风向、风速等条件相似的场所。现场实验应尽量使用与被验证的引火源、起火物相同的物品，尽量采用现场未燃烧的遗留物或与单位仓库同批次的物品。

（3）实验现场应封闭并采取安全防护措施，禁止无关人员进入。实验结束后应及时清理实验现场。

（4）现场实验应由两名以上现场勘验人员进行。现场实验应照相，需要时可以录像，并制作现场实验报告。实验人员应在现场实验报告上签名。

（三）现场实验报告内容

现场实验报告应包括以下内容：（1）实验的时间、地点、参加人员；（2）实验的环境、气象条件；（3）实验的目的；（4）实验的过程；（5）实验使用的物品、仪器、设备；（6）实验得出的数据及结论；（7）实验结束时间，参加实验人员签名。

经现场实验得出的数据及结论，不得作为证据使用，但可作为参考，并结合其他证据材料认定起火原因。

二、火灾痕迹物证

火灾痕迹物证是指证明起火原因和火灾发生、发展、蔓延过程的一切带有痕迹的物体。

（一）火灾痕迹物证的种类

（1）根据形成痕迹的物体分类，可分为可燃（易燃）物质形成的痕迹和不燃（难燃）物质形成的痕迹，如玻璃形成的痕迹、金属形成的痕迹、木材形成的痕迹、可燃液体痕迹等。

（2）根据现场勘验实际需要，可分为炭化痕迹、灰化痕迹、烟熏痕迹、倒塌痕迹、燃烧图痕、熔化痕迹、变色痕迹、变形痕迹、开裂痕迹、电热熔痕、摩擦痕迹、分离移位痕迹、人体烧伤痕迹、记时记录痕迹等。

（二）火灾痕迹物证的证明作用

（1）证明起火部位和起火点。

（2）证明火灾蔓延方向、速度。

（3）证明起火原因。

（4）证明火灾性质。

（5）证明起火时间。

（6）证明火场温度。

（7）证明火灾事故责任。

（三）典型火灾痕迹物证

1. 混凝土

混凝土在火灾中的变化可用于证明火场温度、火灾时间和起火点。

（1）混凝土在不同温度下的变化

混凝土在不同温度下的变化见表 3-1。

表 3-1　混凝土在不同温度下的强度和颜色变化

温度	强度变化	颜色变化
100	毛细孔中开始失去水分，强度不变	无变化
100 ～ 150	抗压强度增加	无变化
200 ～ 300	组织开始硬化，强度增加	无变化
300 以上	强度开始下降	淡红色
537	混凝土裂缝增大，强度开始下降	淡红色
575	水泥组织破坏，强度下降	淡红色
700 ～ 800	/	灰白色
900	碳酸钙分解，脱水基本完成，强度丧失	草黄色

（2）鉴定手段

①中性化测定

使用酚酞酒精试剂涂抹在待测水泥构件上，按以下标准测定：

呈红色，不超过 500℃；

不变红或非常淡，600℃以上。

②回弹仪测定

使用回弹仪对不同位置的混凝土构件进行测量，比较强度，判定受高温影响最重位置。

2. 钢结构

（1）物态变化

纯铁的熔点 1535℃，各种钢为 1300 ～ 1400℃，铸铁为 1200℃左右。

（2）表面氧化

铁的氧化物、氢氧化物大多是红褐色，在火灾高温作用下的铁制品受到水流冲击，会使其表面发青，并使氧化层剥落。

（3）弹性变化

钢构件在火灾高温作用下会失去原来的弹性。

3. 玻璃破坏痕迹

（1）普通玻璃在高温下的变化

普通玻璃在高温下的变化见表 3-2。

表 3-2　普通玻璃在高温下的变化

温度 1℃	变化
450	开始炸裂
470 ～ 540	软化，黏度开始降低
705	出现流淌痕迹
1300	完全熔化成液态

（2）玻璃破坏痕迹的证明作用

①证明玻璃被火烧炸裂还是被外力破坏（表 3-3）。

表 3-3　玻璃被火烧炸裂与被外力破坏的区别

区别	火烧炸裂	外力破坏
形状不同	裂纹从边角开始，呈树枝状或龟背状，落地碎块边缘不齐，少有锐角	裂纹以击点为中心向四周呈放射状，落地碎块边缘整齐，尖角锋利
落地点不同	玻璃两侧掉落平均	一侧多且距离较远
残留牢固度不同	附着不牢	如未受火作用较牢固

②证明受力方向（表 3-4）。

表 3-4 证明受力方向

状态	受力面	非受力面
断面弓形纹	相邻弓形纹汇集的一面	相邻弓形纹分开的一面
断面棱边的齿状碎痕	没有碎痕	有碎痕
裂纹末端	没裂透的一面	裂透的一面
玻璃碎屑剥离呈凹穴纹	无	有

4. 木材燃烧痕迹

（1）木材燃烧痕迹的证明作用

①证明蔓延速度

炭化层薄，炭化与非炭化分界线明显，证明火势强、蔓延快。

炭化层厚，炭化与非炭化有明显过渡区，证明火势小、蔓延慢。

②证明蔓延方向

第一，烧成斜茬的木质物件，斜茬面即为受热（迎火）面。

第二，烧成大斜面的木件，说明火势沿斜面从低处向高处蔓延。

第三，木墙、木柱等半腰烧得重，说明它面对强辐射源，或有强火流通过。

第四，较大面积木板上烧穿的洞，哪面边缘炭化重，热源就来自哪面。

（2）证明起火点

木材燃烧形成的“V”字痕或斜面底部很可能是起火点。

5. 易燃液体燃烧痕迹

（1）易燃液体燃烧痕迹特征

①来源不明的容器残骸及碎片

火灾现场中发现的来源不明的容器残骸或碎片有可能是用来盛放液体助燃剂的放火物，应予以重视。有的容器保留基本完整，有的只有残骸或碎片保留，勘验时注意不要遗漏。

②均匀材质表面的燃烧轮廓

液体在材质均匀、疏密程度完全一致的水平表面上燃烧时，无论材质表面是否参与燃烧，均可留下印记，呈现出液体燃烧的轮廓。

③木材表面的褪色和炭化

液体在木材上燃烧时，由于液体对木材表面油漆的溶解，可造成其表面褪色。当液体只在木材表面燃烧时，由于液体的蒸发汽化，木材表面的温度并不很高，只是在液体即将燃尽时，木材表面温度才突然升高，造成轻微炭化。当液体渗入木材的疏松部位时，木材烧入较深，会留下清晰的炭化了的木材纹理。

④形成烧坑和烧洞痕迹

由于液体的渗透性，液体助燃剂容易浸透到沙发、床垫、棉被、衣物等纤维物质内部，导致燃烧时在浸过助燃剂的部位出现烧坑或烧洞痕迹。但由于纤维材料本身易燃，在火灾中参与燃烧，较难有效地保存助燃剂残留。

⑤流淌、低位燃烧痕迹和水样积存

由于液体的流动性，往往会形成流淌痕迹；液体流淌到低洼区域发生燃烧，又会形成由地面向上的辐射痕迹。经过灭火过程，低洼处会有水样积存，液体助燃剂残留物通常漂浮在水面上。

（2）易燃液体燃烧痕迹的证明作用

①证明起火部位、起火点。

②证明起火原因。

③证明火灾性质。

6. 烟熏痕迹

烟熏痕迹是指物质燃烧过程中产生的游离碳，在流动时吸附于物体表面或侵入物体空隙中形成的一种状态和印迹。

（1）烟气的基本特征

①烟的主要成分为碳微粒。

②烟气刚离开火焰的温度可达1000℃，从密闭房间流出的烟气温度为600～700℃。

③室内烟气流扩散速度：向上2～3m/s，水平0.5～1m/s。

④木材在400℃时发烟量最大，超过550℃时只有最大时的1/4。

（2）烟熏痕迹的证明作用

①烟痕形状判断起火点

“V”形痕，圆形烟痕和斜面底部、倒梯形的小底都可能是起火点。由于起火部位温度过高，烟熏的碳粒子被重新烧掉，也会形成特殊的烟熏痕迹，常被称为清洁燃烧痕迹。

②分析鉴定烟熏成分可确定燃烧物种类，由于不同性质的可燃物在燃烧过程中，会产生不同成分和不同数量的产物，发烟量、烟的颜色有较大区别，通过有关特征和实验分析，可以鉴定出是何种物质产生的烟熏痕迹。

③判断通电状态

观察开关，插座、插片上的烟熏，推断火灾时通电状态。

④判断容器、管道内是否发生过燃烧

容器、管道内壁有烟熏的，即发生过燃烧。

⑤判断燃烧时间

火灾作用时间越长，烟熏的厚度越浓、在物体上的附着度越高。

7. 熔痕

熔痕指在外界火焰或短路电弧高温作用下，在金属表面特别是铜、铝导线上形成的圆形、凹坑状、瘤状、尖状及其他不规则的微熔或全熔痕迹。

（1）熔痕种类

按熔痕形成的原因分为火烧熔痕、一次短路熔痕、二次短路熔痕、电热熔痕、搭铁熔痕、电弧痕等。

①火烧熔痕。指铜、铝导线在火灾中受火灾现场高温作用发生熔化，在导线上形成的熔痕。

②一次短路熔痕。指在正常环境条件下，铜、铝导线因本身故障发生短路，在导线上形成的熔痕。

③二次短路熔痕。指在火灾环境条件下，铜、铝导线产生故障而引发短路，在导线上形成的熔痕。

④电热熔痕。指带电导体在非正常工作情况下，由于电流热效应，包括过负荷、接触不良、雷击等作用形成的熔痕。

⑤搭铁熔痕。指带电导体与其他原本不带电的金属材料搭接形成的熔痕。

⑥电弧痕。指金属材料受到电弧打击形成的熔痕。

（2）熔痕识别

①短路熔痕

短路熔痕直径较小，与导线基体之间存在明显的界限。多股线发生短路时，除短路点处形成熔痕外，熔痕附近的多股线仍然是分散的。铜导线短路熔珠表面光滑圆润，有金属光泽；而铝导线短路熔珠表面存在氧化膜，有麻点和毛刺。一段导体上的短路熔痕在另一段导体上通常能找到对应点，有时一段线路中由于故障传播还可能存在多处短路点。

发现疑似短路熔痕，应进行进一步的技术鉴定，以判定是否为一次短路熔痕或二次短路熔痕。

②接触不良形成的电热熔痕

接触不良形成的电热熔痕常见于接插部位，主要特征是接头处有局部变色或电弧灼烧的痕迹，存在孔洞、麻点、缺口、破损等痕迹。当接头处达到熔点时，会在局部形成熔融粘连或熔断的痕迹。当接头处被电弧击断时，会在端部形成熔痕。

发现疑似接触不良熔痕，应进行进一步的技术鉴定，以判定是否存在接触不良。

③过负荷形成的电热熔痕

过电流的导体表面有麻点和凹凸痕迹，光泽性较差，多股导线呈熔融粘连状。导体部分位置存在囊状或起鼓状熔痕；个别位置发生熔断，熔断处呈圆珠状、尖状或结痂状熔痕。导体过电流部分的绝缘层内部出现不同程度的融化、烧焦、炭化、脱落、松弛并脱离导线基体等现象，即绝缘内焦痕迹。

发现疑似导体过负荷熔痕和绝缘内焦痕迹，均应进行进一步的技术鉴定，以判定是否为过负荷形成。

④搭铁熔痕

搭铁短路的短路点处会形成熔痕，短路点周围有金属喷溅颗粒，靠近短路点处的金属可能出现熔断、电弧击穿、熔融堆积的痕迹。发生短路的不同材质导体有互熔渗透现象。

发现疑似搭铁熔痕，应进行进一步的技术鉴定，以判定是否存在搭铁短路。

⑤电弧痕

受到电弧打击的金属局部变色，表面形成有凹形灼烧区域，灼烧区域及附近有金属喷溅颗粒。当金属被电弧击穿时，击穿处会形成圆弧状或不规则形状的孔洞。当金属被电弧击断时，会在端部形成熔痕。

发现疑似电弧痕，应进行进一步的技术鉴定，以判定是否为电弧打击形成。

⑥火烧熔痕

火烧熔痕直径较大，有滴落现象，熔化部分与基体之间过渡区不明显。多股线形成的火烧熔痕，熔痕附近的多股线呈烧结粘连状态。熔化部分熔融流淌，使导体多处部位变粗或变细，呈现不规则形状。熔痕表面较光滑，没有麻点和毛刺。当火场温度较高时，铜导线会出现多股熔化、成块粘连的现象；而铝导线易形成干瘪的痕迹。

⑦焊接共熔痕迹

焊接材料在火灾中与金属导体共熔，或熔化滴落在金属导体表面，形成焊接共熔痕迹。共熔处有明显的变色和灼烧的痕迹，呈切口状、球状或不规则形状，表面不光滑，有炭化层和炭化坑洞。焊接共熔痕迹不具有鉴定价值。

⑧金属喷溅痕迹

短路过程可以使金属发生喷溅，形成比较规则的金属小颗粒。金属颗粒多为圆珠状、卵状或片状，通常呈喷射状散落分布，粒径由中心向四周逐渐减小。金属喷溅颗粒可能附着于导体、搭接体上，或散落于地面和周围。

⑨局部过热痕迹

短路、接触不良、过负荷等多种故障都可能引起电气局部过热，形成痕迹。局部过热处较其余部位有明显的炭化、烟熏、变色、粘连等特征。多发生于导线接头、接插件连接处、绕组匝间或层间、电子元件等部位。

（3）熔痕的证明作用

①证明起火原因。在起火点处发现有一次短路熔痕，短路时间与起火时间相对应，并排除起火点处其他火源引起火灾的因素，就能认定起火原因是短路引发的；过负荷、接触不良等作用形成的熔痕也能证明起火原因。

②证明起火部位、起火点。通过短路熔痕形成的先后顺序以及保护装置的动作状态，可以为认定起火部位和起火点提供依据。

③证明电气线路、电气设备处于通电或使用状态。

8．人体烧伤痕迹

人体烧伤痕迹是指在火灾环境中火灾在人体上留下的痕迹。包括高温作用在人体外部和内脏中形成的不同类型烧、灼伤痕迹；因吸入高温烟气在呼吸系统、消化系统相关部位留下的烟熏痕迹和燃烧产物；人体四肢和五官发生的姿态变化；人体烧伤后创口发生生化反应形成的出血、水肿等痕迹及内部血液变化等。

（1）火灾致死、致伤的主要原因

火场中高温、烟尘、毒气和缺氧其中任何一个因素都可能造成人员伤亡，而火灾中大多数人员死亡的原因是几种因素共同作用的结果。

（2）人体烧伤痕迹的证明作用

①证明火灾性质

根据尸体的致死原因，可以判定是否存在杀人放火的可能性。

②证明起火原因

尸体裸露部分的皮肤均匀烧脱，形成“人皮手套”和“人皮面罩”，说明可能接触易燃液体后起火的；且“人皮手套”和“人皮面罩”往往是肇事者或放火者留下的。

尸体上发现“天纹”状烧痕，说明是电击或雷击所致。

③证明火势蔓延方向

人在火灾中一般都背离火源，朝向出口方向逃生，因此，现场勘验时可根据尸体的位置和朝向判定火势蔓延方向。

第四章　建筑火灾与建筑防火

第一节　建筑物的分类及构造

建筑物是指供人们生产、生活、工作、学习以及进行各种文化、体育、社会活动的房屋和场所。

一、建筑物的分类

建筑物可从不同角度划分为以下类型。

（一）按建筑物内是否有人员进行生产、生活活动分类

（1）建筑物。凡是直接供人们在其中生产、生活、工作、学习或从事文化、体育、社会等其他活动的房屋统称为“建筑物”，如厂房、住宅、学校、影剧院、体育馆等。

（2）构筑物。凡是间接地为人们提供服务或为了工程技术需要而设置的设施称为“构筑物”，如隧道、水塔、桥梁、堤坝等。

（二）按建筑物的使用性质分类

（1）民用建筑。民用建筑是指非生产性建筑，如居住建筑、商业建筑、体育场馆、客运车站候车室、办公楼、教学楼等。

（2）工业建筑。工业建筑是指工业生产性建筑，如生产厂房和库房，发、变配电建筑等。

（3）农业建筑。农业建筑是指农副业生产建筑，如粮仓、禽畜饲养场等。

（三）按建筑结构分类

（1）木结构建筑。木结构建筑是指承重构件全部用木材建造的建筑。

（2）砖木结构建筑。砖木结构建筑是指用砖（石）做承重墙，用木材做楼板、屋架的建筑。

（3）砖混结构建筑。砖混结构建筑是指用砖墙、钢筋混凝土楼板层、钢（木）屋架或钢筋混凝土屋面板建造的建筑。

（4）钢筋混凝土结构建筑。钢筋混凝土结构建筑是指主要承重构件全部采用钢筋混凝土。如采用装配式大板、大模板、滑模等工业化方法建造的建筑，用钢筋混凝土建造的大跨度、大空间结构的建筑。

（5）钢结构建筑。钢结构建筑是指主要承重构件全部采用钢材建造，多用于工业建筑和临时建筑。随着钢结构耐火涂层材料和工艺的发展，钢结构高层建筑也不鲜见。

（四）按建筑承重构件的制作方法、传力方式及使用的材料分类

（1）砌体结构。砌体结构是指竖向承重构件采用砌块砌筑的墙体，水平承重构件为钢筋混凝土楼板及屋顶板。一般多层建筑常采用砌体结构。

（2）框架结构。框架结构是指承重部分构件采用钢筋混凝土或钢板制作的梁、柱、楼板形成的骨架，墙体不承重而只起围护和分隔作用。该结构的特点是建筑平面布置灵活，可以形成较大的空间，能满足各类建筑不同的使用和生产工艺要求，常用于高层和多层建筑中。

（3）钢筋混凝土板墙结构。钢筋混凝土板墙结构是指竖向承重构件和水平承重构件均为钢筋混凝土制作，施工时采用浇注或预制。

（4）特种结构。特种结构是指承重构件采用网架、悬索、拱或壳体等形式。如影剧院、体育馆、展览馆、会堂等大跨度建筑常采用这种结构形式建造。

（5）积木结构。积木结构是指采用工业化预制的方式，将房屋结构按照设计好的单元拼装在一起。这种结构多用于多层民用建筑中，具有施工速度快、造价低的优点。

（五）按建筑高度分类

（1）高层建筑。高层民用建筑指建筑高度27m及以上的居住建筑（包括首层设置商业服务网点的住宅）、建筑高度超过24m的2层及2层以上的公共建筑；高层工业建筑指建筑高度超过24m的2层及2层以上的厂房、库房。

（2）单层、多层建筑。单层、多层建筑是指建筑高度27m及27m以下的居住建筑（包括设置商业服务网点的居住建筑），建筑高度小于等于24m的多层公共建筑，建筑高度大于24m的单层公共建筑以及建筑高度大于24m的单层厂房和库房。

（3）地下建筑、半地下建筑。地下建筑是在地下通过开挖、修筑而成的建筑空间，其外部由岩石或土层包围，只有内部空间，无外部空间。半地下建筑是指一半在地下，一半超出地平面的建筑。

二、民用建筑类别的划分

民用建筑根据其高度可分为高层民用建筑，单、多层民用建筑和地下、半地下建筑等。其中高层民用建筑根据使用性质（重要性）、火灾危险性、疏散和扑救难度等又可分为一类和二类，建筑的类别不同，对建筑的结构、耐火极限、防火措施、消防设施等要求也有很大不同。

三、工业建筑类别的划分

工业建筑类别的划分一般按生产及储存物品的火灾危险性特征分类，分为甲、乙、丙、丁、戊类五种类别。表 4-1 为使用或产生的物质火灾危险性分类。

表 4-1 生产的火灾危险性分类

生产的火灾危险性类别	使用或产生下列物质生产的火灾危险性特征
甲	1. 闪点小于 28℃的液体； 2. 爆炸下限小于 10%的气体； 3. 常温下能自行分解或在空气中氧化能导致迅速自燃或爆炸的物质； 4. 常温下受到水或空气中水蒸气的作用，能产生可燃气体并引起燃烧或爆炸的物质； 5. 遇酸、受热、撞击、摩擦、催化以及遇有机物或硫黄等易燃的无机物、极易引起燃烧或爆炸的强氧化剂； 6. 受撞击、摩擦或与氧化剂、有机物接触时能引起燃烧或爆炸的物质； 7. 在密闭设备内操作温度不小于物质本身自燃点的生产
乙	1. 闪点不小于 28℃，但小于 60℃的液体； 2. 爆炸下限不小于 10%的气体； 3. 不属于甲类的氧化剂； 4. 不属于甲类的易燃固体； 5. 助燃气体； 6. 能与空气形成爆炸性混合物的浮游状态的粉尘、纤维、闪点不小于 60℃的液体雾滴
丙	1. 闪点不小于 60℃的液体； 2. 可燃固体
丁	1. 对不燃烧物质进行加工、并在高温或熔化状态下经常产生强辐射热、火花或火焰的生产； 2. 利用气体、液体、固体作为燃料或将气体、液体进行燃烧作其他用的各种生产； 3. 常温下使用或加工难燃烧物质的生产
戊	常温下使用或加工不燃烧物质的生产

四、建筑物的构造

各种不同类型的建筑物，尽管它们在结构形式、构造方式、使用要求、空间组合、外形处理及规模大小等方面各有其特点，但构成建筑物的主要部分都是由基础、墙或柱、楼板、楼梯、门窗和屋顶等六大部分构成。此外，一般建筑物还有台阶、坡道、阳台、雨篷、散水以及其他各种配件和装饰部分等。这些部分各自都承担着不同的功能，彼此协调地组合在一起才能构成一栋完整的建筑。

第二节 建筑火灾的发展和规律

建筑火灾发展有它的客观过程，在一定的原因下发生，在一定的条件下发展，到一定程度开始衰减。火灾初起通常是局部的、缓慢的，但随着热量聚集而愈烧愈烈，当达到最大值后，随着可燃物的减少或在某种作用下又逐渐衰落，甚至熄灭。研究建筑火灾的发展与蔓延，目的在于掌握其内在规律，以便采取相应的消防对策，保障建筑消防安全。

一、建筑火灾的发展过程

建筑火灾的发展呈现一定的规律，最初是发生在建筑物内的某个房间或局部区域，然后由此蔓延到相邻房间区域，以至整个楼层，最后蔓延到整个建筑物。通常，根据室内火灾温度随时间变化的特点，将火灾发展分成初起、成长发展、猛烈、衰减四个阶段。

（一）火灾初起阶段

建筑物发生火灾后，最初阶段只是起火部位及其周围可燃物着火燃烧，这时火灾燃烧状况就好像在敞开空间进行一样。火灾初起阶段的特点：火灾燃烧面积不大，火灾仅限于初始起火点附近；室内温度差别大，在燃烧区域及其附近存在高温，而室内平均温度不高；火灾发展速度缓慢，火势不够稳定，它的持续时间取决于着火源的类型、可燃物质性质和分布、通风条件等，其长短差别很大，一般在 5 ～ 20min 之间。其中微弱火源起火时间较长，明火起火时间较短；松散、干燥、易燃的物质起火较快，密实、潮湿的物质起火较慢。

（二）火灾成长发展阶段

在建筑火灾初起阶段后期，火灾燃烧面积迅速扩大，室内温度不断升高，热对流和热辐射显著增强。当发生火灾的房间温度达到一定值时，聚积在房间内的可燃物分解产生的可燃气体突然起火，整个房间都充满了火焰，房间内所有可燃物表面全部都卷入火灾之中，燃烧得很猛烈，温度升高很快。这种在一限定空间内，可燃物的表面全部卷入燃烧的瞬变状态称为轰燃。关于发生轰燃的临界条件，目前主要有两种观点：一种是以到达地面的热通量达到一定值为条件，认为要使室内发生轰燃，地面可燃物接收到的热通量应不小于 $20kW/m^2$；另一种是用顶棚下的烟气温度接近 600℃为临界条件。

（三）火灾猛烈阶段

轰燃发生后，室内所有可燃物都在猛烈燃烧，放热量加大，因而房间内温度升高很快，并出现持续性高温，最高温度可达1100℃。火焰、高温烟气从房间的开口大量喷出，把火灾蔓延到建筑物的其他部分。这个时期是火灾最盛期，其破坏力极强，门窗玻璃破碎，建筑物的可燃构件均被烧着，建筑结构可能被毁坏或导致建筑物局部或整体倒塌破坏。这一阶段的延续时间与起火原因无关，而主要决定于室内可燃物的性质和数量、通风条件等。

（四）火灾衰减阶段

经过猛烈燃烧之后，室内可燃物大都被烧尽，火灾燃烧速度递减，温度逐渐下降，燃烧向着自行熄灭的方向发展。一般把室内平均温度降到温度最高值的80%时，作为猛烈燃烧阶段与衰减阶段的分界。该阶段虽然大面积的燃烧中止，但在较长时间火场的余热还能维持一段时间的高温，为200～300℃。衰减阶段温度下降速度是比较慢的，当可燃物基本烧光之后，火势即趋于熄灭。针对该阶段的特点，应注意防止建筑构件因较长时间受高温作用和灭火射水的冷却作用而出现裂缝、下沉、倾斜或倒塌破坏，确保消防人员的人身安全。

二、建筑火灾蔓延的方式和途径

（一）建筑火灾蔓延的方式

建筑火灾蔓延是通过热的传播进行的。在起火房间内，火由起火点开始，主要是靠直接燃烧和热的辐射进行扩大蔓延的。在起火的建筑物内，火由起火房间转移到其他房间的过程，主要是靠可燃构件的热的传导（直接燃烧）、热的辐射和热对流的方式实现的。

（1）热传导。在起火房间燃烧产生的热量，通过热传导的方式导致火灾蔓延扩大有两个比较明显的特点：一是热量必须经导热性能好的建筑构件或建筑设备，如金属构件、金属设备或薄壁隔墙等的传导，使火灾蔓延到相邻上下层房间；二是可燃物的距离较近，火焰直接波及导致附近可燃物燃烧。这种情况一般只能发生在相邻的建筑空间。可见通过传导蔓延扩大的火灾，其规模是有限的。

（2）热辐射。在火场上，起火建筑物能将距离较近的相邻建筑物烤着燃烧，这就是热辐射的作用。热辐射是相邻建筑之间火灾蔓延的主要方式，同时也是起火房间内部燃烧蔓延的主要方式之一。建筑防火中的防火间距，主要是考虑预防热辐射引起相邻建筑着火而设置的间隔距离。

（3）热对流。热对流是建筑物内火灾蔓延的一种主要方式。它可以使火灾区域的高温燃烧产物与火灾区域外的冷空气发生强烈流动，将高温燃烧产物流传到较远处，造成火势扩大。燃烧时烟气热而轻，易上窜升腾，燃烧又需要空气，这时冷空气就会补充，形成对流。建筑物发生轰燃后，火焰会从起火房间烧毁破坏的门窗向外喷出，同时门窗洞口也为新鲜空气进入火场提供了通道，从而为火灾的发展形成了良好的通风条件，使燃烧更加剧烈、升温更快，此时，房间内外的压差更大，因而流入走廊、喷出窗外的烟火，喷流速度更快，数量更多。

（二）建筑火灾蔓延的途径

研究火灾蔓延途径是设置防火分隔的依据。综合建筑火灾实际的发展过程，可以看出火从起火房间向外蔓延的途径，主要有以下两种。

（1）火灾在水平方向的蔓延。烟火从起火房间的门窜出后，首先进入室内走廊，如果与起火房间依次相邻房间内的门没关闭，就会进入这些房间，将室内物品烤燃。如果这些房间的门没开启，则烟火要待房间的门被烧穿以后才能进入。即使在走道和楼梯间没有任何可燃物的情况下，高温热对流仍可从一个房间经过走道传到另一房间。

造成火灾沿水平方向蔓延扩大的主要途径和原因如下：

①未设防火分区。对于主体为耐火结构的建筑来说，造成水平蔓延的主要原因之一是建筑物内未设水平防火分区，没有防火墙及相应的防火门等形成控制火灾的区域。

②洞口分隔不完善。对于耐火建筑来说，火灾水平蔓延的另一途径是洞口处的分隔处理不完善。如户门为可燃的木质门，火灾时被烧穿；防火门与墙体之间的缝隙填充未达防火要求；普通防火卷帘无水幕保护，导致卷帘失去隔火作用；管道穿孔处未用不燃材料密封等，都能使火灾从一侧向另一侧蔓延。

③吊顶内部未分隔。有不少装设吊顶的建筑，房间与房间、房间与走廊之间的分隔墙只做到吊顶底部，吊顶上部仍为连通空间，一旦起火，极易在吊顶内部蔓延，且难以及时发现，导致灾情扩大。即使没有设吊顶，隔墙如不砌到结构（楼地层）的顶端和底部，或留有孔洞等连通空间，也会成为火灾蔓延和烟气扩散的途径。

④通过可燃的隔墙、构件、家具、吊顶、地毯等直接延燃。可燃构件与装饰物在火灾时也会燃烧，由于它们的延烧而直接导致火灾扩大。

（2）火灾的竖向蔓延。建筑内部有大量的电梯、楼梯、设备、管道等竖井，这些竖井往往贯穿整个建筑，若未做周密完善的防火分隔，一旦发生火灾，烟火就可以通过竖井垂直方向蔓延到建筑的其他楼层。

①火灾通过楼梯间、电梯井蔓延。建筑的楼梯间、电梯井，若未按防火、防烟要求进行分隔处理，则在火灾时犹如烟囱一般，烟火很快会由此向上蔓延。

②火灾通过变形缝蔓延。变形缝是大型建筑物防沉降的结构措施之一，如果在楼层处对变形缝未做防火分隔，甚或在变形缝附近放置可燃物，发生火灾时也会抽拔烟火，导致火灾沿变形缝迅速向上蔓延，火灾扩大。

③火灾通过其他竖井蔓延。建筑中的通风竖井、管道井、电缆井、垃圾井也是建筑火灾蔓延的主要途径。特别是电缆井，它既是火灾蔓延的通道也是容易起火的部位。此外，电缆井的封堵往往只注意了电缆桥架与井壁的封堵，而忽视了桥架内电缆空隙的封堵，一旦起火，火灾还会沿桥架内蔓延，速度很快且产生大量有毒烟气。

④火灾由窗口向上层蔓延。在现代建筑中，从起火房间窗口喷出的烟气和火焰，往往会沿窗间墙向上层窗口蹿越，烧毁上层窗户，引燃房间内的可燃物，使火灾蔓延到上部楼层。

⑤火灾通过通风、空调系统管道蔓延。建筑空调通风系统未按规定设防火阀、采用可燃材料风管或采用可燃材料作保温层都容易造成火灾蔓延。

第三节 建筑材料与耐火等级

一、建筑材料与建筑构件

（一）建筑材料的分类及其燃烧性能分级

1. 建筑材料的分类

建筑材料是指单一物质或若干物质混合物。建筑材料因其组分各异、用途不一而种类繁多。通常，建筑材料按材料的化学构成不同，分为无机材料、有机材料和复合材料三大类。

无机材料包括混凝土与胶凝材料类、砖、天然石材与人造石材类、建筑陶瓷与建筑玻璃类、石膏制品类、无机涂料类、建筑金属及五金类等。无机材料一般都是不燃性材料。

有机材料包括建筑木材类、建筑塑料类、有机涂料类、装修性材料类、功能性材料类等。有机材料的特点是质量轻，隔热性好，耐热应力作用，不易发生裂缝和爆裂等，热稳定性比无机材料差，且一般都具有可燃性。

复合材料是将有机材料和无机材料结合起来的材料，如复合板材等。复合材料一般都含有一定的可燃成分。

2. 建筑材料燃烧性能分级

建筑材料的燃烧性能是指当材料燃烧或遇火时所发生的一切物理和（或）化学变化。建筑材料的燃烧性能是依据在明火或高温作用下，材料表面的着火性和火焰传播性、发烟、炭化、失重以及毒性生成物的产生等特性来衡量，它是评价材料防火性能的一项重要指标。

根据材料燃烧火焰传播速率、材料燃烧热释放速率、材料燃烧热释放量、材料燃烧烟气浓度、材料燃烧烟气毒性等材料的燃烧特性参数，国家标准《建筑材料及制品燃烧性能分级》，将建筑材料的燃烧性能分为A，B1，B2，B3四个级别。其中：

A级材料是指不燃材料。如无机矿物材料、金属材料及其制品等。

B1级材料是指难燃材料。如用有机物填充的混凝土和水泥刨花板、PVC管以及其他经过阻燃处理的有机材料及其制品等。

B2级材料是指可燃材料。如木材、塑料等有机可燃固体材料及其制品等。

B3级材料是指易燃材料。如石油化工产品和其他有机纤维及其制品等轻薄、松散的材料。

（二）建筑构件的燃烧性能和耐火极限

建筑构件是指构成建筑物的基础、墙体或柱、楼板、楼梯、门窗、屋顶承重构件等各个部分。建筑构件的燃烧性能和耐火极限是判定建筑构件承受火灾能力的两个基本要素。

1. 建筑构件的燃烧性能

建筑构件的燃烧性能是由制成建筑构件的材料的燃烧性能来决定的。因此，建筑构件的燃烧性能取决于制成建筑构件的材料的燃烧性能。

根据建筑材料的燃烧性能不同，建筑构件的燃烧性能分为以下三类：

（1）不燃烧体。不燃烧体是指用不燃材料做成的建筑构件。如砖墙体、钢筋混凝土梁或楼板、钢屋架等构件。

（2）难燃烧体。难燃烧体是指用难燃材料做成的建筑构件或用可燃材料做成而用不燃材料做保护层的建筑构件。如经阻燃处理的木质防火门、木龙骨板条抹灰隔墙体、水泥刨花板等。

（3）燃烧体。燃烧体是指用可燃材料做成的建筑构件。如木柱、木屋架、木梁、木楼板等构件。

2. 建筑构件的耐火极限

建筑构件起火或受热失去稳定性，能使建筑物倒塌破坏，造成人员伤亡和损失增大。为了安全疏散人员、抢救物质和扑灭火灾，要求建筑物应具有一定的耐火能力。建筑物的耐火能力取决于建筑构件的耐火极限。

（1）建筑构件耐火极限的判定条件。判定建筑构件是否达到了耐火极限有以下三个条件，当任一条件出现时，都表明该建筑构件达到了耐火极限。

①失去稳定性。失去稳定性，即构件失去支持能力，是指构件在受到火焰或高温作用下，构件材质性能发生变化，自身解体或垮塌，使承载能力和刚度降低，承受不了原设计的荷载而破坏。如受火作用后钢筋混凝土梁失去支承能力、非承重构件自身解体或垮塌等，均属于失去支持能力的象征。

②失去完整性。失去完整性，即构件完整性被破坏，是指薄壁分隔构件在火灾高温作用下，发生爆裂或局部塌落，形成穿透裂缝或孔隙，火焰穿过构件，使其背火面可燃物起火。如受火作用后的板条抹灰墙，内部可燃板条先行自燃，一定时间后其背火面的抹灰层龟裂脱落，引起燃烧起火；再就是木结构构件在火灾作用下发生炭化、截面尺寸变小，失去支撑而垮塌或失去原来形状。

③失去隔热性。失去隔热性，即构件失去隔火作用，是指具有分隔作用的构件，背火面任一点的温度达到220℃时，构件失去隔火作用。以背火面温度升高到220℃作为界限，主要是因为构件上如果出现穿透裂缝，火能通过裂缝蔓延，或者构件背火面的温度达到220℃，这时虽然没有火焰过去，但这种温度已经能够使靠近构件背面的纤维制品自燃了。如纤维系列的棉花、纸张、化纤品等一些燃点较低的可燃物烤焦以致起火。

（2）主要构件耐火极限的影响因素。墙体的耐火极限与其材料和厚度有关，柱的耐火极限与其材料及截面尺度有关。钢柱、梁虽为不燃烧体，但钢的强度随温度的上升而快速下降。有无保护层以及保护层的厚度对其耐火极限影响很大，保护层的耐烧性能越好，厚度越大，耐火极限越高。钢筋混凝土柱和砖柱都属于不燃烧体，其耐火极限随其截面的加大而上升；现浇整体式肋形钢筋混凝土楼板为不燃材料，其耐火极限取决于钢筋保护层的厚度。

二、建筑耐火等级

建筑耐火等级指根据有关规范或标准的规定，对建筑物、构筑物或建筑构件、配件、材料所应达到的耐火性分级。建筑耐火等级是衡量建筑物耐火程度的标准，它是由组成建筑物的墙体、柱、梁、楼板等主要构件的燃烧性能和最低耐火极限决定的。

（一）建筑耐火等级划分的目的和依据

划分建筑耐火等级的目的，在于根据建筑物的不同用途提出不同的耐火等级要求，做到既利于安全，又利于节约投资。大量火灾案例表明，耐火等级高的建筑，火灾时烧坏、倒塌的很少，造成的损失也小，而耐火等级低的建筑，火灾时不耐火，燃烧快，损失也大。因此，为了确保基本建筑构件能在一定的时间内不破坏、不传播火焰，从而起到延缓或阻止火势蔓延的作用，并为人员的疏散、物资的抢救和火灾的扑灭赢得时间以及为火灾后结构修复创造条件。此外还应根据建筑物的使用性质确定其相应的耐火等级，也就是建筑的重要性越高，要求的耐火等级也越高。

（二）建筑构件燃烧性能、耐火极限与建筑耐火等级之间的关系

建筑构件的燃烧性能、耐火极限与建筑耐火等级三者之间有着密切的关系。在同样厚度和截面尺寸条件下，不燃烧体与燃烧体相比，前者的耐火等级肯定比后者高许多。不同耐火等级的建筑物除规定了建筑构件最低耐火极限外，对其燃烧性能也有具体要求。概括起来，一级耐火等级建筑的主要构件，都是不燃烧体；二级耐火等级的主要建筑的构件，除吊顶为难燃烧体外，其余构件都是不燃烧体；三级耐火等级建筑的构件，除吊顶、屋架和隔墙体为难燃烧体或燃烧体外，其余构件为不燃烧体；四级耐火等级建筑的构件，除防火墙体外其余构件均为难燃烧体或大部分为燃烧体。

（三）建筑耐火等级的选定

建筑耐火等级主要根据建筑物的重要性、建筑物的高度和其在使用中的火灾危险性进行确定，具体应符合国家消防技术标准的有关规定。如一类高层民用建筑耐火等级应为一级，二类高层民用建筑耐火等级不应低于二级，裙房的耐火等级不应低于二级，高层民用建筑地下室的耐火等级应为一级。

（四）建筑耐火等级的检验评定

在实践中，检验评定建筑物的耐火等级可根据建筑结构类型进行判定。通常情况下，钢筋混凝土的框架结构及板墙结构、砖混结构，以及有符合相关标准的保护层的钢结构，可定为一、二级耐火等级建筑；用木结构或未做防火涂层钢结构屋顶、钢筋

混凝土楼板和砖墙组成的砖木（钢）结构，可定为三级耐火等级建筑；以木柱、木屋架承重，难燃烧体楼板和墙的可燃结构建筑可定为四级耐火等级建筑。

第四节 建筑总平面布局与防火防烟分区

一、建筑总平面布局

建筑总平面布局是建筑防火需考虑的一项重要内容，这既要满足城市规划的要求，还要满足消防安全的要求。通常应根据建筑物的使用性质、生产经营规模、建筑高度、建筑体积及火灾危险性、所处的环境、地形、风向等因素等，合理确定其建筑位置、防火间距、消防车道和消防水源等，以消除或减少建筑物之间及周边环境的相互影响和火灾危害。

（一）建筑选址

1. 周围环境选择

各类建筑在规划建设时，要考虑周围环境的相互影响。特别是工厂、仓库选址时，既要考虑本单位的安全，又要考虑邻近的企业和居民的安全。生产、储存和装卸易燃易爆危险物品的工厂、仓库和专用车站、码头，必须设置在城市的边缘或者相对独立的安全地带。易燃易爆气体和液体的充装站、供应站、调压站，应当设置在合理的位置，符合防火防爆要求。

2. 地势条件选择

建筑选址时，还要充分考虑和利用自然地形、地势条件。甲、乙、丙类液体的仓库，宜布置在地势较低的地方，以免火灾对周围环境造成威胁；比重比空气重的可燃气体储存区不宜布置在地势低洼地带，避免窝气聚集形成爆炸性气体环境；易燃和可燃液体、气体储罐区要避开地震断裂带；遇水产生的可燃气体容易发生火灾爆炸的企业，严禁布置在可能被水淹没的地方。生产、储存爆炸物品的企业，宜利用地形，选择多面环山、附近没有建筑的地方。

3. 考虑主导风向

散发可燃气体、可燃蒸汽和可燃粉尘的车间、装置等，宜布置在厂区有明火或散发火花地点的常年主导风向的下风或侧风向。液化石油气储罐区宜布置在全年最大频率风向的下风侧，并选择通风良好的地点独立设置。易燃材料的露天堆场宜设置在天然水源充足的地方，并宜布置在全年最大频率风向的下风侧。这样布局既能减少火灾的发生，也能减小火灾烟气对本地区环境的影响。

4. 划分功能区

规模较大的企业，要根据实际需要，合理划分生产区、储存区（包括露天储存区）、生产辅助设施区、行政办公和生活福利区等。同一企业内，若有不同火灾危险的生产建筑，则应尽量将火灾危险性相同的或相近的建筑集中布置，以利采取防火防爆措施，便于安全管理，也利于节约土地资源。易燃易爆的工厂、仓库的生产区、储存区内不得修建办公楼、宿舍等民用建筑。

（二）防火间距

1. 防火间距的作用

防止着火建筑的辐射热在一定时间内引燃相邻建筑，且便于消防扑救的间隔距离称为防火间距。为了防止建筑物发生火灾后，因热辐射等作用向相邻建筑物蔓延，并为消防扑救创造条件，各类建（构）筑物、堆场、储罐、电力设施等之间应保持一定的防火间距。

2. 影响防火间距的因素

影响防火间距的因素较多、条件各异，从火灾蔓延角度看，主要有以下几种：

（1）生产、储存物质的火灾危险性。生产或储存物质的火灾和爆炸危险性越大，物质燃烧的能量越高，热辐射越强，爆炸波及的范围越广，建筑防火间距要求越大。

（2）民用建筑的高度和耐火等级、外墙材料的燃烧性能及室内火灾荷载的影响。相邻建筑的高度越高，室内及外墙火灾荷载越大，建筑之间的防火间距要求越大；建筑的耐火等级越高，防火间距愈小。

（3）建筑开口面积大小及其相邻建筑物的耐火等级的影响。建筑外墙开口越大，热对流愈强；相邻建筑耐火等级越低，受火灾威胁越大，建筑之间的间距要求越大。

（4）建筑物内部消防设施情况、火灾扑救装备的展开和流动等情况的影响。如高层建筑火灾的扑救常用到大型的消防车、举高车等装备，这些装备的展开操作都要求防火间距较大。

二、建筑防火与防烟分区

（一）建筑防火分区

所谓防火分区是指在建筑内部采用防火墙、耐火楼板及其他防火分隔设施分隔而成，能在一定时间内防止火灾向同一建筑的其余部分蔓延的局部空间。

1. 划分防火分区的目的

建筑防火分区是控制建筑物火灾的基本空间单元。当建筑物的某空间发生火灾，火势便会从门、窗、洞口，沿水平方向和垂直方向向其他部位蔓延扩大，最后发展成为整座建筑的火灾。因此，在建筑物内划分防火分区的目的，就在于发生火灾减少火灾损失。

2. 建筑防火分区的类型

建筑防火分区分水平防火分区和垂直防火分区。

（1）水平防火分区。水平防火分区是指在同一个水平面（同层）内，采用具有一定耐火能力的防火分隔物（如防火墙或防火门、防火卷帘等），将该楼层在水平方向分隔为若干个防火区域、防火单元，阻止火灾在水平方向蔓延。

（2）垂直防火分区。垂直防火分区是指上、下层分别用一定耐火性能的楼板和窗间墙等构件进行分隔，或在建筑物上下联通部位设置防火卷帘或防火门等分隔物，防止火势沿着建筑物各种竖向通道向上部楼层蔓延。

3. 建筑防火分区的划分原则

防火分区的划分应根据建筑物使用性质、火灾危险性以及建筑物耐火等级、建筑物规模、室内容纳人员和可燃物的数量、消防扑救能力和力量配置、人员疏散难易程度及建设投资等方面进行综合考虑，既要从限制火势蔓延，减少损失方面考虑，又要顾及平时使用管理，以节约投资。国家有关消防技术标准对防火分区的最大允许建筑面积都有明确、具体规定。其遵循的基本原则如下：

（1）分区的划分必须与使用功能的布置相统一，即在满足防火区面积情况下同一功能的不同作业区尽可能布置在一个防火区内。

（2）分区应保证安全疏散的正常和优先，即分区的划分首先考虑人员多少、通道数量、疏散宽度、疏散距离等要素。

（3）分区一般不跨越楼层，建筑中庭、上下层贯通的自动扶梯都应作为一个独立防火分区。

（4）分隔物应首先选用固定分隔物，如砖墙、石料墙、混凝土墙等实体墙作为分隔墙。

（5）越重要、越危险的区域防火分区面积越小，如高层和多层；耐火极限不同的建筑、生产或储存不同火灾危险性的物质，其防火分区的面积都不同，火灾危险性越大，防火分区面积要求越小。

（6）设有自动灭火系统的防火分区，其允许最大建筑面积可按要求增加一倍；当局部设自动灭火系统时，增加面积可按该局部面积的一倍计算。

（二）建筑防烟分区

防烟分区是指在建筑屋顶或顶棚、吊顶下采用具有挡烟功能的构配件分隔而成，且具有一定蓄烟空间的区域。

1. 划分防烟分区的目的

建筑物内应根据需要划分防烟分区，其目的是为了在火灾初期阶段将火灾产生的烟气控制在一定区域内，并通过排烟设施将烟气迅速有组织地排出室外，防止烟气侵入疏散通道或蔓延到其他区域，以满足人员安全疏散和消防扑救的需要。

2. 防烟分区划分构件

防烟分区划分构件可采用挡烟隔墙、挡烟梁（突出顶棚不小于50cm）、挡烟垂壁（用不燃材料制成，从顶棚下垂不小于 50cm 的固定或活动的挡烟设施）。

3. 防烟分区的划分原则

（1）防烟分区不应跨越防火分区，即使防火分区跨越楼层，防烟分区也不宜跨越楼层；

（2）每个防烟分区所占据的建筑面积一般应控制在 500m2 以内，当建筑物顶棚高度在 3m 以上时允许适当扩大，但最大不超过 1000m2；

（3）净空高度超过 6m 的房间，不划分防烟分区，防烟分区的面积等于防火分区的面积。

第五节 建筑安全疏散与灭火救援

一、建筑安全疏散

安全疏散设施是当火灾发生时，为了保障人员很快疏散而设的疏散走道、安全出口、楼梯等。这些设施按建筑物的大小、用途有不同的设置方法。安全疏散设施包括疏散门、安全出口、疏散走道、直通楼梯、封闭楼梯、防烟楼梯及其防烟前室等设施。

（一）安全疏散设施的种类与作用

1. 疏散通道

疏散通道是指从建筑物内各个部分能够向出口安全疏散的通路。它包括楼层走廊、影剧院观众厅的通道、百货商店的室内通道等。

2. 疏散门

疏散门是指建筑内房间或厅、室开向疏散走廊的门，是人员从房间疏散时必须经过的出入口，然后经疏散通道才能进入楼梯间等安全出口。

3. 安全出口

安全出口是发生火灾时疏散人员的重要设施，包括直通室外的出口和进入楼梯间、室外楼梯、屋顶疏散平台、避难走廊、避难层（间）的出口。安全出口应有醒目标志。

4. 疏散楼梯

发生火灾时，楼梯是从建筑物内向外输送人流的重要设施，是在发生火灾时实现从建筑物上层和下层向室外快速疏散的重要通道。因此，除避难层的上下楼梯需要错开设置外，其他连接建筑物各层的楼梯应处于上下各层同样的位置，从各层均可方便地到达疏散层（指有直接通向室外出入口的楼层或避难层）。若楼梯没有进行很好的防火分隔时，会产生烟囱效应，这会促使烟火蔓延，给疏散造成极大危害。为此，建筑物应根据层数、功能的需要设敞开楼梯间（包括室外楼梯）、封闭楼梯间或防烟楼梯间等。

（二）疏散宽度和安全出口数量的一般要求

（1）房间的疏散门，除托儿所、幼儿园、老年人建筑，面积不大于50m2。医疗、教学建筑，面积不大于75m^2；其他建筑或场所，面积不大于120m2的房间可设一个疏散门外，其他建筑或场所房间、厅室的疏散门都应经计算确定，且不应少于2个。

（2）房间疏散门的净宽度不应小于0.9m，疏散走道和疏散楼梯的净宽度应按疏散的人数确定且不应小于1.1m。

（3）人员密集的公共场所、观众厅的疏散门的宽度不应小于1.4m。

（4）剧院、电影院、礼堂、体育馆等人员密集场所的疏散门、疏散走道、安全出口的净宽度一般按每100人不小于0.6m的净宽度设计，且不应小于1m，边走道不应小于0.8m；疏散人数按实际座位数计算。

（5）多层建筑中的疏散走道、疏散楼梯的净宽度应按人数最多的上一层计算，地下建筑应按下一层的最多人数计算。

（6）公共场所安全出口的门应向疏散方向开启，不得设置转门、侧拉门，出口处1.4m内不得设置踏步。

（7）公共建筑内的每个防火区，不论是单层还是跨层设置，一个分区内的每个楼层其安全出口的数量应经计算确定，一般不应少于二个，且出口之间的水平距离不应小于5m，规范另有规定的除外。

（8）当一个防火分区内设置两个安全出口确有困难时，可在与相邻防火分区的隔墙上开设洞口，作为第二安全出口。

（9）高层公共建筑的疏散楼梯。当分散设置确有困难且从任意疏散门至最近疏散楼梯间入口的距离不大于10m时，可采用剪刀楼梯间。剪刀楼梯间应为防烟楼梯间且楼梯间的前室应分别设置。

（三）安全疏散距离的要求

安全疏散距离是指楼层的房间疏散门或楼层平面疏散最不利点至最近楼梯口的距离。安全疏散距离要求从各室（房间）到达楼梯口的距离应尽可能短，否则影响疏散速度，为此在《建筑设计防火规范》中规定了安全疏散距离。

（1）设在首层的楼梯间不能直通室外时，其楼梯间距安全出口的距离不应大于15m，该段距离内的走道或厅堂应作为扩大的防烟前室要求。

（2）商场等公众聚集场所任一点至安全出口的距离应按房间疏散门至安全出口的距离要求，当建筑内全部设置自动喷水灭火系统的，其疏散距离可增加25%。

二、建筑灭火救援

建筑灭火救援是建筑设计时为了建筑一旦发生火灾利于专业消防队进行灭火和救援受困人员而专门设置的消防车道、救援场地、消防扑救面以及消防电梯等专业设施，以利于救援行动的开展。

（一）消防车道和消防扑救面

1. 消防车道

（1）设置消防车道的目的。设置消防车通道的目的是为了保证发生火灾时，消防车能畅通无阻，迅速到达火场，及时扑灭火灾，减少火灾损失。

（2）消防车道的设置。消防车道的设置应考虑消防车的通行，并满足灭火和抢险救援的需要。消防车道的具体设置应符合下列国家有关消防技术标准的规定：

①消防车道的净宽度和净空高度均不应小于4.0m，消防车道的坡度不宜大于8%，转弯处应满足消防车转弯半径的要求。

②环形消防车道至少应有两处与其他车道连通。尽头式消防车道应设置回车道或回车场，回车场的面积不应小于12m×12m；对于高层建筑，回车场不宜小于15m×15m；供重型消防车使用时，不宜小于18m×18m。

③消防车道的路面、救援操作场地及消防车道和救援操作场地下面的管道和暗沟等，应能承受重型消防车的压力。

④消防车道可利用城乡、厂区道路等，但该道路应满足消防车通行、转弯和停靠的要求。

⑤消防车道不宜与铁路正线平交。如必须平交，应设置备用车道，且两车道的间距不应小于一列火车的长度。

2. 消防扑救面、救援场地和入口

消防扑救面是指登高消防车能靠近高层主体建筑，便于消防车作业和消防人员进入高层建筑进行救人和灭火的建筑立面。

（1）消防扑救面的设置。高层民用建筑和高层工业建筑应设置消防扑救面，其具体设置要求应符合下列现行国家标准《建筑设计防火规范》的有关规定。

①高层建筑应至少沿一条长边或周边长度的1/4且不小于一条长边长度的底边连续布置消防车登高操作场地，该范围内的裙房进深不应大于4m。

②建筑高度不大于50m的建筑，连续布置消防车登高操作场地有困难时，可间隔布置，但间隔距离不宜大于30m，且消防车登高操作场地的总长度仍应符合上述规定。

（2）救援场地的设置。

①可结合消防车道布置且应与消防车道连通，场地靠建筑外墙一侧的边缘距离建筑外墙不宜小于5m，且不应大于10m。

②场地与厂房、仓库、民用建筑之间不应设置妨碍消防车操作的架空高压电线、树木、车库出入口等障碍。

③场地的坡度不宜大于3%，长度和宽度分别不应小于15m和8m。对于建筑高度大于50m的建筑，场地的长度和宽度分别不应小于15m。

④场地及其下面的建筑结构、管道和暗沟等，应能承受重型消防车的压力。

（3）救援入口的设置。

①建筑物与消防车登高操作场地相对应的范围内，应设置直通室外的楼梯或直通楼梯间的入口。

②厂房、仓库、公共建筑的外墙应每层设置可供消防救援人员进入的窗口。窗口的净高度和净宽度分别不应小于 0.8m 和 1.0m，下沿距室内地面不宜大于 1.2m，间距不宜大于 30m 且每个防火分区不应少于 2 个，设置位置应与消防车登高操作场地相对应。窗口的玻璃应易于破碎，并应设置可在室外识别的明显标志。

（二）消防电梯

消防电梯是专门供消防人员在扑救火灾时作为上下通道使用的设备，平时也可作为普通电梯使用，因此相较于普通电梯有着特殊的要求。

1. 消防电梯设置场所

（1）建筑高度大于 33m 的住宅建筑。

（2）一类高层公共建筑和建筑高度大于 32m 的二类高层公共建筑。

（3）设置消防电梯的建筑的地下或半地下室；埋深大于 10m 且总建筑面积大于 $3000m^2$ 的其他地下或半地下建筑（室）。

2. 消防电梯的设置要求

（1）消防电梯应分别设置在不同防火分区内，且每个防火分区不应少于 1 台。

（2）消防电梯应设置前室，前室的使用面积不应小于 $6.0m^2$；与防烟楼梯间合用的前室的使用面积不应小于 $12m^2$ 且短边不应小于 2.4m，共用前室门口不应设置卷帘。

（3）除前室的出入口、前室内设置的正压送风口外，前室内不应开设其他门、窗洞口。

（4）前室或合用前室的门应采用乙级防火门。

（5）消防电梯井、机房与相邻电梯井、机房之间应设置耐火极限不低于 2.00h 的防火隔墙，隔墙上不得开设其他门、窗洞口。

（6）消防电梯的井底应设置排水设施，排水井的容量不应小于 $2m^3$ 排水泵的排水量不应小于 10L/s。消防电梯间前室的门口宜设置挡水设施。

（7）消防电梯内应设消防专用电话。

（8）消防电梯入口处应设消防员专用操作按钮，并具有优先功能。

第五章 火灾事故处理

第一节 火灾事故责任追究

一、行政责任追究

（一）行政处罚

行政处罚是指有行政处罚权的行政主体为维护公共利益和社会秩序，保护公民、法人或其他组织的合法权益，依法对行政相对人违反行政法律法规而尚未构成犯罪的行为所实施的法律制裁。

1. 警告

警告是申诫罚的一种形式，指公安机关消防机构对轻微消防违法行为人的谴责和告诫。在实施警告时，向消防违法行为人发出警戒，申明其有违法行为，通过对其名誉、荣誉、信用的影响，使被警告人认识自己行为的社会危害性，从而约束自己履行法律义务，不致再犯。其特点为：（1）警告是对轻微违法行为人声誉的影响，不涉及违法行为人的人身自由和财产自由；（2）警告只能针对轻微违法行为作出。

2. 罚款

罚款是对违反消防法律法规的行为人在一定期限内令其缴纳一定数量货币的处罚

形式。罚款是剥夺相对人的财产权的处罚，不影响相对人的人身自由，也不限制或剥夺相对人的行为能力，同时能起到制裁的作用。罚款的适用范围非常广泛，可适用于轻微或严重的消防违法行为，既适用于公民，也可适用于单位。罚款的目的是让相对人承担一定的金钱给付义务的方式来纠正和制止违法行为。

3. 拘留

行政拘留是对消防违法行为人，在短期内剥夺其人身自由的处罚形式。它是所有行政处罚形式中，最为严厉的一种。其行使机关、适用范围和对象都受到严格的法律限制。拘留处罚由县级以上公安机关依照《中华人民共和国治安管理处罚法》的有关规定决定。只适用于自然人而不能适用于法人或其他组织，但其法定代表人或主要负责人可以作为拘留处罚对象。

拘留属于限制人身自由罚，只能由法律设定，并由公安机关执行。拘留的期限为1日以上15日以下，有两种以上违法行为，分别决定，合并执行的，最长不超过20日。

（二）行政处分

行政处分是指国家机关、企事业单位对所属的国家工作人员尚不构成犯罪的违法失职行为，依据法律、法规所规定的权限而给予的一种惩戒。行政处分的种类有警告、记过、记大过、降级、撤职、开除。

二、刑事责任追究

刑事责任追究主要体现为刑事处罚。在火灾中可能追究的刑事责任主要放火罪、失火罪、消防责任事故罪、重大责任事故罪、强令违章冒险作业罪、危险物品肇事罪等。其中，失火罪和消防责任事故罪由公安机关消防机构管辖。

（一）放火罪

放火罪，是指故意引起火灾，危害公共安全的行为。

1. 管辖

涉嫌放火罪的，由公安机关刑事侦查部门立案侦查。

2. 立案追诉标准

犯放火罪的，无论是否造成严重后果，只要实施了放火行为，不管是未遂还是既遂，均应追究刑事责任。

3. 刑罚

犯放火罪，但尚未造成严重后果的，处3年以上10年以下有期徒刑；致人重伤、死亡或者使公私财产遭受重大损失的，处10年以上有期徒刑、无期徒刑或者死刑。

（二）失火罪

失火罪，是指过失引起火灾，致人重伤、死亡或者使公私财产遭受重大损失，危害公共安全的行为。

1. 管辖

涉嫌失火罪的，由县级以上公安机关消防机构管辖，未成立消防机构的由县级以上公安机关管辖。

2. 立案追诉标准

根据最高人民检察院、公安部《关于公安机关管辖的刑事案件立案追诉标准的规定》（以下简称《立案追诉标准》）第1条的规定，过失引起火灾，涉嫌下列情形之一的，应予立案追诉：

（1）造成死亡1人以上，或者重伤3人以上的；

（2）造成公共财产或者他人财产直接经济损失50万元以上的；

（3）造成10户以上家庭的房屋以及其他基本生活资料烧毁的；

（4）造成森林火灾，过火有林地面积2公顷以上，或者过火疏林地、灌木林地、未成林地、苗圃地面积4公顷以上的；

（5）其他造成严重后果的情形。

其中，有林地、疏林地、灌木林地、未成林地、苗圃地，按照国家林业主管部门的有关规定确定。

3. 刑罚

犯失火罪的处3年以上7年以下有期徒刑；情节较轻的，处3年以下有期徒刑或者拘役。

（三）消防责任事故罪

消防责任事故罪，是指违反消防管理法规，经消防监督机构通知采取改正措施而拒绝执行，造成严重后果的行为。

1. 管辖

涉嫌失火罪的，由县级以上公安机关消防机构管辖，未成立消防机构的由县级以上公安机关管辖。

2. 立案追诉标准

根据《立案追诉标准》第15条的规定，违反消防管理法规，经消防监督机构通知采取改正措施而拒绝执行，涉嫌下列情形之一的，应予立案追诉：

（1）造成死亡1人以上，或者重伤3人以上；

（2）造成直接经济损失50万元以上的；

（3）造成森林火灾，过火有林地面积2公顷以上，或者过火疏林地、灌木林地、未成林地、苗圃地面积4公顷以上的；

（4）其他造成严重后果的情形。

3. 刑罚

犯消防责任事故罪的，对直接责任人员处3年以下有期徒刑或者拘役；后果特别严重的，处3年以上7年以下有期徒刑。

（四）重大责任事故罪

重大责任事故罪，是指在生产、作业中违反有关安全管理的规定，因而发生重大伤亡事故或造成其他严重后果的行为。

1. 管辖

涉嫌重大责任事故罪的，由公安机关刑事侦查部门管辖。

2. 立案追诉标准

根据《立案追诉标准》第 8 条的规定，造成死亡 1 人以上或重伤 3 人以上，或者直接经济损失 50 万元以上，或者发生矿山生产安全事故，造成直接经济损失 100 万元以上，或者其他造成严重后果的情形，应以重大责任事故罪立案追诉。

3. 刑罚

犯重大责任事故罪的，处 3 年以下有期徒刑或者拘役；情节特别恶劣的，处 3 年以上 7 年以下有期徒刑。

（五）强令违章冒险作业罪

强令违章冒险作业罪，是指强令他人违章冒险作业，因而发生重大伤亡事故或造成其他严重后果的行为。

1. 管辖

涉嫌强令违章冒险作业罪的，由公安机关刑事侦查部门管辖。

2. 立案追诉标准

根据《立案追诉标准》第 9 条的规定，造成死亡 1 人以上或重伤 3 人以上，或者直接经济损失 50 万元以上，或者发生矿山生产安全事故，造成直接经济损失 100 万元以上，或者其他造成严重后果的情形，应以强令违章冒险作业罪立案追诉。

3. 刑罚

犯强令违章冒险作业罪的，处 5 年以下有期徒刑或者拘役；情节特别恶劣的，处 5 年以上有期徒刑。

（六）危险物品肇事罪

危险物品肇事罪，是指违反爆炸性、易燃性、放射性、毒害性、腐蚀性物品的管理规定，在生产、储存、运输、使用中发生重大事故，造成严重后果的行为。

1. 管辖

涉嫌危险物品肇事罪的，由公安机关治安部门管辖。

2. 立案追诉标准

根据《立案追诉标准》第 12 条的规定，造成死亡 1 人以上或重伤 3 人以上，或者造成直接经济损失 50 万元以上，或者其他造成严重后果的情形，应以危险物品肇事罪立案追诉。

3. 刑罚

犯危险物品肇事罪的，处3年以下有期徒刑或者拘役；后果特别严重的，处3年以上7年以下有期徒刑。

三、民事责任追究

承担民事责任的主要方式有：停止侵害，排除妨碍，消除危险，返还财产，恢复原状，修理、重作、更换，赔偿损失，支付违约金、消除影响、恢复名誉，赔礼道歉。

根据《中华人民共和国民法通则》的规定，公民、法人由于过错侵害国家的、集体的财产，侵害他人财产、人身的，应当承担民事责任。没有过错，但法律规定应当承担民事责任的，应当承担民事责任。对于涉及多方当事人的火灾事故，起火原因一旦确定，必然有一方要承担相应的民事赔偿责任。

第二节　火灾行政案件办理

火灾行政案件办理也要遵循《中华人民共和国行政处罚法》（以下简称《行政处罚法》）、《公安机关办理行政案件程序规定》等法律、法规，但火灾行政案件办理有其特殊性，分为简易程序和一般程序两种。其中在一般程序中，为了查明案件事实，公正、合理地实施行政处罚，在作出行政处罚决定前，可启动听证程序，通过公开举行由利害关系人参加的听证会广泛听取意见。

一、简易程序

（一）简易程序的适用条件

火灾行政案件中的简易程序是指调查人员在火灾事故处理中，对于违法事实确凿、情节简单的行政处罚事项当场进行处罚的行政处罚程序。根据《行政处罚法》、《公安机关办理行政案件程序规定》有关简易程序规定：适用简易程序必须“违法事实确凿并有法定依据，对公民处以50元以下、对法人或者其他组织处以1000元以下罚款或者警告的行政处罚的，可以当场作出行政处罚决定”说明适用简易程序必须具备以下条件：

（1）违法事实确凿。即违法的事实清楚，证据充分，没有异议。

（2）有法定依据。即必须是法律、行政法规或规章规定可以处罚的。

（3）限于警告、罚款等较轻微的行政处罚。即对公民处以50元以下、对法人或者其他组织处以1000元以下罚款或者警告。

（二）简易程序的具体步骤

调查人员依照简易程序作出当场行政处罚决定，应当按下列程序进行：

(1) 表明身份。向当事人出示执法身份证件，表明身份。

(2) 说明处罚理由。向当事人说明给予行政处罚的原因和依据，包括违法行为的事实、证据和据以当场作出行政处罚决定的法律依据。

(3)给予当事人陈述和申辩的机会。对违法行为人的陈述和申辩，应当充分听取;违法行为人提出的事实、理由或者证据成立的，应当采纳。不得因当事人的申辩加重处罚。

(4)填写《当场处罚决定书》并当场交付被处罚人。《当场处罚决定书》应当载明:违法行为，违法的事实和证据；行政处罚的依据，据以作出行政处罚的消防法规；行政处罚种类以及处罚幅度；行政处罚的时间、现场地点；作出处罚决定机关名称（要有公章）；调查人员的签名或者盖章。

(5) 当场收缴罚款的，同时填写罚款收据，交付被处罚人；不当场收缴罚款的，应当告知被处罚人在规定期限内到指定的银行缴纳罚款。

(6) 备案审查。消防行政执法人员当场作出的行政处罚决定，必须报所属公安机关消防部门备案审查。

二、一般程序

一般程序是相对于行政处罚的简易程序而言的。与简易程序相比，一般程序在制度上包括较为完备的程序规则，适用于大部分行政处罚案件。适用一般程序办理的行政处罚案件主要包括受案、调查取证、处罚告知、处罚决定、送达、执行与结案几个步骤。

（一）受案

公安机关消防机构在进行火灾事故调查时，如发现单位或个人违反了《消防法》的有关规定，且根据《消防法》应予以处罚的，承办人员应及时受案，经公安机关消防机构办案部门负责人或县级公安机关消防机构负责人批准并进行分工后，才能进行调查取证。除适用简易程序外，承办人员不得少于 2 人，其中有 1 名为主责承办人，其他为协办人。

（二）调查取证

经批准受案后，承办人员应围绕受案的案由进行调查取证。在调查取证中要调查清楚的案件事实有：违法嫌疑人的基本情况；违法行为是否存在；违法行为是否为违法嫌疑人实施；实施违法行为的时间、地点、手段、后果及其他情节；违法嫌疑人有无法定从重、从轻、减轻以及不予处理的情形；与案件有关的其他事实。

公安机关消防机构调查取证的手段主要有询问、勘验、检查、鉴定、检测、辨认、抽样取证、扣押、先行登记保存。

（三）处罚告知

公安机关消防机构在作出行政处罚决定之前，应当告知当事人拟作出行政处罚决定的事实、理由及依据，并告知当事人依法享有的权利。并允许其申辩，听取其意见并制作填写《行政处罚告知笔录》。当事人提出的事实、理由或者证据成立的，应当采纳。

说明理由是公安机关消防机构办理行政案件、实施行政处罚过程中必须履行的程序性义务，不履行这一义务，行政处罚决定不能成立。告知权利的内容包括告知申请回避权、申辩权、陈述事实、提出证据权，申请行政复议、行政诉讼权等。对适用听证程序的行政案件，办案人员提出处罚意见后，应当告知违法嫌疑人拟作出行政处罚的种类和幅度及有要求举行听证的权利。

（四）处罚决定

调查终结后，公安机关消防机构依据《公安机关办理行政案件程序规定》、《公安机关内部执法监督工作规定》、《公安机关法制部门工作规范》等开展案件审核工作。经审核后，办案人员将“消防行政处罚审批表”连同案件材料，报公安机关消防机构负责人审批。公安机关消防机构根据不同情况，分别作出如下决定：确有应受行政处罚的违法行为的，根据情节轻重及具体情况，作出行政处罚决定；违法行为轻微，依法可以不予行政处罚的，不予行政处罚；违法事实不能成立的，不得给予行政处罚；违法行为已构成犯罪的，启动火灾刑事案件办理程序。

（五）送达

行政处罚决定书一经送达即生效。公安机关消防机构作出行政处罚决定和其他行政处理决定，应当当场交被处理人本人。被处理人不在场的，公安机关消防机构应当在作出决定的7日内送达被处理人，并制作使用《送达回执》。其送达方式有以下几种：

1. 直接送达

当事人是自然人的，直接将文书当场交付被处理人本人，并由被处理人在附卷的文书上签名或者盖章，即为送达。当事人是单位的，由单位的法定代表人或者有关负责人签收；或者由该单位负责收件的人员签收，并加盖该单位或者单位收发部门公章。

2. 留置送达

受送达人本人或者代收人拒绝接收或者拒绝签名、盖章的，送达人可以邀请其邻居或者其他见证人到场，说明情况，把文书留在受送达人处，在《送达回执》上注明拒绝的事由、送达日期，由送达人、见证人签名或者捺指印，并在备注栏注明见证人身份，即视为送达。

3. 委托送达

无法直接送达的，可以委托公安派出所代为送达。采用委托送达的应当出具委托函，并附有需要送达的文书和《送达回执》。由被委托单位填写《送达回执》，并在备注中注明被委托单位名称。委托送达以受送达人在《送达回执》上签收的日期为送达日期。

4. 邮寄送达

无法直接送达的，也可以邮寄送达。采用邮寄送达的，应当使用挂号信挂号邮寄，并将邮件收据和挂号信回执附《送达回执》后。邮寄送达以挂号信回执上注明的收件日期为送达日期。

5. 公告送达

经采取上述送达方式仍无法送达的，可以公告送达。公告的范围和方式应当便于公民知晓，可以采用在当地主流报纸公告、在受送达人住址张贴公告等方式，公告期限不得少于60日。公告送达自发出公告之日起满60日，即视为送达。

（六）执行与结案

行政处罚决定依法作出后，当事人应当在行政处罚决定的期限内，予以履行。当事人对行政处罚决定不服向行政复议机关申请复议或者已向人民法院提起行政诉讼的，行政处罚不停止执行，法律另有规定的除外。

案件办理完毕，属于下列情况的，消防行政执法主体可以结案：行政处罚决定执行完毕的；经人民法院判决或者裁定并执行完毕的；免于行政处罚或者不予行政处罚的。

三、听证程序

听证程序，是指行政机关为了查明案件事实，公正、合理地实施行政处罚，在作出行政处罚决定前，通过公开举行由利害关系人参加的听证会广泛听取意见的程序。

（一）适用听证程序的条件

公安机关消防机构在作出下列行政处罚决定之前，应当告知违法嫌疑人有要求举行听证的权利：(1)责令停产停业；(2)吊销许可证或者执照；(3)较大数额罚款；(4)法律、法规和规章规定违法嫌疑人可以要求举行听证的其他情形。其中，“较大数额罚款”是指对个人处以2000元以上罚款，对单位处以1万元以上罚款。对依据地方性法规或者地方政府规章作出的罚款处罚，适用听证的罚款数额按照地方规定执行。

（二）听证的时限

当事人要求听证的，应当在被告知听证权利后3日内提出申请，否则视为放弃听证权利。公安机关消防机构收到听证申请后，应当在2日内决定是否受理，认为听证申请人的要求不符合听证条件，决定不予受理的，应当制作《不予受理听证通知书》，告知听证申请人；公安机关消防机构受理听证的，应当在举行听证的7日前将举行听证通知书送达听证申请人，并将举行听证的时间、地点通知其他听证参加人；听证应当在收到听证申请之日起10日内举行。

（三）听证的实施

听证由公安机关消防机构非本案调查人员组织。听证主持人由公安机关消防机构指定。听证主持人必须由非本案调查人员且与本案没有直接利害关系的人员担任。听证人员应当就行政案件的事实、证据、程序、适用法律等方面全面听取当事人的陈述和申辩。除涉及国家秘密、商业秘密、个人隐私的行政案件外，听证要公开举行。

听证开始时，听证主持人核对听证参加人；宣布案由；宣布听证员、记录员和翻译人员名单；告知当事人在听证中的权利和义务；询问当事人是否提出回避申请；对不公开听证的行政案件，宣布不公开听证的理由。

听证开始后，首先由办案人员提出听证申请人违法的事实、证据和法律依据及行政处罚意见。办案人员提出证据时，应当向听证会出示。对证人证言、鉴定意见、勘验笔录和其他作为证据的文书，应当当场宣读。听证申请人可以就办案人员提出的违法事实、证据和法律依据以及行政处罚意见进行陈述、申辩和质证，并可以提出新的证据。第三人可以陈述事实，提出新的证据。听证申请人、第三人和办案人员应当围绕案件的事实、证据、程序、适用法律、处罚种类和幅度等问题进行辩论。辩论结束后，听证主持人应当听取听证申请人、第三人、办案人员各方最后陈述意见。

听证结束后，由记录员制作听证笔录并交听证申请人阅读或者向其宣读。听证笔录中的证人陈述部分，应当交证人阅读或者向其宣读。听证申请人或者证人认为听证笔录有误的，可以请求补充或者改正。听证申请人或者证人审核无误后签名或者捺指印。拒绝签名或者捺指印的，由记录员在听证笔录中记明情况。听证笔录经听证主持人审阅后，由听证主持人、听证员和记录员签名。听证结束后，听证主持人应当写出听证报告书，连同听证笔录一并报送公安机关消防机构负责人。公安机关消防机构负责人应当根据听证情况，作出处理决定。

（四）听证的中断和终止

在听证过程中，需要通知新的证人到会、调取新的证据或者需要重新鉴定或者勘验；或因回避致使听证不能继续进行时，听证主持人可以中止听证，待中止听证的情形消除后，及时恢复听证。

在听证过程中，遇到以下情形之一时，应当终止听证：

（1）听证申请人撤回听证申请。

（2）听证申请人及其代理人无正当理由拒不出席或者未经听证主持人许可中途退出听证的。

（3）听证申请人死亡或作为听证申请人的法人或其他组织被撤销、解散的。

（4）听证过程中，听证申请人或其代理人扰乱听证秩序，不听劝阻，致使听证无法正常进行的。

四、行政处罚的适用方法

行政处罚的适用方法是指行政处罚运用于各种行政违法案件和违法者的方式或方法，也可以说是行政处罚的方法。在行政处罚适用中，应区别各种不同的情况，采用不同的处罚方法。

（一）不予处罚

不予处罚是指消防行政相对人的行为在形式上虽已构成消防违法，但是因有法定的事由存在而实质上可以不承担法律责任，消防行政执法主体对其不给予行政处罚。根据我国相关法律法规的规定，具有下列情况时，对行为人不给予处罚：

（1）不满十四周岁的人有违法行为的，不予行政处罚，责令监护人加以管教。这是因为行为人不具备责任能力。

（2）精神病人在不能辨认或者不能控制自己行为时有违法行为的，不予行政处罚，但应当责令其监护人严加看管和治疗。理由同上。

（3）违法行为轻微并及时纠正，没有造成危害后果的，不予行政处罚。这是从违法行为的程度、危害后果和悔过态度等三个方面来综合考虑的。如果违法行为同时具备程度轻微、没有造成危害后果并被行为人及时予以纠正这三个条件，则不予处罚。

（4）超过追究时效期限的，不给予行政处罚。一般违法行为在二年内未被发现的，不再给予行政处罚。法律另有规定的除外。其规定的期限，从违法行为发生之日起计算；违法行为有连续或者继续状态的，从行为终了之日起计算。

（5）又聋又哑的人或者盲人由于生理缺陷的原因而违反《中华人民共和国治安管理处罚法》中规定的消防行政违法行为的，不给予行政处罚。

（6）依法应当给予行政处罚的，必须查明事实；违法事实不清的，不得给予行政处罚。

（二）从轻或减轻处罚

从轻处罚是指对消防行政违法行为人在法定的处罚幅度内就轻、就低予以处罚，但是不能低于法定处罚幅度的最低限度。减轻处罚是指对消防行政违法行为人在法定处罚幅度的最低限度以下给予处罚。

从轻或减轻处罚主要针对以下几种情况：

（1）已满 14 岁不满 18 岁的人有消防违法行为的。

（2）主动消除或减轻违法行为危害后果的。

（3）受他人胁迫有违法行为的。

（4）配合消防行政主体查处违法行为有立功表现的。

（5）其他依法应从轻或者减轻行政处罚的。这是指以上述四种情形之外，其他法律、法规另有规定的以及今后法律、法规可能会规定的从轻或者减轻情形。

（三）从重处罚

从重处罚是指消防行政执法主体对消防行政违法行为人在法定的处罚方式和处罚幅度内，在数种处罚方式中适用较严厉的处罚方式，或在某一处罚方式允许的幅度内适用接近于上限或上限的处罚。

根据我国的消防法律法规，从重处罚主要针对以下几种情况：

（1）违法情节恶劣，后果严重的。

（2）在结伙实施中起主要作用的。

（3）多次违法、屡教不改的。

（4）胁迫、诱骗他人或者教唆未成年人违法的。

（5）抗拒、妨碍执法人员查处其违法行为的。

（6）对检举人、证人打击报复的。

（7）隐匿、销毁、伪造有关证据，企图逃避法律责任的。

（四）分别处罚

分别处罚是指对同一消防违法行为中的多个当事人或者对同一当事人不同种类的多个违法行为分别加以确定，并分别给予相应措施的行政处罚。

分别处罚主要有以下几种情况：

（1）对两人以上共同实施同一个违法行为，处罚实施机关根据他们各自在违法活动中的作用、情节及危害后果，分别给予处罚并分别执行。

（2）对同一行为人同时实施了两个以上不同种类的违法行为，并应由同一处罚实施机关管辖的，处罚机关应对其多个违法行为分别处罚，然后合并执行。如《建设工程消防监督管理规定》第四十四条规定：依法应当经公安机关消防机构进行消防设计审核的建设工程未经消防设计审核和消防验收，擅自投入使用的，分别处罚，合并执行。

（3）法人或其他组织等团体单位有违法行为的，根据法律规定，有些应对单位、单位的主管人员和直接责任人员分别处罚并分别执行。如《消防法》第六十九条规定：消防产品质量认证、消防设施检测等消防技术服务机构出具虚假文件的，责令改正，处五万元以上十万元以下罚款，并对直接负责的主管人员和其他直接责任人员处一万元以上五万元以下罚款。

（五）一事不再罚

一事不再罚具体运用到行政处罚中时，其表现为“对当事人的同一个违法行为，不得给予两次以上罚款的行政处罚”。

同一个违法行为，是指同一行为主体基于同一事实和理由实施的一次性行为。在实践中，行为人同一个违法行为可能触犯一个法律规范，也可能触犯多个法律规范。在触犯多个法律规范，尤其是各个法律规范的执法主体不同的情况下，可能出现多头处罚的重复处罚情况，从而违反过错与处罚相适应的规则，加重了行为人的处罚负担，需要加以避免。

第三节　失火案和消防责任事故案的办理

一、管辖分工

根据《公安部刑事案件管辖分工规定》的规定，县级以上公安机关消防机构负责侦查危害公共安全罪中失火案和消防责任事故案。在具体案件的管辖中应当以犯罪地的公安机关消防机构管辖为主，犯罪嫌疑人居住地的公安机关消防机构管辖为辅；以最初受理的公安机关消防机构管辖为主，主要犯罪地的公安机关消防机构管辖为辅的管辖原则。上级公安机关消防机构认为有必要的，可以侦查下级公安机关消防机构的刑事案件，下级公安机关消防机构认为案情重大需要上级公安机关消防机构侦查时，可以请上一级公安机关消防机构管辖。

二、消防刑事案件的犯罪构成

（一）失火罪

失火罪，是指由于行为人的过失引起火灾，造成严重后果，危害公共安全的行为。按照《刑法》第115条第2款的规定，犯失火罪的，处3年以上7年以下有期徒刑；情节较轻的，处3年以下有期徒刑或者拘役。

1. 失火罪的犯罪构成

（1）犯罪客体

本罪侵犯的客体是公共安全。从实践来看，失火罪对公共安全的危害通常表现为危害重大公私财产的安全和危害不特定多数人的生命、健康两种情况。由于火灾发生的本质是在时间和空间上失去控制的燃烧，这种在一定时间内无法控制的燃烧很容易对不特定多数人的生命、健康，以及公私财产的安全造成危害，因此绝大多数火灾对公共安全造成了危害。

（2）犯罪的客观方面

本罪在客观方面表现为由于行为人的过失行为引起火灾，造成了严重后果，危害了公共安全。具体包括以下几方面的内容：一是行为人须有失火行为。这也就是说，行为人用火不当，引起公私财物的燃烧。二是失火行为须危害公共安全。这也就是说，失火行为具有危害不特定多数人的生命、健康或者重大财产安全的属性。三是失火行为必须造成了危害公共安全的严重后果，失火行为和严重后果之间存在因果关系。如果失火行为没有造成严重后果，就不构成失火罪。这里的“没有造成严重后果”，通常是指造成了一定后果，但不严重。

（3）犯罪主体

本罪的犯罪主体为一般主体。凡达到法定刑事责任年龄、具有刑事责任能力的自然人均可成为本罪的主体，单位不能成为本罪的主体。

（4）犯罪的主观方面

本罪在主观方面表现为过失。过失，既可以是出于疏忽大意的过失，即行为人应当预见自己的行为可能引起火灾，因为疏忽大意而未预见，致使火灾发生，也可以是出于过于自信的过失，即行为人已经预见自己的行为可能引起火灾，但轻信火灾能够避免，结果发生了火灾。这里的“疏忽大意”、“轻信能够避免”，是指行为人对火灾危害结果的心理态度，而不是对导致火灾的行为的心理态度。

2. 失火罪的认定

（1）失火罪罪与非罪的区别

在认定某一失火行为是否构成失火罪时，除要按照失火罪的犯罪特征进行判断外，还应掌握以下认定方法：

第一，将失火罪与自然灾害引起的火灾加以区分。行为人主观上有过失是其负刑事责任的主观基础，如果查明造成严重后果的火灾是由于不能抗拒的自然灾害，如雷击、地震、火山喷发等引起的，与人的行为无关，则不存在犯罪问题。

第二，将失火罪与人为原因引起的火灾加以区分。在现实生活中，由人为原因引起的火灾，情况非常复杂。应根据行为人实施具体失火行为造成损害的程度、主观方面的心理态度等方面的情况，具体认定与人的行为有关的火灾是否构成失火罪。具体来说，包括以下几方面的内容：一是失火行为是否造成了严重后果，即是否致人重伤、死亡或者公私财产遭受到了严重损失。这种严重后果既包括不特定多数人的生命、健康受到实际损害的后果，也包括使公私财产遭受重大损失的损害后果。如果失火行为造成了一定危害后果，但后果并不严重，则不构成失火罪。二是行为人的行为与火灾的发生是否具有刑法上的因果关系。如果查明火灾的发生并非行为人的行为造成的，即不存在刑法上的因果关系，则行为人不应对火灾后果承担刑事责任。三是行为人主观上有无过失。虽然发生了火灾，造成了严重后果，但如果行为人对严重后果主观上并不存在过失，而是由于不能预见的原因引起的，也不构成失火罪。认定行为人主观上有无过失，尤其是对严重危害后果能否预见，即是否存在疏忽大意的过失，是与意外事件相区别的关键所在。根据行为人的具体情况综合分析，如果行为人对火灾的严重后果根本不可能预见，则属于意外事件；如果行为人对火灾的严重后果应当预见而未预见，则存在疏忽大意的过失，构成失火罪。

（2）失火罪与放火罪的区别

失火罪与放火罪同属于危害公共安全的犯罪，两者的危害后果，即不特定多数人的伤亡或重大公私财产的损失，都是由火灾造成的，点火本身通常也都是故意的。但两者的区别也比较明显，主要表现在：一是客观方面的要求不同。对于失火罪来说，必须造成致人重伤、死亡或者使公私财产遭受重大损失的严重后果，才能构成犯罪，是结果犯；放火罪并不以发生上述严重后果作为法定要件，只要实施足以危害公共安全的放火行为，放火罪即能成立，是行为犯。二是犯罪表现不同。失火罪是过失犯罪，以发生严重后果作为法定要件，不存在犯罪未遂情形；放火罪有预备、既遂、未遂和中止之分。另外，放火罪可能是共同犯罪，失火罪不存在共同犯罪问题。三是犯罪主体不同。失火罪的犯罪主体对刑事责任年龄的最低要求是已满 16 周岁的自然人；对于放火罪来说，已满 14 周岁的自然人就要负刑事责任。四是主观罪过形式不同。失火罪出于过失；放火罪则出于故意。这是两种犯罪性质的根本区别。

（3）失火罪与重大责任事故罪的区别

重大责任事故罪，是指在生产、作业中违反有关安全管理的规定，因而发生重大伤亡事故或者造成其他严重后果的行为。失火罪与重大责任事故罪的区别主要在于：

失火罪处罚的是日常生活中不注意用火安全而引发火灾的行为，一般与特定的注意义务无关。失火一般发生在日常生活中，如吸烟入睡，做饭不照看炉火，安装炉灶、烟囱不符合防火规则，在森林中乱烧不注意防火等，以致酿成火灾，造成重大损失的，构成失火罪。而重大责任事故罪则强调是发生在生产、作业过程中的火灾，这里所指的生产、作业过程既包括资源的开采活动、各种产品的加工和制作活动，也包括各类工程建设和商业、娱乐业以及其他服务业的经营活动。其主体范围包括直接从事生产、作业的人员，也包括在生产、作业中担负指挥、管理职责的人员。从犯罪构成要件来讲，修改后的重大责任事故罪犯罪主体范围扩大了，从“工厂、矿山、林场、建筑企业或者其他企业、事业单位”，扩大到能够“生产、作业的所有场所”，但不涉及生活领域。

3. 失火案立案追诉标准

过失引起火灾，涉嫌下列情形之一的，应予立案追诉：

（1）导致死亡1人以上，或者重伤3人以上的。

（2）造成公共财产或者他人财产直接经济损失50万元以上的。

（3）造成10户以上家庭的房屋以及其他基本生活资料烧毁的。

（4）造成森林火灾，过火有林地面积2公顷以上，或者过火疏林地、灌木林地、未成林地、苗圃地面积4公顷以上的。

（5）其他造成严重后果的情形。

（二）消防责任事故罪

消防责任事故罪，是指违反消防管理法规，经公安机关消防机构或者公安派出所通知采取改正措施而拒绝执行，造成严重后果的行为。按照《刑法》第139条的规定，犯消防责任事故罪的，处3年以下有期徒刑或者拘役；后果特别严重的，处3年以上7年以下有期徒刑。

1. 消防责任事故罪的犯罪构成

（1）犯罪客体

本罪侵犯的客体是公共安全。我国对消防工作实行严格的监督管理，专门制定了《消防法》、《消防监督检查规定》等消防管理法规。公安机关消防机构、公安派出所发现火灾隐患，应及时通知被检查的单位和个人整改，被通知单位或个人应当采取有效措施，消除火灾隐患，并将整改的情况及时告诉公安机关消防机构或公安派出所。每个单位和公民都必须严格遵守消防管理法规，认真做好消防工作，及时消除火灾隐患。由于有些单位和公民漠视消防安全、片面追求经济效益，违反消防管理法规，经公安机关消防机构或者公安派出所通知采取改正措施而拒绝执行，因而发生火灾，造成严重后果，严重破坏了消防监督秩序，危害了公共安全，给国家、集体和人民群众带来了巨大损失。

（2）犯罪的客观方面

本罪的客观方面表现为违反消防管理法规，且经公安机关消防机构或者公安派出所通知采取改正措施而拒绝执行的行为。具体包括以下内容：

①有违反消防管理法规的行为，即有违反我国《消防法》、《仓库防火安全管理规则》、《高层民用建筑设计防火规范》以及各省（自治区、直辖市）的地方性消防法规规定的行为。

②经公安机关消防机构或者公安派出所通知采取改正措施而拒绝执行。行为人有违反消防管理法规的行为，必须是经公安机关消防机构或者公安派出所通知需要改正的行为，如果没有接到过公安机关消防机构或者公安派出所采取改正措施的通知，那么违法行为即使造成了严重后果，也不构成本罪。

③违反消防管理法规的行为与严重后果之间存在因果关系，即严重后果是由于违反消防管理法规的行为引起的。违反消防管理法规的行为与严重后果之间没有因果联系，则不构成本罪。“严重后果”，通常是指造成了人身伤亡或公私财产的重大损失。“后果特别严重”，一般是指造成死亡、多人重伤或者公私财产的巨大损失。

全国各省（自治区、直辖市）对失火案和消防责任事故案的立案标准，可结合当地经济发展水平和火灾造成的直接财产损失来确定。

（3）犯罪主体

本罪的犯罪主体为一般主体，即年满16周岁、具有刑事责任能力的自然人。

（4）犯罪的主观方面

本罪的主观方面表现为过失。这里所说的过失，是指行为人对其所造成的危害后果的心理状态，既可以是疏忽大意的过失，也可以是过于自信的过失。行为人主观上虽然并不希望火灾事故发生，但就其违反消防管理法规，经公安机关消防机构或者公安派出所通知采取改正措施而拒绝执行而言，则是明知故犯的。行为人明知是违反了消防管理法规，但却未想到会因此而产生严重后果，或者轻信能够避免，以致发生了严重后果。

2. 消防责任事故罪的认定

（1）消防责任事故罪罪与非罪的区别

在司法实践中，认定和处理消防责任事故案应注意审查以下几点：一是审查是否有违反消防管理法规的行为。消防管理法规对消防管理措施、要求等都作了具体规定，这些规定是公安机关消防机构和公安派出所对消防安全工作实施监督的基本依据，当然也是公安机关消防机构和公安派出所审查行为人是否违反消防管理法规的基本依据。只有违反消防管理法规的才能定罪，否则就不构成本罪。二是审查行为人是否接到了公安机关消防机构或者公安派出所要求采取改正措施的书面通知。这种书面通知不仅体现着公安机关消防机构和公安派出所的依法监督行为，而且也是认定行为人是否拒绝执行改正措施的主要证据材料。行为人接到了要求采取改正措施的通知，才可能构成本罪，否则不构成本罪。三是审查行为人是否对公安机关消防机构或者公安派出所要求采取改正措施的通知拒绝执行。拒绝执行，才构成本罪；如果没有拒绝，相反却是立即认真执行，即使在执行中发生了火灾，也不构成本罪。四是审查拒不执行的行为是否造成了严重后果，只有造成了严重危害后果，才构成本罪。

（2）消防责任事故罪与失火罪的区别

消防责任事故罪与失火罪，两者在事故形式上都表现为火灾，行为人对于火灾后果都表现为过失。但两者存在着以下区别：一是火灾事故发生的前因不同。消防责任事故罪中的火灾事故的前因是行为人违反消防管理法规，经公安机关消防机构或者公安派出所要求采取改正措施而拒不执行；而失火罪中的火灾事故的前因则是行为人在日常生产、生活中用火不慎造成的。二是主观方面的表现不同。消防责任事故罪的行为人对违反消防管理法规以及拒不执行公安机关消防机构或者公安派出所要求采取改正措施的通知，通常表现为明知故犯；而失火罪的行为人对火灾的发生直接表现为过失。

3. 消防责任事故案立案追诉标准

违反消防管理法规，经消防监督机构通知采取改正措施而拒绝执行，涉嫌下列情形之一的，应予立案追诉：

（1）造成死亡 1 人以上，或者重伤 3 人以上的。

（2）造成直接经济损失 50 万元以上的。

（3）造成森林火灾，过火有林地面积 2 公顷以上，或者过火疏林地、灌木林地、未成林地、苗圃地面积 4 公顷以上的。

（4）其他造成严重后果的情形。

三、回避和律师参与制度

（一）回避制度

刑事侦查中的回避，是指公安机关负责人、侦查人员、记录人、翻译人员、鉴定人等人员，因与案件有法定的利害关系或者有其他特殊关系，可能影响案件的公正处理，而不得参与本案刑事侦查活动的一项诉讼制度。

1. 回避的事由

公安机关消防机构负责人、侦查人员有下列情形之一的，应当自行回避，当事人及其法定代理人也有权要求他们回避：

（1）是本案的当事人或者是当事人的近亲属的。

（2）本人或者他的近亲属和本案有利害关系的。

（3）担任过本案的证人、鉴定人、辩护人、诉讼代理人的。

（4）与本案当事人有其他关系，可能影响公正处理案件的。

2. 回避的程序

（1）回避的提出

回避的方式有以下三种：

①自行回避

在侦查过程中，承办消防刑事案件的公安机关消防机构负责人、侦查人员、记录人、翻译人员、鉴定人等与本案有法定或者特殊利害关系的人员，应当依照法律规定，向公安机关负责人口头或者书面提出自行回避的申请。自行回避可以书面提出，也可以口头提出，对于口头提出的申请应当记录在案。

②申请回避

在侦查办案中，案件的当事人及其法定代理人根据法律规定，对承办案件的公安机关消防机构负责人、侦查人员、记录人、翻译人员、鉴定人等与本案有法定或者特殊利害关系的人员，认为应当回避时，有权提出回避申请。申请回避是法律赋予案件当事人的一种诉讼权利，当事人有权行使，公安机关消防机构有义务给予保障。申请回避，应当说明理由。口头提出申请的，公安机关消防机构应当记录在案。

③指定回避

公安机关消防机构负责人、侦查人员具有应当回避的情形之一，本人没有自行回避，当事人及其法定代理人也没有申请他们回避的，同级人民检察院检察委员会或者县级以上公安机关负责人知悉后，应当及时审查并决定他们回避。

（2）回避的决定

申请回避是当事人及其法定代理人的诉讼权利。在当事人或者其法定代理人提出回避申请之后，还需要经过公安机关依法审查，并作出是否准许回避的决定。具体而言，公安机关消防机构负责人、侦查人员的回避，由县级以上公安机关负责人决定；县级以上公安机关负责人的回避，由同级人民检察院检察委员会决定。鉴定人、记录人和翻译人员需要回避的，由县级以上公安机关负责人决定。

3. 回避的复议

当事人及其法定代理人对公安机关作出驳回申请回避的决定不服的，可以在收到《驳回申请回避决定书》后5日内向原决定机关申请复议一次。对当事人及其法定代理人对驳回申请回避的决定不服申请复议的，决定机关应当在3日以内作出复议决定，并书面通知申请人。

（二）律师参与刑事诉讼制度

律师参与刑事诉讼活动，有利于充分保障犯罪嫌疑人行使诉讼权利，维护其合法权益，有利于公安机关消防机构客观公正地处理案件，有利于推动侦查活动的顺利进行。

1. 律师参与刑事诉讼的时间

《刑事诉讼法》第33条和《公安机关办理刑事案件程序规定》第41条规定，公安机关在第一次讯问犯罪嫌疑人或者对犯罪嫌疑人采取强制措施的时候，应当告知犯罪嫌疑人有权委托律师作为辩护人，并告知其如果因经济困难或者其他原因没有委托辩护律师的，可以向法律援助机构申请法律援助。同时，告知的情形应当记录在案。

2. 辩护律师的委托

根据《公安机关办理刑事案件程序规定》第42条、第43条的规定，犯罪嫌疑人可以自己委托辩护律师。在押的犯罪嫌疑人要求委托辩护人的，公安机关消防机构应当及时转达其要求，由其监护人、近亲属代为委托辩护人。犯罪嫌疑人无监护人或者近亲属的，公安机关消防机构应当及时通知当地律师协会或者司法行政机关为其推荐辩护律师。

3. 律师在侦查阶段的权利

根据《刑事诉讼法》第 36、37、39、41 条的规定，辩护律师在侦查阶段依法可以从事下列活动：

（1）为犯罪嫌疑人提供法律帮助，主要包括帮助犯罪嫌疑人了解有关法律规定，解释有关法律问题，说明有关刑事政策和法律责任，告知其应有的诉讼权利，帮助其提出申诉等。

（2）代理申诉、控告，主要是指代替犯罪嫌疑人就其合法权利被公安机关或者侦查人员侵犯向有关部门进行申诉或者控告。其中，《刑事诉讼法》第 115 条规定了当事人可以申诉的事项。

（3）申请变更强制措施，主要是指辩护律师发现对犯罪嫌疑人采取强制措施不当的，如患有严重疾病、生活不能处理，怀孕或者正在哺乳自己婴儿的妇女，采取取保候审不致发生社会危险性，不适宜对其拘留、逮捕的，可以提出申请，要求变更强制措施的种类。

（4）向公安机关了解犯罪嫌疑人涉嫌的罪名和案件有关情况，提出意见。律师为犯罪嫌疑人提供辩护的前提是了解其涉嫌的罪名，公安机关应当在犯罪嫌疑人聘请律师后及时告知。律师可以根据获悉的案件情况、掌握的事实和证据及有关法律规定，向公安机关提出自己的意见，如不构成犯罪、犯罪情节较轻、有减轻或者免除处罚情节等，公安机关应当认真听取并记录在案。

（5）会见权、通信权。辩护律师可以同在押的犯罪嫌疑人会见和通信。辩护律师持律师执业证书、律师事务所证明和委托书或者法律援助公函要求会见在押的犯罪嫌疑人的，看守所应当及时安排会见，至迟不得超过 48h。危害国家安全犯罪、恐怖活动犯罪、特别重大贿赂犯罪案件，在侦查期间辩护律师会见在押的犯罪嫌疑人，应当经公安机关许可。

辩护律师同被监视居住的犯罪嫌疑人会见、通信，除不必持律师执业证书、律师事务所证明和委托书或者法律援助公函外，其他程序规定与会见在押的犯罪嫌疑人相同。

（6）申请调取证据权。辩护人认为在侦查期间公安机关收集的证明犯罪嫌疑人无罪或者罪轻的证据材料未提交的，有权申请人民检察院、人民法院调取。

（7）收集证据权。辩护律师在收集程序上分为两种形式：一种是辩护律师经证人或者其他有关单位和个人同意，向他们收集与本案有关的材料。在这种情况下，辩护律师是收集证据的主体。另一种则是申请人民检察院、人民法院收集、调取证据，或者申请人民法院通知证人出庭作证，这种情形则不需要证人或者其他有关单位和个人同意。辩护律师也可以向被害人、被害人近亲属、被害人提供的证人收集证据，但必须受以下两方面条件的限制：一是要经人民检察院或者人民法院的许可，即在审查起诉阶段应经人民检察院的许可，在审判阶段要经人民法院的许可；二是必须经被害人、被害人近亲属、被害人提供的证人同意。

四、消防刑事案件办理程序

（一）受案

受案，是指公安机关消防机构对群众举报、受害人控告、犯罪嫌疑人自首和公安机关其他部门移送的立案材料的接受。对于举报、控告、自首的，公安机关消防机构都应当立即接受，问明情况，并制作笔录，经宣读无误后，由举报人、控告人、犯罪嫌疑人签名或者盖章。必要时，可以同时录音。

公安机关消防机构对于接受的案件，或者自己发现的犯罪线索等案件材料，按照管辖和立案条件的规定进行鉴别和判断。明确其是否属于本部门管辖的范围和是否存在犯罪事实并应当追究刑事责任。公安机关消防机构对于接受的案件材料、在火灾事故调查中直接发现和获得的材料，应当立即进行审查。

（二）立案

1．决定立案

公安机关消防机构经审查，具备下列情形之一的，应当制作《呈请立案报告书》，经县级以上公安机关负责人批准后立案侦查：

（1）经审查达到失火案、消防责任事故案的立案标准的。

（2）人民检察院通知公安机关立案的。

（3）上级公安机关指定立案的。

（4）其他依法应当立案的。

2．决定不予立案

公安机关消防机构经过审查，具备下列情形之一的，报公安机关不予立案：

（1）没有失火案和消防责任事故案犯罪事实。

（2）犯罪事实显著轻微不需要追究刑事责任。

（3）具有其他依法不追究刑事责任情形的。

不予立案的应当制作《呈请不予立案报告书》，经县级以上公安机关负责人批准后不予立案。对于有控告人的案件，决定不予立案的，应当制作《不予立案通知书》，在3日以内送达控告人。控告人对不立案决定不服的，可以在收到《不予立案通知书》后7日以内向作出决定的公安机关申请复议。公安机关应当在收到复议申请后7日以内作出决定，并书面通知控告人。

3．移送

公安机关消防机构经立案侦查，认为有犯罪事实需要追究刑事责任，但不属于自己管辖的案件，应当移送有管辖权的机关处理。

公安机关消防机构应当在24h内制作《呈请移送案件报告书》，经县级以上公安机关负责人批准，签发《移送案件通知书》，移送有管辖权的机关处理，并在移送案件后3日以内书面通知犯罪嫌疑人家属。

移送案件时，与案件有关的财物及其孳息、文件应当随案移交。

（三）侦查

1. 讯问犯罪嫌疑人

讯问的对象只能是犯罪嫌疑人。讯问时，侦查人员不得少于两人。严禁刑讯逼供或者使用威胁、引诱、欺骗以及其他非法的方法获取供述。讯问同案的犯罪嫌疑人，应当个别进行。讯问未成年的犯罪嫌疑人，除有碍侦查或无法通知的情形外，应当通知其家属、监护人或者教师到场。讯问可以在公安机关进行也可以到未成年人的住所、单位、学校或者其他适当的地点进行。讯问聋、哑犯罪嫌疑人，应当有通晓聋、哑手势的人参加，并在讯问笔录上注明犯罪嫌疑人的聋、哑情况，翻译人员的姓名、工作单位和职业。讯问不通晓当地语言文字的犯罪嫌疑人，应当配备翻译人员。

2. 询问证人、受害人

火灾受害人是指由于火灾的发生，在经济上、生理上遭受损失和创伤的人。火灾证人是指居住或工作在火灾现场，了解现场情况，见证火灾起火，蔓延过程的人，一般包括最先发现火灾和报警的人、最后离开起火部位或在场的人、熟悉起火部位周围情况及生产工艺过程的人、最先到达火场救火的人、值班人员等。

3. 勘验与检查

县级以上公安机关消防机构对火灾现场应当依照《火灾事故调查规定》和有关工作规则进行现场勘验。火灾现场发现尸体的，应当通知法医参加，进行尸体勘验。尸体勘验的主要任务是确定死亡原因、死亡方式、推断死亡时间，鉴定识别死者身份。

为了确定被害人、犯罪嫌疑人的某些特征、火灾造成的伤害情况或者生理状态，可以依法对人身进行检查。检查的情况应当制作笔录，由参加检查的侦查人员、检查员、见证人签名或者盖章。

4. 鉴定

为了查明案情，解决案件中某些专门性问题，应当指派或聘请具有鉴定资格的人进行鉴定。

（1）人身伤害医学鉴定

为了查明人身伤害的严重程度以及引起伤害的原因，应当依法委托有鉴定资格的机构对人身伤害进行医学鉴定。

（2）精神病医学鉴定

为了查明犯罪嫌疑人、证人或者被害人是否能辨认和控制自己的行为，是否具有刑事责任能力，应当依法委托省级设立的司法鉴定委员会或由省级人民政府指定的医院进行精神病医学鉴定。

（3）价格鉴定

为了查明火灾损失，确定是否达到刑事案件追诉标准，应当依法委托价格主管部门设立的具有法定资质的涉案物品价格鉴定机构进行价格鉴定。

（4）电子数据鉴定

电子数据鉴定应当委托公安机关公共信息网络安全监察部门根据法律规定对火灾

自动报警系统、城市消防远程监控系统及其他涉案电子数据进行鉴定。

（5）其他鉴定

在具体办理案件时，为解决案件中的专门性问题，可以根据需要，委托具有法定资格的鉴定机构和鉴定人，依法对有关的生物检材、痕迹、物品、文件以及视听资料等，运用专业知识、仪器设备和技术方法进行鉴定。

5. 搜查

为收集证据、查获犯罪人，经县级以上公安机关负责人批准并开具《搜查证》，公安机关消防机构的侦查人员可以对犯罪嫌疑人以及可能隐藏罪犯或者案件证据的人身、物品、住处和其他有关的地方进行搜查。执行搜查的侦查人员不得少于两人并出示《搜查证》，令其签字，执行拘留、逮捕时，遇有法定紧急情况的，不用《搜查证》也可以进行搜查。并对被搜查人或者其家属说明阻碍搜查、妨碍公务应负的法律责任。如果遇到阻碍，可以强制搜查。

搜查时应当有被搜查人或者其家属、邻居或其他见证人在场。搜查妇女的身体，应当由女侦查人员进行。对搜查中查获的犯罪证据，应当场拍照后予以扣押，必要时，可以对搜查过程录像。

6. 扣押

在勘验、搜查中发现的可以证明犯罪嫌疑人有罪或者无罪的各种物品、文件，应当扣押。在扣押过程中要符合扣押的相关要求。

7. 强制措施

为确保侦查工作顺利进行，公安机关消防机构可以依法采取拘传、拘留、逮捕、取保候审和监视居住等强制措施。

（1）拘传

有证据证明有犯罪嫌疑的或者经过传唤没有正当理由不到案的，可以对犯罪嫌疑人进行拘传。需要拘传犯罪嫌疑人的应报县级以上公安机关负责人批准，签发《拘传证》。由两名以上侦查人员进行，侦查人员应当向犯罪嫌疑人出示《拘传证》，并责令其在《拘传证》上签名（盖章）、捺指印。对拒绝拘传的，侦查人员可以强制其到案。在《拘传证》上填写到案时间和讯问结束时间。

拘传持续的时间不得超过12h，不得以连续拘传的形式变相拘禁犯罪嫌疑人。

（2）拘留

对于现行犯或者重大嫌疑分子，有下列情形之一的，可以先行拘留：

①正在预备犯罪、实行犯罪或者在犯罪后即时被发觉的；

②被害人或者在场亲眼看见的人指认他犯罪的；

③在身边或者住处发现有犯罪证据的；

④犯罪后企图自杀、逃跑或者在逃的；

⑤有毁灭、伪造证据或者串供可能的；

⑥不讲真实姓名、住址，身份不明的；

⑦有流窜作案、多次作案、结伙作案、有重大嫌疑的。

拘留犯罪嫌疑人，应当经县级以上公安机关负责人批准，签发《拘留证》。由两个侦查人员执行并出示《拘留证》，宣布拘留决定，告知犯罪嫌疑人决定机关、法定羁押起止时间以及羁押处所，立即将其送看守所羁押。责令被拘留人在《拘留证》上写明宣布拘留的时间，并签名（盖章）、捺指印。如果被拘留人拒绝签名（盖章）、捺指印的，侦查人员应当注明。

拘留后，应当在24h内将《拘留通知书》送达被拘留人家属或者单位。犯罪嫌疑人家属或单位在外地的，《拘留通知书》要在24h内交邮，并将邮件回执附卷，不得以口头通知代替书面通知。对于有同案的犯罪嫌疑人可能逃跑、隐匿、毁弃或者伪造证据的；不讲真实姓名、住址，身份不明的；其他有碍侦查或者无法通知等情形的，经县级以上公安机关负责人批准，可以不予通知，并在《拘留通知书》中注明原因。不予通知的情形消除后，应当立即通知被拘留人的家属或者他的所在单位。

（3）逮捕

对有证据证明有犯罪事实，可能判处有期徒刑以上刑罚的犯罪嫌疑人，采取取保候审、监视居住等方法，尚不足以防止发生社会危险性，而有逮捕必要的，经报县级以上公安机关负责人批准，制作《提请批准逮捕书》一式三份，连同案卷材料、证据，一并移送同级人民检察院审查。由人民检察院决定逮捕并作《批准逮捕决定书》，填发《逮捕证》，由两名侦查人员执行逮捕。

执行逮捕后，应将执行逮捕情况填写回执，加盖上公安机关印章，及时送达作出批准逮捕的人民检察院。如果未能执行，也应当写明未能执行的原因，将回执送达人民检察院。逮捕后，必须在24h内对犯罪嫌疑人进行讯问，发现不应当逮捕的，经报县级以上公安机关负责人批准，制作《释放通知书》，通知看守所立即释放，并将释放理由书面通知原批准逮捕的人民检察院。

逮捕后，应当在24h内将《逮捕通知书》送达被逮捕人家属或单位。犯罪嫌疑人家属或单位在外地的，侦查人员应当在24h内将通知书交邮，并将邮件回执附卷，不得以口头或电话通知代替书面通知。对于同案的犯罪嫌疑人可能逃跑，隐匿、毁弃或者伪造证据；不讲真实姓名、住址、身份不明的；其他有碍侦查或者无法通知等情形的，报县级以上公安机关负责人批准，可以不予通知，并在《逮捕通知书》上注明原因。不予通知的情形消除后，应当立即通知被逮捕人的家属或者他的所在单位。

对于人民检察院决定不批准逮捕的，依照不同情形分别处理：

①如果犯罪嫌疑人已被拘留，公安机关在收到《不批准逮捕决定书》后，应当立即制作《释放通知书》通知看守所，并将执行回执在3日内送达作出不批准逮捕决定的人民检察院。

②对人民检察院不批准逮捕并通知补充侦查的，补充侦查后认为符合逮捕条件的，应当重新提请批准逮捕。对于人民检察院不批准逮捕且没有要求补充侦查的，必须无条件释放犯罪嫌疑人。

③对人民检察院不批准逮捕而未说明理由的，公安机关可以要求人民检察院说明理由。

④对人民检察院不批准逮捕的决定，认为有错误需要复议的，应当在5日内制作《呈请复议报告书》，报县级以上公安机关负责人批准，制作《要求复议意见书》，送交同级人民检察院复议。如果意见不被接受，需要复核的，应当在5日内制作《呈请复核报告书》，报县级以上公安机关负责人批准后，制作《提请复核意见书》，连同人民检察院的《复议决定书》，一并提请上一级人民检察院复核。在要求复议和提请复核期间，办案部门补充的证据不能作为复议、复核的依据。

（4）取保候审

取保候审，是指公安机关消防机构为了防止犯罪嫌疑人逃避侦查，责令犯罪嫌疑人提出保证人或者交纳保证金，以保证人或者保证金形式担保其不逃避或者不妨碍侦查，并且随传随到的一种强制措施。取保候审最长不得超过12个月。

对具有下列情形之一的犯罪嫌疑人，可以取保候审：

①可能判处管制、拘役或者独立适用附加刑的；

②可能判处有期徒刑以上刑罚，采取取保候审，不致发生社会危险性的；

③应当逮捕的犯罪嫌疑人患有严重疾病，或者是正在怀孕、哺乳自己未满1周岁的婴儿的妇女；

④对拘留的犯罪嫌疑人，证据不符合逮捕条件的；

⑤提请逮捕后，检察机关不批准逮捕，需要复议、复核的；

⑥犯罪嫌疑人被羁押的案件，不能在法定期限内办结，需要继续侦查的；

⑦移送起诉后，检察机关决定不起诉，需要复议、复核的。

具有下列情形之一的，一般不得取保候审：

①对累犯、犯罪集团的主犯；

②以自伤、自残办法逃避侦查的犯罪嫌疑人；

③危害国家安全的犯罪、暴力犯罪以及其他严重犯罪的；

④在取保候审期间又犯罪的。

取保候审由被逮捕的犯罪嫌疑人及其法定代理人、近亲属、律师提出书面申请。侦查人员审查并提出意见，报县级以上公安机关负责人批准，在7日内对申请人作出答复。不同意取保候审的，制作《不同意取保候审通知书》，通知申请人，并说明理由。同意取保候审的，凭《取保候审决定书》填写《释放通知书》，释放犯罪嫌疑人。

取保候审有两种执行方式：一是保证人担保；二是保证金担保。保证人担保，是指保证人以自己的人格和信誉担保犯罪嫌疑人在取保候审期间遵守相关的法律规定。保证金担保，是指犯罪嫌疑人交纳一定数额的现金作担保，来保证其在取保候审期间遵守相关的法律规定。保证金担保的特点是，将担保犯罪嫌疑人顺利进行刑事诉讼与一定的经济利益结合起来，从经济上约束犯罪嫌疑人，使其自觉地履行义务。

（5）监视居住

监视居住，是指公安机关消防机构为保证刑事侦查活动的顺利进行，依法通过限制犯罪嫌疑人的活动区域和住所，并监视其行动以防止其逃避侦查、起诉和审判的一种强制措施。监视居住最长不得超过6个月。

经县级以上公安机关负责人批准，对具有下列情形之一的犯罪嫌疑人，可以监视居住：

①可能判处管制、拘役或者独立适用附加刑的；

②可能判处有期徒刑以上刑罚，采取监视居住，不致发生社会危险性的；

③应当逮捕的犯罪嫌疑人患有严重疾病，或者是正在怀孕、哺乳自己未满1周岁的婴儿的妇女；

④对拘留的犯罪嫌疑人，证据不符合逮捕条件的；

⑤提请逮捕后，检察机关不批准逮捕，需要复议、复核的；

⑥犯罪嫌疑人被羁押的案件，不能在法定期限内办结，需要继续侦查的；

⑦移送起诉后，检察机关决定不起诉，需要复议、复核的。

监视居住应当在犯罪嫌疑人的固定住处执行。无固定住处的，应当在办案机关所在地指定居所进行。被监视居住期间，公安机关根据案情需要，可以暂扣其身份证件、机动车（船）驾驶证件，被监视居住的犯罪嫌疑人还应遵守下列规定：

①未经执行机关批准不得离开住处，无固定住处的，未经批准不得离开指定的居所；

②未经执行机关批准不得会见共同居住人及其聘请的律师以外的其他人；

③在传讯的时候及时到案；

④不得以任何形式干扰证人作证；

⑤不得毁灭、伪造证据或者串供。

被监视居住的犯罪嫌疑人，违反应当遵守的规定，有下列情形之一的，应当提请批准逮捕：

①在监视居住期间逃跑的；

②以暴力、威胁方法干扰证人作证的；

③毁灭、伪造证据或者串供的；

④在监视居住期间又进行犯罪活动的；

⑤实施其他违反应遵守规定的行为，情节严重的。

（6）侦查羁押期限

一般情况下对犯罪嫌疑人逮捕后的侦查羁押期限不得超过2个月。案情复杂、期限届满不能终结的案件，公安机关需要延长羁押期限时，经县级以上公安机关负责人批准后，在期限届满7日前送请同级人民检察院转报上一级人民检察院批准延长一个月。上级人民检察院应于期限届满前作出批准或不批准的决定。延长侦查羁押期限的，在作出决定后的2日以内将法律文书送达看守所，并向犯罪嫌疑人宣布。不批准延长羁押期限的，必须在规定羁押期限届满前，经县级以上公安机关负责人批准，开具《释放通知书》，通知羁押的看守所释放犯罪嫌疑人，同时根据情况变更为取保候审或监视居住。

（7）证据的收集与审查

公安机关消防机构在侦查失火案和消防责任事故案工作中，应当依照《中华人民共和国刑事诉讼法》的规定收集证据，重点收集火灾现场的物证，现场知情者的证言，起火单位的书证、物证和证人证言，消防监督部门的书证，专业机构出具的鉴定、检验结论和证明案件事实的其他证据。具体范围包括：犯罪事实是否存在的证据；证明犯罪构成要件诸项事实的证据；证明犯罪嫌疑人的个人情况和犯罪后表现的证据；证明犯罪嫌疑人有无依法应当从重、从轻、减轻处罚以及免除处罚的事实情节的证据。

（四）侦查终结

失火案、消防责任事故案破案后，对案件事实清楚、证据确实充分，犯罪嫌疑人所实施的犯罪行为具备犯罪构成全部要件，法律手续完备的，应当办理侦查终结手续。侦查终结的案件，应当追究刑事责任的，移送起诉；不应当追究刑事责任的，撤销案件。

1. 侦查终结

当失火案、消防责任事故案的侦查案件事实清楚，证据确实充分，案件性质和罪名认定准确，法律手续完备时案件侦查终结。

侦查终结的案件应当制作《呈请侦查终结报告书》（结案报告），经办案单位领导同意后，将《呈请侦查终结报告书》连同案卷材料一并报送县级以上公安机关负责人审批。重大、复杂、疑难的案件决定侦查终结的，应当经过集体讨论决定。侦查终结的案件，应当追究刑事责任的，移送起诉；不应当追究刑事责任的，撤销案件。

2. 移送起诉

对符合移送起诉条件的案件，应当制作《起诉意见书》，经县级以上公安机关负责人批准后，连同案卷材料、证据，一并移送同级人民检察院审查决定。同时将案件移送情况告知犯罪嫌疑人及其辩护律师。

向人民法院移交案件时，只移送诉讼卷，侦查卷由公安机关存档备查。《起诉意见书》按照规定移送同级人民检察院以后，应当存侦查工作卷一份。共同犯罪案件的起诉意见书，应当写明每个犯罪嫌疑人在共同犯罪中的地位、作用、具体罪责和认罪态度，并分别提出处理意见。犯罪嫌疑人有从轻、减轻或从重处罚情节的，应在诉讼卷内附上有关材料。被害人提出附带民事诉讼的，应当记录在案，移送审查起诉时在起诉意见书中注明。

3. 对决定不起诉的复议

对于人民检察院决定不起诉的案件，侦查人员认为其决定确有错误的，经县级以上公安机关负责人批准后，移送同级人民检察院复议。在接到人民检察院不起诉决定书之日起 7 日内制作《要求复议意见书》，写明要求复议案件的简要情况、复议的理由和法律依据及其要求。人民检察院改变原决定的，在接到人民检察院复议决定后，应将复议决定书装订入侦查工作卷备查。对人民检察院决定不起诉而提出复议的案件，犯罪嫌疑人在押的，应当立即释放。

公安机关要求复议，人民检察院维持原来的决定，公安机关认为检察院的决定有错误，经县级以上公安机关负责人批准后，提请上一级人民检察院复核。在 7 日内制作《提请复核意见书》，写明提请复核的理由和意见以及法律根据和请求。对检察机关的复核决定，侦查人员应当存入侦查工作卷备查。

4．补充侦查

移送人民检察院审查起诉的案件，人民检察院退回公安机关补充侦查的，侦查人员应当在一个月内补充侦查完毕。补充侦查以两次为限。

对于补充侦查的案件，应当按照人民检察院补充侦查意见补充证据。补充证据后，应当写出《补充侦查报告书》，经县级以上公安机关负责人批准后，连同补充的材料及原诉讼的案卷移送人民检察院。《补充侦查报告书》主要应写明补充侦查结果、所附案卷的册数，补充证据材料的页数及随案移送的物证等。补充侦查证据较多时，可以另行装订成卷。对无法补充的证据应当作出说明。

公安机关在补充侦查过程中，发现新的同案犯或者新的罪行，需要追究刑事责任的，应当重新制作《起诉意见书》；发现原认定的犯罪事实有重大变化，不应当追究犯罪嫌疑人的刑事责任的，应当重新提出处理意见，并将处理结果通知退查的检察院，不需要制作《补充侦查报告书》。

公安机关认为原认定的犯罪事实清楚，证据确实充分，人民检察院退回补充侦查不当的，不需要制作《补充侦查报告书》，而应当说明理由，移送人民检察院审查。

5．撤销案件

在案件侦查中具有下列情形之一的，应当报县级以上公安机关负责人批准后撤销案件并制作《撤销案件决定书》：

（1）立案后经侦查证实没有犯罪事实的；

（2）情节显著轻微，危害不大，不认为是犯罪的；

（3）犯罪已过追诉时效期限的；

（4）经特赦令免除刑罚的；

（5）犯罪嫌疑人死亡的；

（6）其他法律规定不追究刑事责任的。

决定撤销案件的，应当告知控告人、被害人或者其近亲属、法定代理人。《撤销案件决定书》（副本）应当送达犯罪嫌疑人或其家属。撤销案件时，犯罪嫌疑人已被逮捕的应当立即释放，发给释放证明，并将释放的原因在释放后3日内通知原作出批准逮捕决定的人民检察院；犯罪嫌疑人被取保候审或监视居住的，也应当经县级以上公安机关负责人批准后撤销；对于不够刑事处罚的犯罪嫌疑人，但需要予以行政处罚或转交其他部门处理的，应当依法给予相应的行政处理或转交其他部门处理。

第四节 火灾事故调查报告

火灾事故调查报告是负责调查火灾的公安机关消防机构向上级公安机关消防机构或政府领导汇报火灾和火灾事故调查情况的材料。根据《火灾事故调查规定》的规定，对较大以上的火灾事故或者特殊的火灾事故，公安机关消防机构应当开展消防技术调查，形成消防技术调查报告，逐级上报至省级人民政府公安机关消防机构，重大以上的火灾事故调查报告报公安部消防局备案。

一、火灾事故调查报告的内容

火灾事故调查报告是对火灾事故调查工作的全面总结，是上级领导掌握火灾情况的主要信息来源，是领导进行决策的依据，可以为消防专项整顿、加强防灭火工作提供依据，是向社会进行消防宣传的基础材料。调查报告应当包括下列内容：

（一）标题

火灾事故调查报告的题目应该简明扼要，能够反映出发生火灾的日期或单位以及损失大小。

（二）正文

1. 起火场所概况

起火场所概况，包括起火单位的名称、位置、成立时间、产权情况，建筑结构，消防设施，消防安全状况，起火场所周围情况等。

2. 起火经过和火灾扑救情况

起火经过及扑救情况，包括发现火灾的人员及时间、报警人及时间、出动警力及人员扑救火灾情况、调查组的组成及扑救情况。

3. 火灾造成的人员伤亡、直接经济损失统计情况

火灾造成的人员伤亡、直接经济损失统计情况包括死、伤人员及直接财产损失。

4. 起火原因和灾害成因分析

起火原因的认定包括起火时间的认定、起火部位的认定、起火点的认定、起火原因的认定。

灾害成因的分析应当围绕火灾现场显现的火势发展、蔓延途径和造成人员伤亡、财产损失的情况，根据火灾实际，从火灾控制和火灾扑救方面进行分析。

5. 防范措施

针对起火原因和灾害成因，归纳总结此次火灾暴露出来的安全隐患和各方面的问题、主要教训和下一步消防整顿工作的重点。

（三）结尾

写明制作火灾事故调查报告单位的名称和制作日期。

二、制作火灾事故调查报告应注意的问题

（1）根据法律法规要求，火灾事故调查结束后，就应尽快地写出调查报告。

（2）报告内容应实事求是，数据要准确无误。报告层次要清晰，语言表达要准确。

（3）要深入调查研究，应特别重视掌握第一手资料，大量地、详细地收集材料。

要认真研究分析，找出带规律性、代表性的东西，分清主次，突出重点。

（4）报告中所涉及的人应写明他们的姓名、工作单位和身份。

第五节 火灾事故调查档案

一、火灾事故调查案卷分类

火灾事故调查档案分为火灾事故简易调查卷、火灾事故调查卷和火灾事故认定复核卷。

另外，公安机关消防机构在办理失火案、消防责任事故案时还需要建立消防刑事档案。

（一）火灾事故简易调查卷

适用简易调查程序调查的火灾事故需要建立火灾事故简易调查卷。火灾事故简易调查卷可以每起火灾为单位，以报警时间为序，按季度或年度立卷，集中归档。

火灾事故简易调查卷归档内容及装订顺序如下：

（1）卷内文件目录；

（2）火灾事故简易调查认定书；

（3）现场调查材料；

（4）其他有关材料；

（5）备考表。

（二）火灾事故调查卷

适用一般程序调查的火灾事故应建立火灾事故调查卷。火灾事故调查卷归档内容及装订顺序如下：

（1）卷内文件目录；

（2）火灾事故认定书及审批表；

（3）火灾报警记录；

（4）询问笔录、证人证言；

（5）传唤证及审批表；

（6）火灾现场勘验笔录；

（7）火灾现场图、现场照片或录像；

（8）火灾痕迹物品提取清单，物证照片；

（9）鉴定、检验意见，专家意见；

（10）现场实验报告、照片或录像；

（11）火灾损失统计表、火灾直接财产损失申报统计表；

(12) 文书送达回执;

(13) 其他有关材料;

(14) 备考表。

其中，现场照片要进行筛选，按照环境勘验、初步勘验、细项勘验、专项勘验的顺序进行粘贴，与勘验笔录相互印证，互相补充。

(三) 火灾事故认定复核卷

火灾事故经复核的，复核机关应当建立火灾事故认定复核卷。火灾事故认定复核卷归档内容及装订顺序如下:

(1) 卷内文件目录;

(2) 火灾事故认定复核结论书及审批表;

(3) 火灾事故认定复核申请材料及收取凭证;

(4) 火灾事故认定复核申请受理通知书;

(5) 火灾事故认定复核调卷通知书;

(6) 原火灾事故调查材料复印件;

(7) 火灾事故认定复核的询问笔录、证人证言、现场勘验笔录、现场图、照片等;

(8) 文书送达回执;

(9) 其他有关材料;

(10) 备考表。

(四) 消防刑事档案

消防刑事案件侦查终结后，应当将全部案卷材料加以整理装订立卷。案卷分为诉讼卷（正卷）、秘密侦查卷（绝密卷）和侦查工作卷（副卷）。对于人民检察院退回补充侦查的案件，在补充侦查完毕后，可另设补充侦查卷。诉讼卷的分册编号排列顺序为诉讼文书卷在前，一册装订不下，分册装订；证据卷在后，一册装订不下，亦分册装订。全案卷宗顺序依次排列编号。

二、火灾档案的建立方法

(一) 卷内文件的系统排列

卷内文件的系统排列，可以保证卷内文件有条不紊，便于人们查找利用。这项工作要放在案卷正式确定下来以后进行，避免返工和无效劳动。要求排列次序有条理，保持文件之间的联系，给每份文件以固定的位置。卷内文件可按时间、问题、地区、作者、收发文机关、文件名称，以及文件的重要程度、涉及人物的姓氏笔画等方法排列。

(二) 编写卷内文件的编号

为了固定案卷内文件的排列顺序，便于保护和查找档案文件，凡是重要的需要永久保存的案卷，应该统一编写卷内文件张、页的顺序号。

编写卷内文件的编号时，卷内所有的文件，都应该逐张编号，不得遗漏。如果卷内有超过100页的小册子，也可以不另编号。编号是一项十分细致的工作，要有认真的态度，编后必须检查，避免漏编和重编现象。

（三）编写卷内文件目录

为了便于查找利用案卷内的文件，保护文件，凡是需要长久保存的案卷，都应该编写卷内文件的目录。

卷内文件目录，一般包括如下项目：顺序号、文件作者、文件内容（标题）、文件日期、文件编号、备注。

编写卷内文件目录的时候，不一定都要按照目录上的各个项目逐一登记卷内文件，可以根据实际情况，分别采用下列几种不同的登记方法：

（1）逐件登记法。就是把案卷内的文件按照其排列顺序逐件登入卷内目录。一般情况下，大多数案卷都采用这种逐件登记法。如调查询问笔录在登记时每一份笔录都要详细登记。

（2）组合登记法（或者叫综合登记法）。当案卷是由几个具体问题的文件组成的时候，可以采取组合登记的办法。就是把各个问题形成的文件一组一组地综合登入卷内目录。如将所有的调查询问笔录作为一组。

卷内文件目录编写好以后，放在卷内文件的前面，准备连同卷内文件一起装订。

（四）案卷的装订

组好的案卷通常都需要装订成册，其目的主要是便于管理和保护档案。装订成册的案卷，既能固定卷内文件的顺序位置，又整齐美观，保管方便，平放、立排都可以。

装订案卷，包括一系列的技术性工作，一般有如下几项：

（1）拆除文件上的金属物。在许多档案文件上，有订书针、回形针、大头针等金属物。时间一久，这些金属物就会生锈，腐蚀档案文件。所以，在装订案卷之前，必须把文件上的这些金属物一一拆除。拆除的时候，要小心谨慎，不要损坏了档案文件。

（2）确定装订线。在一般情况下，横写、横排的档案文件，装订线应该在左边；竖写、竖排的档案文件，装订线应该在右边；左边和右边都不好装订的案卷，装订线可以在上边。火灾档案的装订线一般设在左边。

（3）加边和裱糊。装订案卷时一定不要把文件上的字迹装订进去，而且要便于人们的阅读使用。为了做到这一点，在装订以前，常常需要对一些文件，在所确定的装订线的部位加贴一个边。有些破损、发脆或者霉烂的档案文件，则需要进行修补或裱糊后才能装订。

（4）取齐。卷内的档案文件常有大小不一、长短不齐的情况。为了把案卷装订得整齐、美观和适用，必须首先把卷内文件取齐，才能装订。一般应尽可能做到两边齐，从左边装订的案卷，左边、下边要取齐；从右边装订的案卷，右边、下边要取齐；从上边装订的案卷，上边右边要取齐。

（5）装订案卷。装订案卷应该使用棉线，不要用麻线和尼龙线。装订时一般打三个针眼就可以了，不要打过多的针眼。从左边和右边装订时，针眼间距离为6～8cm；从上边装订时，针眼间距离为5cm左右。装订的线结扣最好是活的，以便必要时拆开案卷。结扣最好放在案卷封皮的里面，这样既美观，又便于档案的保管。

（五）现场图、照片和底片档案的技术整理

照片和底片档案的技术整理，包括照片、底片档案保管单位的组成，照片、底片的编号，照片、底片的说明编写等内容。

一个火灾的照片、底片档案中的照片和底片应该是一一对应的，不应发生有照片无底片或有底片无照片的情况。照片档案，虽然是记录有关事物和历史过程的最形象的信息载体，可供读者查阅，但却不能供有关人员直接使用。使用时还必须利用它的底片，重新洗印、放大。

一组火灾照片，因为它本身不能有秩序地固定在一起，必须采用一定的装具。火灾照片一般采用由一定厚度的中性白纸作为装具，照片粘贴在上。照片的粘贴，要用桃胶或档案糨糊，不能用一般胶水或糨糊，以免腐蚀照片或发生虫蛀现象。同时在照片的下方书写编号和说明（亦可用打印纸条代替书写体）。照片集可不编写目录，因为每张照片下都有文字说明，使用人员可以一目了然地直接翻阅照片和阅读文字说明。这种方法的好处是照片可以固定，不易脱落，有利于照片的安全，同时还可以粘贴大小不同的照片。

（六）案卷封面的填写

案卷封面上要填写案卷标题、起止日期、保管期限及全宗名称、案卷编号（全宗号、目录号、案卷号）等。其中全宗名称，一般是事先印刷在案卷封面上的。案卷编号要待案卷分类排定以后再统一编写。

第六章 火灾应激与心理危机干预

第一节 火灾后应激的相关障碍

一、应激与危机干预的概述

（一）应激与应激源

应激是机体在各种内外环境因素及社会、心理因素刺激时所出现的全身性非特异性适应反应，又称为“应激反应”，这些刺激因素称为“应激源”。应激是在出乎意料的紧迫与危险情况下引起的高速而高度紧张的情绪状态，直接表现即精神紧张，以及生理、心理反应的总和，同时也是生物系统导致损耗的非特异性生理、心理反应的总和。

心理应激反应不同于心理应激障碍，只有应激反应超出一定强度或持续时间超过一定限度，并对个体的社会功能和人际交往产生影响时，才构成应激障碍。《中国精神障碍分类与诊断标准》将应激相关障碍分为二大类，即急性应激障碍和创伤后应激障碍。

1. 心理应激反应的主要症状

（1）意识状态警觉性增高，对刺激很敏感，普通声光刺激易导致惊跳反应。

（2）注意力分散而难以集中，易出差错。

（3）思维单一、刻板，缺乏灵活性，轻率作出决定，或思维杂乱，茫无头绪。

（4）情感活动情绪不稳、易激惹，甚至出现攻击行为，易哭泣，或表情茫然，或激情发作、号啕大哭，或焦虑不安、慌张恐惧，亦可出现悲观抑郁。

（5）行为动作坐立不安、震颤、小动作多，或刻板、转换动作。

（6）自主神经功能症状食欲减退，睡眠障碍、口干，尿意频繁，性功能障碍或性欲减退，月经不调，头昏头痛，倦怠乏力，慢性躯体疼痛等。

（7）物质依赖（烟、酒、药物等用量增加）。

2. 应激障碍的分类

（1）急性应激障碍：又可称“急性压力障碍”，危机事件使个体进入一种精神创伤状态，这种状态会一直持续到个体对创伤事件进行重新认识、分类和理解。并且仅当此时心理平衡才能再度恢复，通常在事件发生一个月后才会恢复心理平衡。对于大多数人来说，这是种典型且正常的反应。

（2）创伤后应激障碍：人在遭遇或对抗重大压力后，其心理状态产生失调之后遗症，包括生命遭到威胁、严重物理性伤害、身体或心灵上的胁迫。有时候创伤后应激障碍被称之为“创伤后压力反应”，以强调这个现象是经验创伤后所产生之合理结果，而非病患心理状态原本就有问题。创伤后应激障碍又译为“创伤后压力症”“创伤后压力综合征”“创伤后精神紧张性障碍”“重大打击后遗症”。

（二）心理危机干预的概念

在了解危机干预的概念之前对如下概念应初步了解。

1. 精神创伤

一般来说，给身心带来痛苦，并对精神造成强烈冲击，以后随着时间的消逝仍残留在记忆中，给当事人身心造成不良影响（或后遗症）的，叫做“精神创伤”或“心灵创伤”。

2. 心理危机及其分类

心理危机：泛指各类创伤所引起的一种暂时失去应对能力和心理失衡的状态。根据应激源的种类不同，心理危机可分为发展性危机、情景性危机、环境性危机、生存性危机。

火灾后心理危机是多种危机的混合体，只是针对不同个体的具体情况不同，主要的危机特点略有不同。

发展性危机：是指正常人生中发生一些事件，只是因为这些事件带来的重大的人生转折意义而易于引起异常的反应，如失业、升学失利等。

情景性危机：指当事人生活中所发生的异乎寻常的事件，对这样的事件当事人不能以任何方式加以遇见和控制，如突遭大病、亲人亡故、绑架等。

生存性危机：指由于目的、责任、自由等重大的人性状况而引起的内心的冲突和焦虑。如人到晚年终于认识到自己的一辈子碌碌无为，虚度了一生。

环境性危机：当自然的和人为造成的灾难降临到某一个人或某一群体人身上时，这个人或这一群人因身陷其中，反过来又影响到其生活环境中所有的其他人。这样的环境性危机有火灾、台风、山体滑坡等自然灾害和战争、流行病爆发等。

3. 心理危机干预

心理危机干预指对处在心理危机状态下的个人采取明确有效的措施，使之最终战胜危机，重新适应生活。心理危机干预的主要目的有二：一是避免自伤或伤及他人；二是恢复心理平衡与动力。很多研究和实例证明，心理危机干预可起到缓解痛苦、调节情绪、塑造社会认知、调整社会关系、整合人际系统、鼓舞士气、引导正确态度、矫正社会行为等作用。

二、应激障碍的概述

应激源是应激障碍发生的外在的因素，而个体的内在因素：生活事件和生活处境、社会文化特点、个体人格特点、教育程度、智力水平、生活态度、信念及当时的躯体功能状况等又决定了当事人的临床表现和其后的恢复状态。

（一）急性应激障碍

急性应激障碍常在强烈的精神刺激之后数分钟至数小时后发病，大多历时短暂，可在几天至一周内恢复，愈后良好，一般在一个月内未缓解者，不做此诊断。

1. 核心症状

（1）意识障碍，精神运动性兴奋与抑制等多种症状。有意识障碍者可见注意力集中困难、定向障碍，注意狭窄，言语缺乏条理，自发言语，动作杂乱、无目的性，对周围感知不真实，出现人格和现实解体，偶见冲动行为，事后部分遗忘。

（2）不协调的精神运动性兴奋，激越，喊叫，乱动或情感爆发，话多，内容常涉及心因与个人经历。部分病人表现为运动性抑制，情感迟钝、麻木，行为退缩，少语少动，亚木僵状态。

（3）大部分病人表现为创伤性经历常因想象、焦虑、梦境、触景生情等多种途径引发个体反复重新体验，闪回，触景生情引发个体对痛苦的回忆。病人常伴有失眠、易激惹、高度警觉和惊跳反应、运动不安等症状，而幻觉妄想比较罕见。

2. 诊断与鉴别诊断

急性应激障碍称为“急性应激反应”，其定义及诊断标准如下。

（1）定义：急性应激反应为一过性障碍，作为对严重躯体或精神应激的反应发生于无其他明显精神障碍的个体，常在几小时或几天内消退。应激源可以是势不可挡的创伤体验。

并非所有面临异乎寻常应激的人都出现障碍，这就表明个体易感性和应付能力在急性应激反应的发生及表现的严重程度方面有一定作用。症状有很大变异性，但典型表现是最初出现“茫然”状态，表现为意识范围局限、注意狭窄、不能领会外在刺激、定向错误，紧接着，是对周围环境进一步退缩（可达到分离性木僵的程度），或者是激越性活动过多（逃跑反应或神游）。常存在惊恐性焦虑的自主神经症状（心动过速、出汗、面赤）。症状一般在受到应激性刺激或事件的影响后几分钟内出现，并在 2 ～ 3 天内消失（常在几小时内），并伴有部分或完全的遗忘症状。

（2）诊断要点：异乎寻常的应激源的影响与症状的出现之间必须有明确的时间上的联系，症状即使没有立刻出现，一般也在几分钟之内出现。此外症状还应包括：①表现为混合性，且常常是有变化的临床相，除了初始阶段的“茫然”状态外，还可有抑郁、焦虑、愤怒、绝望、活动过度、退缩，且没有任何一类症状持续占优势；②如果应激性环境消除，症状迅速缓解；如果应激持续存在或具有不可逆转性，症状一般在 24 ～ 48 小时开始减轻，并且大约在 3 天后变得十分轻微。本诊断不包括那些已符合其他精神科障碍标准的患者所出现的症状突然恶化的情况。但是，既往有精神科障碍的病史不影响这一诊断的使用，包含急性危机反应、战场疲劳、危机状态、精神休克。

（二）创伤后应激障碍

创伤后应激障碍指对创伤等严重应激因素的一种异常心理反应，它是一种延迟性、持续性的身心反应，是由于受到异乎寻常的威胁性、灾难性心理创伤，导致延迟出现和长期持续的心理生理障碍。

PTSD 应激源往往具有非常惊恐或灾难性质，如火灾、残酷的战争、洪水、地震等，常引起个体极度恐惧、害怕、无助之感。事件本身的严重程度，暴露于这种精神创伤性情境的时间，接触或接近生命威胁情境的密切程度，人格特征、个人经历、社会支持、躯体心理素质等是影响病程迁延的因素。

1. 核心症状

（1）反复重现创伤性体验：可表现为控制不住地回想受创伤的经历，反复出现创伤性内容的噩梦，反复发生错觉或幻觉或幻想形式的创伤性事件重演的生动体验（症状闪回），当面临类似情绪或目睹死者遗物，旧地重游，纪念日时，又产生“触景生情”式的精神痛苦。

（2）持续性的警觉性增高：表现为难以入睡或易惊醒，注意力集中困难。激惹性增高，过分的心惊肉跳，坐立不安，遇到与创伤事件多少有些相似的场合或事件时，产生明显的生理反应，如心跳加快、出汗、面色苍白等。

（3）持续回避：在创伤性事件后，患者对与创伤有关的事物采取持续回避的态度。回避的内容不仅包括具体的场景，还包括有关的想法、感受和话题。

2. 诊断与鉴别诊断

PTSD 的诊断标准：

诊断要点：本障碍的诊断不能过宽。必须有证据表明它发生在极其严重的创伤性事件后的 6 个月内。但是如果临床表现典型，又无其他适宜诊断（如焦虑或强迫障碍，或抑郁）可供选择，即使事件与起病的间隔超过 6 个月，给予“可能”诊断也是可行的。除了有创伤的依据外，还必须有在白天的想象里或睡梦中存在反复的、闯入性的回忆或重演。常有明显的情感疏远、麻木感，以及回避可能唤起创伤回忆的刺激但这些都非诊断所必需。自主神经紊乱、心境障碍、行为异常均有助于诊断，但亦非要素。迟发的灾难性应激的慢性后遗效应，即应激性事件过后几十年才表现出来。

（三）急性应激障碍与创伤后应激障碍的区别

没有哪一种灾难能像心理创伤那样给人们带来持续而深刻的痛苦。强烈的创伤事件或大灾难的突然袭击，使人们赖以生存的基本物质与精神条件在瞬间消失，人的心理急剧恶化，情感剧烈震荡，从而出现一系列情绪和情感波动，具体表现为：

情绪上：恐惧、悲哀、焦虑、抑郁、无力等不良反应等；

意识的：反复做类似的噩梦，不断闪现经历的痛苦场景等；

行为的：回避与创伤事件有关的想法、对话和情感等；

上述种种不良应激状况：我们称之为“创伤后应激障碍”。

创伤后应激障碍可分两种：一种是暂时性的，即一次性的冲击体验，症状在几天至几周内可减轻或消失，康复的可能性大，称为“急性应激障碍”；另一种是慢性的，症状往往持续一个月以上，并容易转化成抑郁症、焦虑症、妄想反应等心理疾患，称为“创伤后应激障碍”。

第二节 火灾心理危机干预原则

一、火灾心理危机干预理论

没有哪一种单一的理论或思想流派能够包容关于人类危机的全部观点或关于危机干预的所有模型，危机理论概括为三个层次：基本的危机理论、扩展的危机理论、危机干预模型理论。

（一）基本危机理论

几乎所有人都会在某些时候经历心理创伤。无论是压力还是创伤的紧急状态，它们本身都不构成危机。只有当创伤事件在主观上被体验为是对需要满足、安全及人生意义的威胁时，当事人才会进入危机状态。危机既伴随暂时的失衡，又包含着成长的契机。危机的解决将导致积极的和建设性的结果，如应对能力的不断提高和消极、自我挫败及功能失调行为的不断减少。

因悲伤而引起的危机，其行为反应是正常的、暂时的，可以通过短程的干预技术而得到缓解，这些“正常的”悲伤行为包括：（1）总是不由自主地想起已故亲人；（2）将自已当作已故亲人；（3）出现内疚和敌意的种种表现；（4）日常生活表现出一定程度的紊乱；（5）有某些躯体化疾病症状的出现。

（二）扩展的危机理论

扩展的危机理论之所以被提出，是因为关于危机的基本理论仅仅依赖于单一的精神分析观点，因而不足以说明所有那些使一个事件转化为危机的社会的、环境的及情境的因素。随着危机理论及干预概念的含义的扩展，人们已清楚地认识到，将个人先天素质视为导致危机的主要的或唯一的因素还远远不够的。随着危机理论及干预实践的不断成熟，现已清楚，任何一个人在发展的、社会的、心理的、环境的、情境的等决定因素适当配合的共同作用下，都有可能陷入暂时的病理状态。所以，扩展的危机理论就不仅仅依赖于精神分析理论，而且也从一般系统理论、适应理论、人际关系理论及混沌理论中汲取有用的成分。

（三）危机干预模型理论

危机干预的三个基本模型，即平衡模型、认知模型、心理——社会交互模型。如表 6-1。

表 6-1　危机干预模型理论汇总表

名称	内容简介
平衡模型	平衡模型实际上应该称为平衡 / 失衡模型。当人们处于危机中时，他们实际上是处于一种心理的或情绪的失衡状态，在这种状态中，通常的应对机制和问题解决方法失去了效用，而不能满足他们的需要。平衡模型的目的就在于帮助人们恢复到危机前的平衡状态。 平衡模型最适合早期干预，干预工作的重点应主要放在稳定当事人的情绪上。在当事人的情绪重新恢复到相当程度的稳定性之前，干预工作不能也不应该采取任何进一步的措施
认知模型	危机干预的认知模型以这样一个认识为前提，即危机源于当事人关于与危机相伴而生的诸事件或情境的错误思维，而不是源于这些事件或情境本身。这一模型的目标是帮助危机当事人认清危机事件或危机情境，并改变他们对危机事件或危机情境的观点和信念。它的基本原理是，人可以通过改变其思维方式而对自己生活中的危机加以控制，特别是通过认识到并反思自己思维中非理性的及自我挫败的成分，同时又保持并集中注意于自己思维中理性的及自我增强的成分
心理——社会交互模型	心理——社会交互模型认为，人是其遗传基因与在特定社会环境中的学习经验共同作用的产物。由于人总是处于不断地变化、发展及成长的过程中，而且他们的社会环境及社会影响也是在连续不断地发生着变化，所以危机既可能与内部因素如心理困境有关，也有可能与外部因素如社会及环境困境有关。危机干预的目标既在于帮助当事人分别评估内部因素和外部因素各自对危机的影响程度，也在于帮助他们适当调整目前的行为、态度等，并充分利用各种环境资源。从当事人的角度来说，他们需要适当地整合内部应对机制、社会支持、环境资源等，以获得对生活的自主控制能力。 心理——社会交互模型不认为危机只是单纯的内部状态。在危机干预中，它还要考虑个体以外的哪些系统需要改变才能解决危机。影响当事人心理适应性的外部因素包括同伴、家庭、职业、宗教、社区等，但决不限于这些。对于某些特殊类型的危机问题，除非影响当事人的社会系统也得到改变，或者当事人对影响危机情景各系统的动力过程有所理解并与之相适应，否则危机不可能得到稳定的解决

二、心理危机干预的基本原则

（1）心理危机干预的目的是利用问题解决的技巧来提高当事人应对困难的能力。

（2）干预以具体而适用的问题领域为目标，火灾后心理危机干预将情绪、认知、行为作为问题的领域。

（3）通过积极聚焦技术将当事人的注意力集中在具体的问题领域。

（4）治疗首要应集中在当事人的情绪冲突。这些情绪冲突通过检索出他们的情景参照物并将注意集中在情景参照物而得到解决。

（5）促发事件被认为对问题情境的动力学非常重要。

（6）矫正当事人的性格特质和人格结构不在危机干预的目标范畴。

（7）对治疗过程而言，当事人对干预者产生移情现象通常不被认为是很重要的，只要这种移情不构成对干预的阻力即可。

（8）治疗主要以相关的背景信息为基础，背景信息包括当事人的人格，自我功能及社会文化功能等方面。

心理危机干预的基本原则是危机理论和危机干预实践之间的联系桥梁，这为心理学原理在临床实践提供了基础。

三、火灾心理危机干预模型

心理危机干预的基本原则除了起到联系理论与实践间的桥梁作用外，其也为简要介绍各种危机干预模型奠定了基础。

平衡模型实际上应该称为平衡 / 失衡模型。当人们处于危机中时，他们实际上是处于一种心理的或情绪的失衡状态，在这种状态中，通常的应对机制和问题解决方法失去了效用，而不能满足他们的需要。平衡模型的目的就在于帮助人们恢复到危机前的平衡状态。

平衡模型最适合早期干预，那时，当事人完全失去了控制，对危机情境不知所措，而且也不能作出恰当的选择。直到当事人在一定程度上重新恢复应对能力之前，干预工作的重点应主要放在稳定当事人的情绪上。在当事人的情绪重新恢复到相当程度的稳定性之前，干预工作不能也不应该采取任何进一步的措施。

危机干预的认知模型以这样一个认识为前提，即危机源于当事人关于与危机相伴而生的诸事件或情境的错误思维，而不是源于这些事件或情境本身。这一模型的目标是帮助危机当事人认清危机事件或危机情境，并改变他们对危机事件或危机情境的观点和信念。它的基本原理是，人可以通过改变其思维方式面对自己生活中的危机加以控制，特别是通过认识到并反思自己思维中非理性的及自我挫败的成分，同时又保持并集中注意于自己思维中理性的及自我增强的成分。

处在危机中的人关于危机情境给自己暗示的信息倾向于消极和歪曲。他们暗示给自己的信息往往与危机情境的实际情况大相径庭。持续而折磨人的两难困境往往使人身心衰竭，进而使他们的内部感知状态越来越趋向于消极的自言自语，直到使整个认知状态很消极，乃至于任何人都无法使他们相信。随着这种消极认知的发展，他们的行为也趋向于消极化，从而陷入一种恶性循环，走上自我实现预期的轨道，最终真的导致危机情境没有解决的希望。在危机进程的这个阶段，危机干预工作的主要任务就是改变当事人的思维方式，使之朝向一个积极的良性循环过渡，并使其反复思考关于危机情境的积极的思想，直到这些积极的思想将原先那些旧的、消极的、具有破坏性的思想完全排挤出去。危机干预的认知模型最适合于危机进程的中期，当危机当事人的情绪基本稳定下来，并接近于危机前的稳定状态。这种干预模型的基本内容在很多治疗方法和技术中都有所体现，如大名鼎鼎的合理情绪疗法、贝克的认知系统疗法等。

第三节　火灾心理危机干预技术

一、火灾心理危机干预程序和技术规范

总体工作模式：这是在政府部署和统一领导、指挥下实施的一项政府行为，这种行为是有组织的、多系统、多部门通力合作的、职责分明的、有规范技术要求的。按照各级政府制定的突发公共危机事件应急预案的要求，心理危机干预与生命救援一样要在主管部门的统一指挥下开展工作。在火灾事故中，有经验的心理干预工作人员经过专业的、科学的心理危机干预技术培训，可以加入心理危机干预团队，直接进入现场进行干预工作，也可以借助电话、网络等手段，提供专业的心理援助。

（一）火灾心理危机干预程序

本研究实行的危机干预策略都是以以下六步骤模型为核心而展开的：

1. 评估

评估是贯穿于危机干预全过程的一个策略或方法，它以行动为导向，以情境为基础。这种危机干预方法是我们最为推崇的，它有利于推动由危机工作者主导的各种技能的系统运用。对这些技能的运用应该是一个连续的、灵活的过程，而不应该机械、僵化。整个六步骤过程的施行应以危机工作者的评估为背景。在这六个步骤中，前三个步骤主要是倾听活动，而不是实际的干预行动，它们是：（1）明确问题；（2）确保当事人的安全；（3）提供支持；（4）诊察可资利用的应对方案；（5）制订计划；（6）获得承诺。后三个步骤主要是危机干预工作者实际采取的行动，倾听活动贯穿于评估的全过程并贯穿于这后三个步骤。

2. 倾听

步骤 1、2、3 主要是些倾听活动。

步骤 1：明确问题

火灾危机干预的第一步，是要从当事人的角度明确并理解所面临的问题是什么。

危机干预工作者必须以与危机当事人同样的方式来感知或理解危机情境，建议在危机干预的起步阶段，干预工作者应采用倾听技术，以了解当事人的危机是什么。共情、真诚、接纳或积极关注等技术必将极大地提高危机干预的第一个阶段的工作能力。

步骤2：确保当事人的安全

火灾危机干预者必须自始至终将确保当事人的安全放在全部干预工作的首要位置，这是毋庸置疑的。所谓确保当事人的安全，简单地说就是将当事人无论在身体上还是在心理上对自己或他人造成危险的可能性降到最低。虽然在这个模型中我们将确保当事人安全放在第二步，但如前所述每一个步骤的运用都是灵活的，这也就意味着安全问题在整个危机干预过程中都处于首要的考虑。对安全问题进行评估并确保当事人及他人的安全是危机干预工作中最紧要的，不管怎么强调都不过分。

步骤3：提供支持

火灾危机干预的第三个步骤所强调的是，一定要让危机当事人相信，他的事情就是危机干预工作者的事情。在第三个步骤中，向当事人提供支持的就是干预工作者。这就意味着干预工作者必须能以一种无条件的、积极的方式接纳所有的当事人，不管当事人是否将会对他们有所回报。真正能给当事人以支持的干预者才能接纳当事人，并尊重当事人作为人的价值，而其他人未必能对当事人做到这一点。

3. 行动

步骤4、步骤5、步骤6主要包括一些实际的行动策略。

步骤4：诊察可资利用的应对方案

火灾危机干预的第四个步骤是探查出各种可供当事人选择和利用的应对方案。在严重受创而失去能动性时，危机当事人往往不能充分分析他们最好的选择方案，有些当事人实际上认为他们的境况无可救药了。可供选择的应对方案可以从以下三个角度来寻找：（1）情境的支持，实际上就是当事人过去和现在所认识的人，他们可能会关心当事人到底发生了什么；（2）应对机制，实际上就是当事人可以用来摆脱当前危机困境的各种行动、行为方式或环境资源；（3）当事人自己的积极的、建设性的思维方式，实际上就是当事人重新思考或审视危机情境及其问题，这或许会改变当事人对问题的看法，并减缓他的压力和焦虑程度。火灾干预工作者可能会想出无数适合当事人的应对方案，但只需与当事人讨论其中少数几种，根据具体情境选择可行的方案。

步骤5：制订计划

危机干预的第五个步骤，即制订计划，是第四个步骤的自然延伸。大部分方案直接或间接来源于干预工作者与当事人共同协商，其中方案包括以下几个方面：（1）确定出其他的个人及组织团体等，应该随时可以请求他们过来提供支持帮助；（2）提供应对机制，这里所谓应对机制应该是当事人能够立即着手进行的某些具体的、积极的事情，是当事人能够掌握并理解的具体而确定的行动步骤。这个计划应着眼于当事人危机情境的全局以求获得系统的问题解决，并对当事人的应对能力而言是切实可行的。虽然在危机进程的某些特殊时刻，干预者可以是高度指导性的，但计划的制订必须与当事人共同讨论、合作完成，这样才能让当事人感觉这是他自己的计划，因而更愿意去执行这个计划。在制订计划时，一定要向当事人解释清楚在计划执行过程中可能会发生什么，并获得当事人的同意，这是非常重要的。在计划的酝酿与制订中，不要让当事人觉得他们的权力、独立性以及自尊被剥夺了。计划制订中两个核心的问题是当事人的控制力和自主性，因为，之所以让当事人去执行这个计划，就是为了帮助他由此重新获得对生活的控制感并重获信心，相信他没有因危机而变得依赖于支持者，如危机干预工作者等。

步骤 6：获得承诺

第六个步骤是第五个步骤的自然延伸，而且，步骤 5 中的两个核心问题，即控制力和自主性，同样也是步骤 6 的核心问题。

如果第五个步骤即制订计划完成得比较好，第六个步骤即获得当事人对计划的承诺也就较为顺利。通常情况下，步骤 6 比较简单，只是要求当事人复述一下计划即可，其目的是让当事人承诺，一定会采取一个或若干个具体、积极、有意设计的行动步骤，从而使他恢复到危机前的平衡状态。危机工作者要注意，在结束一个干预疗程之前，一定要从当事人那里获得诚实的、直接的、恰当的承诺保证。在随后的干预疗程中：危机工作者要跟踪当事人的进展，并对当事人作出必要而恰当的反馈报告。对步骤 6 而言，前述核心倾听技术同样是极为重要的，其重要性不亚于在步骤 1 之中所提到的内容。

（二）火灾心理危机干预技术规范

因为不同被试案例是由课题组不同成员在其特定的干预背景中实施干预的，为了使得不同被试案例能在同一前提下进行对比研究，课题组对工作过程中的火灾心理危机干预技术进行了统一的规范，具体内容如下。

在与危机当事人初步接触时，危机工作者首先必须尽可能快地对危机的严重程度作出评估，这是极端重要的。一般来说，危机工作者不可能有时间进行全面的诊断或是对当事人生活史进行深度了解。所以我们在这里提供一个快速评估程序，即三维评估体系作为获得特殊的危机情境的有关信息的一个快捷而有效的方法。

三维评估体系可以帮助危机工作者快速判断危机当事人在情感、行为及认知等领域的当下功能状态。危机的严重程度必将影响当事人的能动性，从而有助于干预者作出判断，应在多大程度上采取指导性干预措施。当事人已经置身于危机之中的时间长短决定着危机工作者还剩下多少时间来安全地解决危机。危机总是有时间限度的，也就是说，急性危机发作一般只持续几天的时间，随后便发生某种变化——或者得到改善，或者变得更加糟糕。危机严重程度的评估基于两个方面，即当事人的主观感受和干预者的客观判断。干预者的客观评估基于对当事人在以下三个领域的功能活动状态的评价，即情感活动（包括感受和情绪）、行为活动（行动或心理——运动性活动）、认知活动（思维方式等），我们将这三个方面简称为评估之 ABC。

A. 情感状态。情感的异常或遭到破坏是当事人进入失衡状态的最初表征。情感异常或可以表现为过于激动而失去控制，或可以表现为过于退缩而不愿见人。通常情况下，干预工作者可以通过帮助当事人以适当而现实的方式表达自己的感受来恢复情感的自控能力。

B. 行为功能。危机干预工作者一般都非常注意当事人的所作所为：做了些什么、是否主动采取了某些行动步骤、行为方式如何等。干预工作者可以向当事人询问以下问题以促使他积极地采取建设性的行动方案："过去，在类似的情况中，哪些行动有助于你重新获得了对事情的控制力？现在，你必须做些什么才能对事态加以控制？是否有些什么人，假如你现在跟他们联系，他们对于你渡过这场危机具有支持意义？"失去主观能动性，其问题的实质就是失去了对事态的控制力。一旦当事人行动了起来，做些具体的事情，这就是向积极的方向迈出了第一步，也就多少恢复了对事态的控制力，并在一定程度上恢复了主观能动性，并营造了不断向前进步的氛围。

C. 认知状态。干预工作者对当事人思维方式的评估有助于回答一系列的重要问题：

第一，当事人关于危机的认识，其真实性和合理性如何；

第二，当事人在多大程度上是在进行合理化或夸大化的解释；

第三，抑或当事人相信是某些部分的事实促发了危机的发生；

第四，当事人进行危机思考已有多长时间了；

第五，当事人改变关于危机情境的信念并以更积极、更冷静、更合理的方式重新理解危机情境的可能性有多大。

二、火灾心理危机干预技术

心理危机干预是从心理、生物各个角度进行综合性危机管理，强调干预的多维性，干预的原则为综合应用干预技术，个体化地针对目前问题提供帮助。这些方法有的是较单一的技术，有的是成型的一整套工作方法，并且许多种方法有共同的核心理念，现将主要的技术和方法综述如下。

（一）心理急救（PFA）

1. 什么是心理急救

心理急救是一种以循证为依据的模块式干预方法，用以帮助减轻灾难性事件所导致的初期痛苦并促进其短期和长期的功能适应。它以幸存者的长处、优势或资源为出发点，结合其受教育水平，正常化其灾后的感受，帮助他重建社会支持，尽量避免给他贴上患有某一精神疾病的标签。

2. 心理急救的优点

心理急救，包括基本的信息收集技术，能帮助救援者迅速估计幸存者目前关注的事和他们的需要，并通过灵活的方式实施心理支持。

心理急救依赖于经过实地检验的、有证据支持的措施，这些措施适用于各种灾难环境，心理急救强调对不同年龄和社会背景的人，要采用适当干预的方式，强调循序渐进和尊重（不同）文化。心理急救包括分发资料，提供康复过程中的重要信息。

3. 心理急救的基本目的

（1）以不冒昧的、富有同情心的方式建立人与人的联系。

（2）加强即时和持续的安全性，提供身体和精神上的安慰。

（3）安抚和引导受到极大精神刺激的心神狂乱的幸存者。

（4）让幸存者对你说出他们目前的需要和担心的具体事情；用适当方式收集其他信息。

（5）提供实际的帮助和信息，帮助幸存者说出他们目前的需要和担心的事情。

（6）尽快使幸存者与社会支持网络建立联系，包括家庭成员、朋友、邻居和社会救助资源。

（7）促进幸存者提高适应力，认识到自己适应火灾的能力和优势，给他们力量；鼓励家庭成员在康复中扮演积极的角色。

（8）提供帮助幸存者积极处理火灾带来的精神影响的信息。

（9）清楚你的作用（在适当时候），为幸存者联系另外一个康复机构、精神健康服务、公共部门的服务和其他组织。

4. 提供心理急救的指南

（1）接触和参与。目标：倾听与理解。应答现场救援者，或者以非强迫性的、富于同情心的、助人的方式开始与现场救援者接触，首先礼貌地观察，不要贸然闯入他的精神领域中，然后问一些简单并尊重的话语以确定如何进行帮助。

（2）安全确认。目标：增进当前的和今后的安全感，提供实际的和情绪的放松，积极回应幸存者为寻求安全而做的努力。

（3）稳定情绪。目标：使在情绪上被压垮或定向力失调的现场救援者心理恢复平静。如果幸存者想要说话，做好倾听的准备。当倾听时，注意他们想要告诉你什么以及需要你如何帮助他们。

（4）释疑解惑。目标：镇静地说话，有耐心，有回应，感同身受。慢慢地说话，识别出立即需要给予关切和解释的问题，立即给予可能的解释和确认。

（5）实际协助。目标：为现场救援者提供实际的帮助，比如询问目前实际生活中还有什么困难，处理现实的需要和关切解决问题技术。用简单而具体的形式；不要使用缩略语或者专业术语。

（6）联系支持。目标：帮助现场救援者与主要的支持者或其他的支持来源，包括家庭成员、朋友、社区的帮助资源等建立短暂的或长期的联系。

（7）提供信息。目标：提供关于应激反应的信息、关于正确减少苦恼和适合其年龄水平的促进适应性功能的信息。

（8）联系其他服务部门。目标：帮助现场救援者联系目前需要的或者即将需要的那些可得到的服务，甄别处理。

5. 提供心理急救的专业行为要求

（1）得到相关救援组织和政府部门的认可。

（2）树立健康的干预者形象：镇静、有礼貌、有组织、乐于助人。

（3）与干预者建立良好的咨询服务关系，并能够随时联系上。

（4）适当地保守秘密。

（5）在你专业知识范围做指定的事。

（6）当幸存者所需超出你专业知识时，适当求助别人。

（7）了解并理解区域文化差异。

（8）注意自身心理和生理反应，照顾好自己。

6. 需要避免的一些行为

（1）不要对幸存者的经历或遭遇作出假设。

（2）不要认为每个暴露于灾难的人都会受到创伤。

（3）不要轻易认为是病。大多数严重反应在经历灾难后的人身上都是可以理解和可以想象的。不要把这些反应贴上诸如“症状”“诊断”“状态”“病情”的标签。

（4）不要以高高在上或保护的心态对待幸存者，或者是过分关注他的无助感、弱点、错误或伤残，而应该关注他在灾难时和目前做了什么有效或者对他人有帮助的行为。

（5）不要过多询问事情的细节，不要认为所有幸存者都想讲述或者需要向你讲述。通常身体上支持和平静可以帮助幸存者感觉更安全，更有应对能力。

（6）不要推测或提供可能不准确的信息。如果你不能回答幸存者提出的问题，尽最大可能去了解事实。

（7）心理急救的目的是为了减少悲伤，满足其当前需要，以及提高其适应力，而不是引导他讲出创伤的经历和损失。

（二）心理晤谈（PD）/严重事件应激晤谈（CISD）

严重事件应激晤谈是通过半结构化的交谈来减轻压力的方法，采取个别或者集体、自愿参加的方式进行。通常的做法是将灾难中涉及的各类人员按照不同人群分组进行集体晤谈。在晤谈中，人们公开讨论内心的感受，在团体中获得支持和安慰，从而帮助参加者从认知和情感上消除创伤体验。已有的经验发现，急性期集体晤谈的理想时间是灾难发生后 24 ～ 48 小时之间，6 周后效果甚微，而以重建为目的的晤谈可以在恢复期进行。通常在灾难事件发生后 24 小时内不进行集体晤谈。整个晤谈过程约需两小时。严重事件发生后数周或数月内进行随访，晤谈过程正常应该包括六个步骤，非常场合操作时可以把第二步、第三步、第四步合并进行。另外，晤谈操作中有一些重要的注意事项。（1）处于抑郁状态的人若以消极方式看待参与晤谈的人，可能会给其他参加者增加负面影响。（2）处于急性悲伤的人不适宜参加集体晤谈，如家中亲人去世者。受到高度创伤者可能给同一小组中的其他人带来更具灾难性的创伤。（3）有时可以用文化仪式替代晤谈。（4）不要强迫受辅者叙述灾难细节。（5）受辅者晤谈结束，干预团队要组织队员进行团队晤谈，缓解干预人员的压力。

CISD 的目标：公开讨论内心感受，支持与安慰，资源动员，帮助当事人在心理上消化创伤体验。

CISD 的实施者：由受过训练的专业人员（如心理卫生工作者、精神卫生专业人员）实施；实施者必须要有团体心理辅导的经验，同时对应激反应综合征有广泛的了解。

CISD的实施过程：

第一期：介绍期。实施者进行自我介绍，介绍CISD的规则、程序及整个晤谈过程所需的时间，回答可能的相关问题。强调晤谈不是心理治疗，而是一种减少创伤性事件所致的正常应激反应的方法。详细解释保密原则。

第二期：事实期。实施者请每一位参加者依次描述事件发生时或发生之后他们自己及事件本身的一些实际情况；询问参加者在这些严重事件过程中的所在、所闻、所见和所为。目的是帮助每个人从自身的角度描述事件，每个人都有机会增加事件的细节，使事件得以完整地重现，然后参加者会感到整个事件由此而真相大白。

第三期：感受期。实施者请参加者依次描述其对事件的认知反应、自己的应激反应综合征症状。询问有关危机事件发生时或发生后的感受、有何不寻常的体验，目前有何不寻常体验，事件发生后，生活有何改变，请参加者讨论其体验对家庭、工作和生活造成什么影响和改变。这一时期工作的目的是进一步接近情感的表达。

第四期：症状期。请参加者描述自己的急性应激反应的症状，如失眠、食欲不振、脑子不停地闪现事件的影子，注意力不集中。记忆力下降，决策和解决问题的能力减退，易发脾气，易受惊吓等；询问事件过程中参加者有何不寻常的体验，事件发生后，生活有何改变，请参加者讨论其体验对家庭、工作和生活造成什么影响和改变。

第五期：辅导期。介绍正常的反应，实施者尽力说明成员经历的应激反应是正常的，不是病理症状。提供准确的信息，讲解应激反应模式；应激反应的常态化。同时提供应激管理技巧，强调适应能力；讨论积极的适应与应付方式，动员自身和团队的资源相互支持；提供有关进一步服务的信息；提醒可能的并存问题（如饮酒）；给出减轻应激的策略；自我识别症状。

第六期：恢复期。澄清不正确的观念；总结晤谈过程，回答问题；提供保证；讨论行动计划；重申共同反应；强调小组成员的相互支持；可利用的资源；实施者总结整个晤谈过程，同时评估哪些人需要随访或转介到其他服务机构。

整个过程需2～3小时。严重事件后数周内进行随访。

CISD的注意事项：

（1）处于抑郁状态的人或以消极方式看待晤谈的人，可能会给其他参加者增加负面影响。

（2）建议晤谈与特定的文化性相一致，有时文化仪式可以替代晤谈（如哀悼仪式）。

（3）对于急性悲伤的人，如家中有亲人去世者，不适宜参加CISD，因为他们的情绪还处于极度悲伤中，晤谈可能会干扰其认知过程，引发精神错乱。如果参加晤谈，可能会给同一晤谈中的其他人带来灾难性的创伤。

（4）世界卫生组织不支持只在干预者中单次实施。

（5）受害者晤谈结束以后，危机干预团队要组织其成员进行团队晤谈，以缓解干预人员的压力。

（三）稳定情绪技术（EST）

稳定情绪技术要点如下所示。（1）倾听与理解。目标：以理解的心态接触重点人群，给予倾听和理解，并做适度回应，不要将自身的想法强加给对方。（2）增强安全感。目标：减少重点人群对当前和今后的不确定感，使其情绪稳定。（3）适度的情绪释放。目标：运用语言及行为上的支持，帮助重点人群适当释放情绪，恢复心理平静。（4）释疑解惑。目标：对于重点人群提出的问题给予关注、解释及确认，减轻疑惑。（5）实际协助。目标：给重点人群提供实际的帮助，协助重点人群调整和接受因灾难改变了的生活环境及状态，尽可能地协助重点人群解决面临的困难。（6）重建支持系统。目标：帮助重点人群与主要的支持者或其他的支持来源（包括家庭成员、朋友、社区的帮助资源等）建立联系，获得帮助。（7）提供心理健康教育。目标：提供灾难后常见心理问题的识别与应对知识，帮助重点人群积极应对，恢复正常生活。（8）联系其他服务部门。目标：帮助重点人群联系可能得到的其他部门的服务。

（四）松弛技术（RT）

松弛技术包括：呼吸放松、肌肉放松、想象放松。分离反应明显者不适合学习放松技术（分离反应表现为：对过去的记忆、对身份的觉察、即刻的感觉乃至身体运动控制之间的正常的整合出现部分或完全丧失）。

（五）认知行为治疗（CBT）

治疗者常常通过行为矫正技术来改变患者不合理的认知观念，帮助患者找出使其痛苦的问题实质，提高和恢复其自信心，帮助其康复和回归社会。

1. 暴露治疗（ET）

暴露治疗是让患者面对痛苦的记忆和感觉，通过放松等方法及时疏导和缓解患者的痛苦，使患者逐渐适应这种环境，情境可以是想象的，也可以是真实的，即让患者在放松状态下面对创伤性事件，学会控制他们的恐惧体验。这种方法起效快，尤其对闯入性体验症状有效。目前常用的暴露治疗方法是延时暴露，主要包括5个步骤：资料收集、呼吸训练、心理教育、视觉暴露和想象暴露。

2. 焦虑控制（管理）训练

主要目标是管理应激性事件。通过为患者提供应付焦虑的技巧（如放松训练、积极的自我陈述、呼吸训练、生物反馈技术和社会技能训练等方法），来改善患者的应付能力，增加应付资源和提高患者自信心，使患者从被动无助的状态转换到积极的可负责任的姿态。焦虑是PTSD的基本症状，因此，焦虑控制训练方法对患者的闯入性体验、警觉、回避三类症状都有效。

3. 认知疗法（CT）

认知疗法目标是让患者识别他们自己的失调性认知，通过与不合理信念的辩论来重建认知系统，减少症状、恢复社会功能。此疗法的目标是改变患者的错误认知，PTSD常常认为世界充满危险，个体过于渺小和无能无助，因此表现有回避社会、兴趣下降、罪恶感或内疚感，认知疗法对这些症状疗效较好。认知疗法包括四个阶段：第一阶段，结合受试者个性特征和情绪反应，分析其认知特征；第二阶段，运用语义分析等认知疗法技术使其认清原有对应激认知的歪曲性；第三阶段，用正确的认知代替非理性知觉，帮助受试者意识到与其应激所致焦虑和烦恼相联系的认知和生理信号，最后使这些信号发展成启动缓解应激技术的提示；第四阶段，对受试者的应激反应进行认知重建。

4. 认知暴露疗法（CET）

认知暴露疗法是结合了认知疗法和行为治疗的一种方法，治疗方案为向患者讲解创伤应激的有关知识、呼吸再训练、放松训练、创伤记忆暴露、自我重复、认知疗法。

（六）眼动脱敏与再加工疗法（EMDR）

这是一种针对PTSD的心理治疗，EMDR并不需要患者口头揭露创伤经历的细节或者在治疗阶段完成家庭作业，它要求患者双目睁开，眼睛跟着治疗者的手指方向两侧快速移动，与此同时，要求患者想象看到创伤时的情景，同时有与创伤相关的认知和情感的语言化，伴有持续的眼扫视运动。在EMDR治疗中，患者想象一个创伤性记忆，或任何一个和创伤性记忆有关的消极情绪，然后要求患者大声清晰地说出一个和他们以前的记忆相反的信念。在患者回忆创伤事件的同时，他们的眼睛被要求随着治疗师的手指快速移动。治疗时，治疗师对患者进行评估创伤记忆和重新建立积极信念的治疗。

（七）支持性心理治疗（SP）

建立社会支持系统，这是做好心理干预的一个重要措施。面对突发灾难事件，受害者如得不到足够的社会支持，会增加PTSD及其他心理障碍的发生概率；相反，个体对社会支持的满意度越高，其发生的危险性越小。对现场救援者来说，从家庭亲友的关系与支持、心理工作者的早期介入、社会各界的热心救助到政府全面推动灾后重建措施，这些都能成为有力的社会支持，可极大缓解他们的心理压力，使其产生被理解感和被支持感，但我们也应避免支持不当而产生的负面效果。社会支持是心理危机发生以后最大的支持因素，必须从心理学专业角度引导各类社会支持系统为现场救援人员提供全面、科学的社会支持。社会支持包括三类：首先是信息支持，包括通过各种媒体提供心理干预信息等，让他们了解社会的关心和支持；其次是物质支持；还有情感支持。根据心理学原理，将社会支持分为客观社会支持和主观社会支持两个因素前者主要指在实际工作生活中是否有人或组织以某种途径提供支持，后者主要指现场救援人员本人主观感受到的支持。让他们确认自己的社会支持网络，明确自己能够从哪里得到相应的帮助，包括家人、朋友及社区内的相关资源等。

（八）心理宣泄／疏泄／疏导法（PC）

该法以小组为单位进行。宣泄就是疏散、吐露心中的积郁。救灾过程中，产生心理压力是正常的事情，而倾诉是心理压力释放的最有效途径。首先是救灾场景回顾。救灾中，你看到了什么？让现场救援人员回忆救灾过程中的所在、所闻、所见、所嗅和所为，该步骤的目的是让现场救援人员在一个相对良好和安全的支持环境中表达自己所经历事件。接下来是谈感受。你想到了什么？你有什么感受呢？引导现场救援人员充分表达这次救灾的感受，通过交流来减轻内心的不安该步骤的目的是让现场救援人员在这个安全且可以值得信赖的环境中愿意暴露自己较长一段时间以来一直压抑的负性情绪，坦然面对和承认自己的心理感受，不刻意强迫自己抵制或否认在面对突发灾难事件时产生的焦虑、担忧、惊慌和无助等心理体验，而这不仅可以改变为此产生的羞愧感，而且由于治疗师和其他组员的支持和分享，可以有效地减弱其对灾难经历的自责、抑郁、担心等其他负性情绪。最后是症状描述。在这一阶段，让现场救援人员进一步描述一下自己的应激反应症状，例如睡眠问题、饮食问题、脑子不停出现的闪回、注意力、记忆力等问题；除此以外，谈一谈救灾之后有何不寻常的体验，讨论这些体验对学习和生活所造成的影响。这一阶段的目的，一是继续使得组员能够将自己的变化与自己所遭遇的创伤进行联系，不断修复组员认知、情感和行为间的联系，修复组员内在心理结构与外界环境之间的联系，使之渐渐适应社会，开始新的生活；二是筛查出症状较明显、需要进一步作个别心理治疗的组员。

（九）暗示诱导法

对于内疚哭诉者，最错误的做法，是叫他们不要难过，不要哭泣，其实最正确的处理方法是给他一面纸巾，让他大哭一场，告诉他已经尽了力，已经做得很好了，哭诉不是软弱，是正常的，从而引导他们走向积极的方面。

（十）心理教育咨询

采用集体上课的形式，讲述与应激相关的心理学知识，每周一次，每次两小时。此外具有相应的组织，例如学校可举行个体咨询和团体咨询的服务形式为相应群体提供心理干预服务项目，其中团体心理咨询与治疗是在团体情况下提供心理帮助与指导的咨询形式，即由咨询师和现场救援者通过共同商讨、训练、引导，解决成员共有的心理问题，团体心理辅导以其效果好、普众性好成为一种同质性群体心理干预的良好选择。

（十一）应对方式

帮助思考选择积极的应对方式；强化个人的应对能力；思考采用消极的应对方式会带来的不良后果；鼓励有目的地选择有效的应对策略；提高个人的控制感和适应能力。讨论在灾难发生后，你都采取了哪些方法来应对灾难带给自己的困境？如多跟亲友或熟悉的人待在一起，积极参加各种活动，尽量保持以往的作息时间，做一些可行且对改善现状有帮助的事等，避免不好的应对（如冲动、酗酒、自伤、自杀）。

（十二）药物干预

药物干预是心理干预的辅助方法，此项属于心理治疗的范畴，需要在专业的精神科医师的指导下进行，其中针对危机后干预的重症人员，在接受心理技术方面的服务外可根据自身突出的情绪障碍附以相应的药物干预，目前主要使用选择性 5—HT 再摄取抑制剂类抗抑郁药物，能够缓解抑郁、焦虑症状。苯二氮卓类药物可以减少过度警觉症状，对于急性应激反应有良好的干预效果。另外还可以应用情感稳定剂来改善情绪。因为生理症状的改善可以影响到个体情绪的好转，所以及时给予药物对症治疗是心理干预的良好辅助手段。

第七章　火灾原因调查中的基本问题与处置

第一节　火灾原因认定的现状与问题

火灾原因认定的方法主要有排除法、调查法、专家法、物证法、模拟实验法和综合分析法等。本节重点探讨排除法和模拟实验法等问题。

一、排除法认定火灾原因的问题

（一）排除法简介

目前火灾原因的认定方法主要是“排除法”。排除法在逻辑学上又称“剩余法”，属于间接认定方法。它是在准确认定起火点的基础上，将起火点内所有能引起火灾的起火源依次排列，然后用事实逐个加以否定，最终肯定一种能够引起火灾的起火源，进而依据现场的客观事实，运用科学原理，进行分析，找出起火原因。排除法认定火灾原因一般有4个环节。

1. 火灾现场痕迹比较

火灾现场的燃烧痕迹，包括物质的灰化、碳化、熔化烟熏、变形、变色、变性、倒塌、移位、断裂以及擦痕等。通过对这些燃烧痕迹的比较，找出它们之间明显的或是细微的痕迹程度差异、层次差异和水平差异。还可用火场的物质遗留痕迹同火场以外正常情况下的物质形态作比较，研究其造成火场痕迹的特殊条件，作客观差异比较。

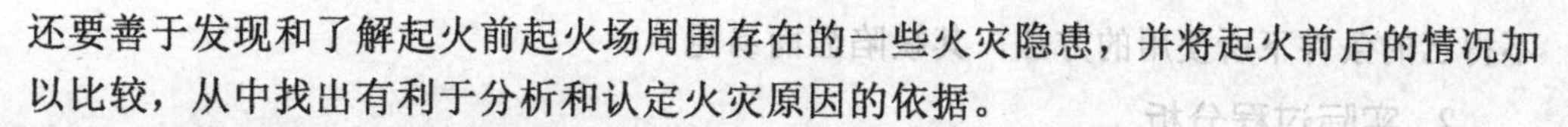

还要善于发现和了解起火前起火场周围存在的一些火灾隐患，并将起火前后的情况加以比较，从中找出有利于分析和认定火灾原因的依据。

2. 同以往的火灾案例作比较

对火灾原因不清、现场又难以找到引火源的火灾，可以用以往的火灾案例来参比说明，参比说明的火灾案例应贴近、可靠、有说服力。所谓贴近，是指有共性，两个火场除了地点和时间差异外，从起火点、起火源到起火的客观条件都必须相同或基本相似。所谓可靠，是指以事实为依据，不能用本来就是由分析得出结论的火灾案例来做比较。所谓有说服力，是在贴近、可靠的基础上，参比案例对火灾原因认定有详细的论证说明，认定物证充分、证据链完整、论述细致，足以使他人心悦诚服。

3. 用科学原理分析

有些火灾的起火点或起火部位常常处于某一特殊的系统或工艺流程中，若没有充分的科学理论分析，很难认定火灾原因。在实际应用中，可通过聘请有关专家和工程技术人员，对与火灾有关的该系统或工艺流程进行科学的定性分析或必要的定量分析，并将其结果与正常情况或有关技术要求作比较，从中判定出存在的危险程度和条件，再综合现场中的其他情况和条件来认定火灾原因。即使不是特殊的系统或工艺流程，也因引火源与起火点不一致、可燃物质点燃困难、蔓延困难等原因，需要用科学原理去分析，认定火灾原因。

4. 模拟实验

在实际调查过程中，有些火灾，现场由于受燃烧和扑救的影响，破坏严重，而对火灾现场中的某些问题，若不恢复到起火前的原状态，就很难认定火灾原因，或难以判断火灾原因认定中的某些因素的作用。在这种情况下，可以考虑通过模拟实验的方法，再现火灾引发过程，论证推论的正确性，并依此认定火灾原因。

（二）排除法的缺陷

1. 理论分析

首先，排除法只适用于引起方法少量、内容明确的领域。按照《中国火灾统计年鉴》对火灾原因的统计，火灾原因分为纵火、电气、违章操作、用火不慎、吸烟、玩火、自燃、雷击、不明和其他10类。统计中就有“不明和其他”火灾原因，那么如何排除“不明”的起火原因和“其他”不知道内容的起火原因？显然不能。

其次，排除法只适用于引发条件明确，并且排除条件可以确定的领域。也就是说，科学界必须对引发燃烧的所有条件、过程及其规律都已研究透彻，没有遗漏。但事实上对于引发燃烧的规律还在不断研究和补充之中。

最后，事实的认定应遵守证据规则，其基本含义是事实的认定，应依据关联的证据作出；没有证据，不得认定事实。在火灾原因认定中，对所排除的火灾原因，或许有证据证明排除的理由成立，但它们不是认定火灾原因的直接证据。公安机关在案件侦查阶段经常使用排除法，但在定案阶段从不使用，法庭也从不认可由排除法得出的结论。火灾原因认定也不应例外，但出于目前直接认定证据缺乏，间接物证不充分的不得已的条件下所使用的方法，其缺陷显而易见。

2. 实际过程分析

《一起较大火灾事故的调查与认定》一文中应用排除法排除了自燃起火、燃气烤火炉用火不慎引起火灾、人为放火和电器引起火灾的可能。且不谈排除的依据是否合理充分，常见的几种火因就没有排除完全，至少燃气器具泄漏煤气遇明火、电火花或静电等火源引起爆燃的可能并未排除。

（三）运用排除法应注意的主要问题

1. 应排除可能引发火灾的所有其他原因

任何火灾都可能由特殊的方式引起，不能在原因认定前就确定是几种常见的引燃方法引起。常见的引燃方法仅仅是出现频率较高，并不是引燃方法的全部，而且常见的引燃方法也是人们防范的重点，有一些安全意识的人，发生常见引燃方法引发火灾的可能性较小。

2. 排除法不同于主观认定

排除法是以各种事实为依据，按照客观条件的可能，按照事物发展和一般规律和已有的经验，作出科学和符合事实的推断。

3. 排除法应以真实的材料为基础

排除法大都是在火灾现场中的起火源或某一起火灾因素不复存在的条件下采用的，这样，从现场勘查和调查访问中获得材料就显得尤为重要。尽管证据缺乏，但对于拟认定的火灾原因也需要有一定的证据支撑。

二、模拟实验法认定火灾原因的问题

按照排除法的工作要求，在拟定火灾原因相关证据匮乏的情况应当进行模拟实验。火灾调查中的模拟实验，是在现场或实验室内根据火灾的起火部位的环境气候条件、可燃物状况等进行再现性的实验，以验证或核实起火原因以及研究事故蔓延扩大的情况。通过模拟实验可以为最后确定起火原因提供科学依据，一方面可以检验火场中物证的真伪、性质，另一方面验证证人证言的真实性，从而有利于统一认识，查明和正确判定起火原因。

（一）模拟实验结论的性质

模拟实验的结论具有偶然性和必然性两种性质，在应用模拟实验的结论时必须区分这两类不同性质的结论，否则将导致错误的认定。

（1）必然性结论如果模拟实验的结果与次数无关，由相对稳定模拟实验结果得出的模拟实验结论称为必然性结论。必然性结论有两种情况：一种全部模拟实验与假设或认定的火灾原因是一致的；另一种全部模拟实验与假设或认定的火灾原因是相斥的。但无论是哪种情况，实验的结果都是同一性的，都可以将模拟实验结论作为认定或排除火灾原因的重要依据。

（2）偶然性结论如果模拟实验的结果与次数有关，事件只在某一次（或几次）发生，根据事件的发生得出的模拟火灾实验结论称为偶然性结论。偶然性结论说明了事件发生是可能的，但不是必然的。对于任何一起火灾原因调查，从理论上而言，它的调查方向是排除所有不可能发生的事件，找出所有可能发生的事件。模拟实验作为一种“准”实践手段，是一个去伪求真的过程。在火灾原因调查的最后阶段，常常要面对这两种情形，一种是可能发生并发生的火灾原因，另一种是可能发生但没有发生的火灾原因。模拟实验的偶然性结论只能证明第一种情形，但不能排除第二种情形。

（二）模拟实验结论的使用

模拟实验必须忠于火场实际原状，绝不允许随心所欲地任意改变其原状或条件。然而模拟实验很难完全贴近实际，很难完全达到火灾前的原始状态和条件，因此，在认定火灾原因时，无论模拟实验的结果是偶然性结论还是必然性结论，是完全肯定或否定推定的火灾原因，都只能当作认定火灾原因的重要参考依据，它需要与其他证据相关联使用，不能单纯将模拟实验结论作为认定或验证火灾原因的唯一证据。然而实际工作中，部分火调人员过分重视模拟实验结论的使用，不去认真收集其他相关证据，尤其是面对不懂得相关知识的当事人，模拟实验的结论就变成了唯一的证据，贸然下结论，导致误判。

（三）模拟实验的实施

由于模拟实验的结论仅仅是证据链中的一环，不能单独使用，再加上模拟实验条件要求高、人员要求高，也有一定的成本且繁杂，所以，进行模拟实验的案例不多。实际上，模拟实验不需要完全达到火灾前的原始状态和条件，只需要在关键要素上满足原始状态和条件即可。因为实验的目的是验证推定的起火原因或需要排除的原因，不是整个火灾过程；是具体因素的验证，不是火灾的复原；是特定引火可能性的证明，不是全部引火可能性的尝试，模拟实验是关键要素的模拟。关键要素的遴选不能随意，应当慎重，应当由专业人员完成，因此，进行模拟实验的团队应当是专业性很强的团队，并且由与当事人、与消防部门没有利益关系的第三方或中介机构担任模拟实验的主体，以保证实验结论的客观性和公正性。

三、专家认定火灾原因的问题

火灾原因认定往往是复杂的，为及时、准确地调查认定火灾原因，进一步提高火灾调查质量，给火灾事故责任划分和处理提供确实的依据，不少省市自治区成立了火灾调查专家委员会。专家认定火灾原因确实可以减少火灾原因认定中的错误，但也不能过分依赖专家意见。公安部印发的《火灾原因认定暂行规则》第十五条规定，“对专家提出的火灾原因认定意见，公安机关消防机构应当结合火灾调查情况进行综合分析后决定是否采信。”因此，专家意见不是直接证据，存在错误的可能。

四、引火源认定的问题

引火源的种类繁多，有明火、高温电器、静电、雷电、摩擦产生的火星、化学反应产生的高温等，只要能产生高温的物件都可能成为引火源。在使用引火源进行火灾原因认定时可能产生以下问题。

（一）位置不一致问题

有些引火源所在位置与起火点不一致。如热辐射、飞火、雷电波侵入、放火者带入等，它们点燃了可燃物，但在起火部位没有留下任何引火物件。如果火调人员寻找引火源的范围仅限于此部位，找不到引火源就否定此部位是起火部位，则产生错误的火灾原因认定。

（二）引火源被烧尽问题

如烟头，表面温度达250℃，它丢在可燃物碎屑中很有可能引起火灾，火灾一旦发生，烟头被烧尽成为灰烬，一般很难发现。如果找不到物证，证据链就不完整，火灾原因也就不能认定。按照目前火灾现场勘验方法，烧尽的烟头很难有物证，随着科技的发展，烟头灰烬的辨认已成为可能。只要火调人员认真勘验现场，正确收集灰烬样本，就可以发现烟头灰烬的物证，从而认定火灾原因。

（三）引火源形态奇特问题

有些引火源形态奇特，如凹形玻璃片，它能聚焦光线，在其光线的焦点处如果有可燃物，就可能引起燃烧。

（四）电器引火源问题

照明电器、家用电器、电动机等工业电器等有可能成为引火源，电器认定为引火源时必须证明其处于使用状态。鉴定电器是长时间通电造成的内热破坏，还是外热破坏并非易事，实际工作中常常是询问有关证人电器在火灾前的运行状况。被询问人的说法常常有不同，甚至是截然相反的回答，火调人员应全面收集询问结果。调查材料应按照调查的基本要求，写明调查时间、调查地点、调查范围以及被调查人员的基本情况，并对调查结果进行综合分析。

第二节 火灾原因调查的问题与处置

目前火灾原因认定尚处于经验认定层次，高层次的物证鉴定技术尚未广泛使用，加上认识与责任心问题使火灾原因认定工作处在低水平层次。

一、思想不重视

在实际工作中，有相当一部分人甚至是领导对火灾事故调查工作存在认识上误区，认为火灾事故调查不是消防工作主业。按照“预防为主，防消结合”的方针，预防是主业，建筑审核、使用许可、监督检查、消防宣传是主要工作；灭火救援是“副业”，但也是极其重要的副业，它拯救生命、减少财产损失，与民众利益直接相关。他们认为，预防是事前管理，应当重视；灭火救援是事中管理，也应重视；而火灾原因调查是事后管理，只是处罚的一个环节，无需重视。导致各级领导不重视，消防火调参谋不重视，派出所社区民警和消防协警不重视的现状。

究其原因，一是火调工作的作用认识不清。火调工作是认识起火原因、掌握蔓延规律、创新预防方法的重要手段。火调属实践性工作，实践是检验真理的标准，是推动真理发展的动力，或者说，火调是防火理论完善的基础，而防火理论是火灾预防的基础。二是不愿从事艰苦的工作。火调工作伴随的是焦糊的气味和脏乱的现场工作环境。因此，不愿从事火调工作者有，存在应付思想者有，草草了事糊弄差事者有。这些构成制约火灾事故调查发展的思想障碍。

改变火调工作现状，首先是各级领导要重视，尤其是上层领导应引起足够的重视。火灾事故调查是公安消防机构一项重要的任务，调查、认定火灾原因，核定火灾损失，查明火灾事故责任，是为消防工作做好决策的重要依据，也是执法为民的一种体现。因此公安消防部队应高度重视火灾事故调查工作，应紧紧围绕改革发展稳定的大局，认真分析火灾事故调查工作中存在的各种问题，结合当地实际，研究加强和改进火灾事故调查工作的新措施，切实当作一项重要工作来抓。其次是稳定火调队伍、壮大火调研究力量。加强教育，提高火调人员的责任心和使命感；加大火调人员的奖励额度，建立正确认定的奖、错误认定的罚、查不出原因的火灾提交上级调查的工作机制，以提高火调质量。

二、法规标准不健全

火灾事故鉴定是指公安消防机构为了查明起火原因，根据有关专门知识和技能的人员对现场勘查中发现并收集的各种痕迹等物证进行的技术鉴定。目前，我国火灾原因技术鉴定方法的行业标准或国家标准还很不健全。

分析火灾原因鉴定标准发展缓慢的原因，关键是“制度制约”，缺乏全社会参与标准研究、标准制定的制度或条件。每年全国有20余万起火灾，全部由公安消防机构的火调部门认定火灾原因，消防火调部门工作繁重，难以对每起火灾深入调查也就难以更多地发现问题，这是其一。其二，火灾原因由消防人员认定，当事人很难提取认定全部材料，其他人员更难看到认定的全部材料，缺乏社会关注的机制。社会不关注，对火灾原因调查了解少，知识少，处于“火调盲”的状态。虽说社会人了解火调知识会对火调工作质量提出更高的要求，消防机构的压力会增大，但这是社会发展的趋势，也是火灾原因鉴定快速发展的动力。其三，消防火调研究部门数量少、设备差、研究能力弱。虽然有“国家火灾重点实验室”等社会力量参与，但社会力量只参与基础性研究，核心问题研究需要深入火场了解情况，了解现场勘验、原因认定等情况，不了解这些情况，社会研究力量只能从事外围研究，火灾原因鉴定标准这一核心问题难以涉及。

三、火调保障不到位

（1）是组织保障不到位火灾调查机构数量少，我国现阶段只有消防总队和消防支队设有火灾调查机构，不能满足火灾事故调查的需要。

（2）专业人才保障不到位，全国绝大多数火调人员都是“半路出家”，靠长期摸索自学成才，其中又有不少人走上了领导岗位，离开了火调一线，使得火调队伍整体专业水平不高。

（3）经费保障不到位，火灾事故调查不仅涉及鉴定费，还涉及很多方面的费用，如交通费、现场勘查仪器损耗费、电话费等。由于资金的短缺，现在的勘查工作只是使用照相机和录像机等简单设备，更有甚者，有的连勘查的必备现场勘查箱都没有，火灾现场的证物常常不能及时地做科学鉴定，或者能不做物证检验的就不做，导致火灾原因不能确定。

四、调查方法不科学

火灾调查方法简单、不科学，导致火灾原因认定的证据不足，主要表现在以下几个方面。

（一）重询问、轻物证

大部分火灾事故调查还停留在依靠对当事人的调查询问基础上认定原因，重调查、轻勘验现象比较明显。调查询问可以帮助火调人员了解确定起火部位和火灾发展及蔓延的大体方向，并且可为勘验和认定起火原因提供最直接的证据，它是火灾事故调查工作的重要组成部分。但由于时间、空间和火灾复杂性的限制，靠证人证言作为科学定案的重要手段显然是不够的。随着市场经济的不断深入，人们经济意识不断加强，为了自身或其他相关利益，反映情况不实，甚至刻意隐瞒的现象时有发生，一旦证人证言不真实，或者反映不全面，火调工作极有可能陷入僵局。因而注重痕迹物证鉴定和对案情的科学分析、判断显得尤为重要。

（二）细项、专项勘验能力弱

在火灾现场勘验中，细项、专项勘验能力不强，对痕迹物证的收集与相互印证工作不够重视。火灾现场勘验是指公安消防机构在法律规定的范围内，使用科学的手段和调查研究的方法，对与火灾有关的起火场所、物体、尸体等进行实地勘验、查找、鉴别、提取能证明火灾原因物证的过程，是发现、研究、提取火灾证据的重要手段，也是查明火灾原因的重要途径。但由于缺乏必要的专业知识，有的火调人员进入火场后，对细项、专项勘验不实、不细，有的甚至仅在环境、初步勘验的基础上，就做出结论。这些认定往往缺乏直接证据的支持，经不起仔细推敲，一旦引起行政诉讼或是重新认定就会败诉或撤销。

（三）分析方法过于简单

许多火调人员对火灾的认识仅仅停留在感性上，因而在调查火灾原因过程中方法不多，手段不多。大部分火灾原因的认定，利用排除法进行。由于缺乏扎实的理论功底，对火灾原因的分析工作不够深入，考虑不够全面，火灾原因分析、证据可靠性分析又过于简单，从而直接影响现场勘验中对物证的获取和采集的全面性，导致证据的可靠性和充分性不够，不能形成完整的证据链，经不起严格细致的推敲，从而导致工作的被动。

五、火灾调查执法水平不高

（一）火灾调查执法现状

1. 火调人员业务素质不高

在市、县一级的公安消防机构，其火灾事故调查人员大多数是“半路出家”，系统学习火灾事故调查专业知识的人员更是凤毛麟角。公安消防机构属现役制，流动性大，法律意识、执法水准和业务技术水平与社会需求不相适应。在火灾事故调查中存在主观臆断、随意性大的现象。调查、取证、询问、讯问工作不认真、不主动，缺乏与公安机关相互配合的联动机制，致使一些简单火灾事故的火灾调查工作却因当事人串供或不供词而中断。

2. 调查过程不合法

火灾事故调查中常用的排除法对证据链的要求较高。由于缺乏直接物证，排除法必须排除其他所有引发火灾的可能，否则认定结果不易被人们所接受，引来种种质疑。要排除多种起火原因，必须形成多个间接物证的证据链，证据链体系就较为复杂，容易出现漏洞。

3. 调查结论不科学

在实际的火灾事故调查工作中，有的认定原因缺少证据和科学的理论。有些引火源十分奇特，如果不具备这方面知识，则易于产生错误的结论。

4. 火灾档案缺乏规范性

火灾档案在火灾事故调查中占有重要的位置，不仅是火灾事故的原始资料，还是火灾事故调查鉴定可作参考的理论依据，记录着整个火灾事故始末，是工作人员的参考蓝本。在我国已经建立的火灾档案中，很多不规范的行为，都是缺少与案件相匹配的内容的，工作不认真，态度不端正，敷衍了事的记录屡见不鲜。

（二）提高火灾原因调查水平的方法

1. 建立健全火灾事故调查保障机制

一是要及时配齐火灾事故调查工作所需的各种装备和设施。多渠道筹措资金，加大固定资产投入力度，及时配备火灾事故调查工作所必需的各种设施，同时，要及时更新火灾现场的勘查器材，在装备和设施上保证火灾事故调查工作的顺利进行。

二是要增加消防经费的预算开支。消防部门要加强对当地政府及财政部门的汇报工作。使政府部门认识到火灾事故调查工作的重要性，将火灾事故调查业务经费纳入消防经费预算和当地财政预算，使火灾调查工作得到有力的经济保障。

2. 切实解决火调专业人员不足的问题

一是要认真对待火灾调查专兼职人员的编制改革，高度重视火调工作的重要性，将其摆在与消防监督检查工作同样重要的位置上。消防机构应将火灾调查工作责任落实到人，避免在火灾事故调查的过程中无责任约束和充当“老好人”的现象的发生。

二是要保持火灾事故调查队伍的稳定与持久。人员的稳定是火灾事故调查事业健康发展的必要保证。在人员选择上，应适当放宽标准，增加现役人员的人数，适当增加地方公安编制，增设文职干部编制，逐步提高火灾事故调查岗位中、高级技术职称人员的比例，以延长火灾事故调查专业技术人员的服役年限；对有较高技术水平的现役技术骨干在达到服役年限时直接转为地方公安干警，继续留在火灾事故调查岗位工作，这有利于留住有丰富工作经验、技术水平较高的工作骨干，有助于提高火灾调查工作水平。

3. 采取多种多样形式，提高火灾事故调查水平

一是提高消防监督人员的火调业务水平，加强其专业知识水平，多开展培训工作。建立火灾事故调查专项业务培训制度，有计划地培训消防监督员的火调业务，加强业务交流活动，共同探讨交流学习提高。

二是要发挥消防部队整体作战的优势。首先，把灭火的火情侦察与火灾现场调查紧密联系起来，让灭火人员在扑救过程中尽量保护尸体、起火点、助燃物等重要物证及部位，让火灾事故调查人员了解火灾现场内部的火势蔓延及扑救破拆等情况，为火灾原因的认定提供有力保障，两者互相配合，以保证工作的顺利完成。其次，针对重特大、疑难火灾事故调查工作量大、任务重、疑点多的特点，可抽调责任心强、业务精的真正专家组成专项火灾事故调查小组，负责具体的现场勘查、询问、影像资料收集等方面工作，确保火灾调查工作能高效、有序地开展，减少工作失误。

三是精心组成火灾原因调查专家组。为加强火灾原因认定的准确性和科学性，除选定部门骨干外，还可以退居二线的相关专业人员参加或邀请火灾原因研究专家参加的方法，帮助一起完成火灾原因调查工作。

四是可与公安等其他部门联合执法。一方面，可充分利用公安刑事侦查、技术侦查等部门的办案经验和技术力量的优势，加强消防与刑侦之间的协作调查，建立火灾现场调查处置的工作机制，提高放火嫌疑案件原因认定的高效性和准确性。另一方面，

可利用派出所熟悉辖区情况、警员众多的优势，进一步加强公安派出所参与火灾事故调查工作，以缓解消防警力不足的现象，大力提高调查火灾的效率。

4. 改革火灾原因调查体制

随着我国经济的高速发展，公民法制意识不断增强，火灾事故调查工作在经济建设和法制建设中的地位和作用日趋上升，必须提高认识，按照《消防改革与发展纲要》所说的“积极推进消防工作的社会化”，认清火因调查不仅仅是消防机构的事，更是全社会的事；必须完善火灾调查的监督机制，提高火灾调查执法水平；必须创新火因调查工作机制，引入竞争机制，明确消防机构的领导、监督、指导地位，明确火因调查的第三者地位；必须动员社会力量开展火灾物证鉴定技术研究，完善标准体系，并大力推进火灾物证鉴定技术在火灾原因认定领域的应用，这样才能真正推进火灾事故调查工作向前发展。

第三节　构建火灾原因调查体系

火因调查不被重视，调查人员编制少、经费少，调查队伍不稳定、水平低，仪器装备落后，消防研究队伍少，鉴定方法发展缓慢，鉴定标准体系不健全等，严重制约了火调工作的发展，与社会文明的发展不适应，必须创新工作机制，引入竞争机制，建立与社会发展相适应的组织体系、调查体系和研究体系。

一、制约火灾原因调查工作发展的因素

（一）体制因素

按照《消防法》和《火灾事故调查规定》等相关法律，对于造成重大人员伤亡和社会影响严重的火灾，通常是国务院或地方各级人民政府组织调查，成立事故调查领导小组，并根据需要下设若干小组，如现场保护组、现场勘验组、调查询问组、损失统计组等具体的工作小组。现场保护由辖区派出所负责，火灾过火面积所有单位主动配合；现场勘验和询问调查由公安消防机构负责，涉及火灾的单位及其上级主管部门主动配合，积极协助做好工作；损失统计一般由火灾过火面积所有单位申报，公安消防机构负责审核、统计。对于社会影响不严重的火灾事故调查由公安消防机构负责实施，辖区派出所和相关单位配合。无论重大还是一般火灾，火灾原因调查都是由公安消防机构负责，而且，目前具体的操作环节，如询问调查、现场勘验、物证检验、原因认定等，都是由公安消防人员或机构完成，社会参与度低。这种调查体制与社会发展和需求不相适应，产生了诸多的弊端。

1. 调查人员少

火灾原因调查人员是公安消防人员，尽管纳入武警系列，但属于消防机关干部编

制，编制紧张。消防机构承担防火、灭火和救援等多项职责，在消防支队中，火灾原因调查仅仅是防火处（中层部门）中的科级建制，一般为2～4人，专职火调员通常2人。消防大队没有专职火调员，是由主管消防监督检查的参谋兼任，而大队的消防参谋主要职责是消防监督检查，不熟悉火调业务，只能承担火调辅助性工作，不能算是真正的火调员。按这样计算，全国消防火调员应在1500人左右，面对全国每年20余万起的火灾，按照2人执法的要求，每年每位火调员需调查约300起火灾事故，这是一个无法细致调查的工作量。实际上，大多火灾事故是由火调业务不精的非专职消防参谋担任，调查质量可想而知。

2. 调查经费少

火调科归属防火处管辖，防火处作为一个中层部门划拨的经费本来就少，火调又不是防火处的主业，一般没有专项划拨资金。如遇火调需要使用经费，则需要层层审批、层层把关，如果不是不可或缺的物证鉴定或模拟实验等，则难以申请到经费。对于可有可无，或鉴定结果不确定、结果使用不确定的动用经费项目，往往得不到批准，给火灾物证的收集带来困难，以物证为基础的证据链难以形成。

3. 调查设备落后

火调装备由防火处、消防支队，甚至消防总队审批，只要各级领导中的一位对火调工作不重视、不理解、不支持，火调设备的更新就受到影响，导致火调设备缺乏、落后成为一般状况。有时火调最基本的装备——火调车辆都难以解决，经常都由火调人员自行解决，及时调查困难。

4. 复核质疑多

由于公安火调人员少、负荷重、专业水平总体不高；经费少、装备差、研究能力弱；物证获取能力差，鉴定方法落后等使得火灾原因调查质量差，漏洞多，自然引起较多的质疑，造成火灾原因认定复核多、投诉多。火灾原因调查体制的落后，形成了诸多制约火灾原因认定工作发展的因素，必然导致火灾原因认定复核多、质疑多。在现有的火调体制下，火灾原因认定工作不可能适应社会发展的需求。解决根本问题的办法是改革现有的火调体制，变“火调承包制”为“火调监督制”，发挥消防部门在火调工作中的主导作用、管理作用，调动全社会的积极因素，做好火调工作。

（二）机制因素

1. 培养机制不能满足需求

火灾原因调查需要广泛的知识，不但需要掌握燃烧、火灾方面的知识，还需要掌握物理、化学、生物、气象、社会学、心理学等方面的知识，如此广泛的知识，没有一定学识的人很难精通此项业务。学校培养机制不畅，在职培养也有困难。首先是“学徒”不想学，脏乱差的工作环境令人生厌，知识繁杂难以掌握，屡遭质疑、复核、诉讼让人难以承受；其次是“师傅”不好教，目前的火灾原因认定主要是推理与判断，真正过硬的物证材料较少，主观臆断的成分较重，凭感觉的东西说不出多少依据，难于启齿，只能让“学徒”自己去体会；再者是军营的流动性较大，每个人在一个岗位上的持续时间不是非常长，也很少有人把火调岗位当作终生职业，精通火调业务的“师傅”并不多见，“师傅”不强，靠在职培养的“学徒”很难优秀。

2. 用人机制不能满足岗位需要

消防属于武警系列，武警是现役制，现役制到了一定的服役年限，就要转业或退伍。火调岗位属于干部系列，干部的转业年龄与级别有关，由于职数的限制，能达到退休年龄武警编制的人员较少。火调是实践性很强的职业，需要较长时间的实践才能胜任本职工作，尤其是未经过系统学习和训练的人，底子薄，全面掌握火调知识有难度。面对困难，在流动性较大的军营中，要求调换岗位，离开火调岗位的人不在少数。

3. 缺乏合理的激励机制

在竞争的环境下，工作的好坏主要靠业绩。灭火岗位容易立功受奖，救援岗位容易获锦旗或表扬，建筑审核许可岗位有创收，消防宣传扩大单位影响等，他们都有可以被表彰的理由，而火灾调查岗位，很难获得单位的表彰和奖励，半年内没有被复核或诉讼的火调员会感到十分庆幸。在这种激励机制下，火调员不愿意成为火灾原因调查的主办人，上交案件主办权是常见的做法，大队推给支队，支队推给总队，总队寻求联合办案，工作的主动性不强。

（三）方法因素

目前火灾原因调查的工作方法是公安消防火调员进行询问调查、现场勘验，如果火调员认为必须送样本到其他单位的“外检”，或当事人强烈要求送“外检”，才进行“外检”，最后由公安消防火调员认定起火原因。发生了火灾，当事人和火灾单位的责任不可推卸，公安消防部门也可能有监督检查不力的责任。在诸多的限制条件下，火灾原因调查容易偏离正确的方向。

二、大力推进火灾物证技术鉴定的必要性与紧迫性

火灾物证是证明火灾发生原委和经过的一切痕迹和物品，是火灾重要证据之一。火灾物证能够证实起火原因的事实，能确定火灾性质、认定责任，并成为定罪量刑的依据。火灾物证技术鉴定是采用不同的分析方法和技术手段，对火灾物证物理、化学、机械、结构和形态等方面的特性进行鉴定，并对鉴定结果进行分析判断，确定火灾物证证明作用的过程。

（一）火灾物证技术鉴定能发现更多的证据

燃烧毁灭证据，同时又能产生新的证据。火灾改变了物质的外观状态，但燃烧过程有其自身的规律。燃烧有烟，烟的形成过程、扩散过程有自己的规律；燃烧使温度升高，物质被氧化，但不同的温度氧化产物的种类、形态不同；相同温度，不同的作用时间，残留物质的成分含量不同；火灾有火焰，火焰有辐射，辐射的强度与火焰温度和距离有关；燃烧改变了物质的外形，但部分成分保留了下来；火灾的高温使物质蒸发、分解，但总能找到未分解的部分等等。从宏观上，火灾物证技术可以发现物质

烧损程度、烟熏痕迹、混凝土灰化深度、倒塌方向等。从微观上，火灾物证技术可以通过化学、物理、生物、电子等方面的仪器设备，分析观察燃烧灰烬的细微变化、成分以及与温度、受热时间的关联度。提供直接或间接的证据，证明火灾发生时间、起火点、起火原因、火灾危害结果等。

（二）火灾物证技术鉴定提供有力证据的实例

火灾物证技术鉴定结论是鉴定人运用科学知识和技术手段对火灾中的专门性问题进行分析、鉴别后作出的，具有科学性、确定性的特点，因此，往往可作为审查、核实其他种类证据的重要手段。

（三）大力推进火灾物证技术鉴定的紧迫性

由于目前火灾原因调查体制的原因、机制的原因和方法的原因，火灾原因调查主要靠“问、看、嗅、摸”等经典的方法勘验，即使使用物证技术也是最为简单的测量方法，获取的物证少，证明效力差，证据链常常不完整，受到的质疑多、诉讼多，火因认定技术发展缓慢，必须加快火因认定技术发展的步伐，以适应社会的需要。

1. 大力推进火灾物证技术鉴定是火灾预防的需要

实践是检验真理的标准，实践也是真理发展不懈的动力。真实的火灾原因可以验证火灾预防理论的正确性，发现火灾预防理论的漏洞，从而改进、提高或创新火灾预防理论。实际上，火灾原因的认定过程就是运用相关理论，发现燃烧残留痕迹，推论起火原因，如果找不到与之相悖的现象或不能解释的现象，就说明起火原因认定得正确。

2. 大力推进火灾物证技术鉴定满足社会需求

（1）经济的高速发展，物质得到极大的丰富，财富增多，一旦发生火灾，将造成众多人员的财产蒙受损失。如果火灾原因认定正确，责任认定正确，无异议，代表政府的消防机构公信力会提高，不会产生社会矛盾；如果当事人对火灾原因认定有异议，将降低政府的公信力，会产生社会矛盾。对火灾原因认定有异议的主要缘由是认定的依据不足，或不能令人信服。宏观勘验的方法不够细致、深入、准确；宏观勘验形成的物证可以有多种解释，也存在诸多的影响认定的因素，认定结果的可靠性欠佳。而从微观的角度获取的物证，多数能反映事物的本质，反映火灾内在的规律，受到的干扰因素较少，鉴定结果比宏观认定更令人信服，因此，应大力推进火灾物证技术，用先进的手段进行火灾物证鉴定。

（2）随着民众文化素质的提高，懂得火灾发生、发展、蔓延规律的人越来越多，一方面它有利于火灾预防，但另一方面也会对火灾原因认定结论产生质疑。民众的文化知识水平的提高是社会发展的趋势，也对火灾原因认定工作带来了挑战。

（3）科学技术的迅猛发展给自然规律的揭示提供了基本条件，许多过去不能解决的问题得到解决，过去不能揭示的现象得到科学的解释。人们希望火灾原因认定能跟上科技发展的步伐，解决火灾原因认定中不能认定、悬而未决的问题，给出一个明确、公正的结论。火灾方面的公平正义必须以火灾原因认定结论的明确、正确为基础，“火灾原因不明”的结论模糊了责任，不能体现公平正义。

（4）由于在火灾原因认定中“火灾原因不明”结论的比例不低，给无辜者带来了不少损失，受害者获得救济困难，影响了政府的公信力，也给社会安定埋下了隐患。现在不少学者、公职人员提倡对受害者实施“社会救济”，部分弥补经济损失，体现社会的关怀。虽然社会救济可以缓解部分矛盾，但根本问题亟待解决。广泛开展火灾原因认定方法的研究，提高火灾物证鉴定水平，是降低“火灾原因不明”比例的科学方法。

（5）大力推进火灾原因认定方法的研究，推进火灾物证获取方法的研究，提高物证鉴定水平，可以提高火灾原因认定的准确性，从而可以打击和惩治真正的责任人，教育其本人及其周边的人，有利于防火工作的开展。

三、构建火灾原因调查新体系

火灾原因调查水平提高缓慢，已严重落后社会发展的步伐。消防部门“承包”火灾原因调查工作的体制制约了火灾原因调查技术发展，制约了火灾原因调查水平的提高，必须打破现有体制，形成消防机构为主导，社会组织为主体的新体系。

（一）火调体制改革的目标与条件

1. 提高火灾原因鉴定技术愿望的社会性

相对于火调技术而言，火调体制是上层建筑。经济基础决定上层建筑，但上层建筑也能反作用于经济基础，它可以促进经济基础的发展，也可以抑制经济基础的发展。当上层建筑与经济基础相适应时，它促进经济基础的发展，不相适应时它阻碍经济基础的发展。

2. 提高火灾原因调查社会参与度的可行性

现场勘验具有一次性，现场勘验尤其是动态勘验对现场具有巨大的破坏性，第一次勘验格外重要。实施第一次现场勘验的人员必须专业水平高、工作责任心强、与涉及火灾的各方没有利益关系。现有火调现场勘验的体制强调了现场勘验一次性的形式，并未注重现场勘验的基本要求，存在勘验专业参差、责任心参差、与火调结论有利益关系的问题，易于导致调查结论的偏颇。以独立于火灾利益各方的中间机构为火灾现场勘验的主体，可以有效避免人为因素的干扰，只要火调人员具有专业水平和资质，工作尽职、秉公办事、不徇私情，火灾原因调查工作就可以正常开展。

火灾现场勘验不同于刑事案件现场勘验，刑事案件的破获只能依靠公安机关，不能向社会公开，不能被社会掌握。而火灾属于燃烧，燃烧具有广泛性，了解、认识、掌握燃烧规律是全社会的责任，火灾原因调查作为认识燃烧规律、预防火灾的手段之一，不应当具有秘密，反而应该促使其社会化，更多地了解火灾发生过程，为理解火灾原因认定结论、确定火灾责任打下基础，这是其一；其二，刑事案件现场勘验的指向性明确，就是发现“蛛丝马迹”确定犯罪嫌疑人。而火灾以事故为主，事故的调查是为了确定责任，现场勘验的指向不明确，且事故的性质是“过失”，而不是“故意”，性质与刑事案件不同。

3. 提高火灾原因调查明确度和准确率的必然性

目前火灾原因调查存在较高比例的“原因不明”结论，申请复核、提请诉讼的案例也比较多，原因在于调查结论的明确度和准确率不够，改变这一现状的主要路径是提高火调员的业务水平和勘验技术手段。造成调查结论不明确、准确度不高的关键原因是物证不全面，而不能获取更多物证的原因是技术手段不够。从理论上讲，任何变化都是按照一定规律进行的，既然存在规律，我们就可以按照这一规律，反推得到起始的状态。必须改革现有火调管理体制，只要火调体制适合燃烧规律的发现，适合火灾原因勘验规律研究的广泛开展，适合火灾原因鉴定技术的发展，那么，规律就会不断被发现，火灾物证鉴定技术水平就会不断提高，火灾原因调查的明确度和准确率必然会得到提高。

（二）火调改革新体制概述

现有的火调体制是封闭的体制，必须打破自我封闭，应当形成开放的、社会化的管理体制。

1. 火调改革新体制框架

（1）成立火灾原因调查管理机构该机构从事火灾原因调查机构资质的认证、火灾物证鉴定机构资质的认证，发放资质证书；监督、指导、检查火灾原因调查机构和火灾物证鉴定机构的工作；处理当事人对火灾原因调查机构和火灾物证鉴定机构的投诉；下发火灾原因调查任务；组织、监督火灾原因调查机构所进行的调查询问、现场勘验等工作；根据火灾原因调查机构的勘验结论进行火灾原因的认定；确定火灾责任人应承担的责任；保管火调材料档案。

（2）建立社会化的火灾原因调查机构火灾原因调查机构应该是与火灾利益各方没有利益关系的中间机构，不应是公安消防部门的下属机构。火灾原因调查机构接受火灾原因调查管理机构下派的火灾原因调查任务；在火灾原因调查管理机构的监督和公安派出所的协助下开展调查询问、现场勘验等工作，必要时将火灾现场提取物送火灾物证鉴定机构进行鉴定；向火灾原因调查管理机构提交调查报告、结论和所有调查材料。

（3）建立社会化的火灾物证鉴定机构火灾物证鉴定机构也应该是与火灾利益各方没有利益关系的中间机构，同样不应该是公安消防部门的下属机构。火灾物证鉴定机构接受火灾原因调查机构关于火灾现场提取物的鉴定工作，向火灾原因调查机构提交鉴定报告、鉴定结论。

2. 火调管理机构的归属

首先要确定火灾原因调查管理机构的归属。公安消防机构作为火调工作的领导机构符合现实的状况，因为消防机构有一些火调专门人才，能够胜任火调质量监督、指导、检查工作，并从事火调中间机构的资质认证。这样只需遴选部分业务能力强、责任心强的人员，改变其工作内容，不再从事火调的具体工作，而是从事火调的管理工作，变“运动员”为“裁判员”，即火调监督员。火调监督员无需改变其组织归属，仍由公安消防机构领导。

3. 火灾原因调查机构和火灾物证鉴定机构的性质

火灾原因调查机构和火灾物证鉴定机构应是社会性机构，具有独立的法人资格，具备独立开展火灾原因调查、火灾物证鉴定的条件，至少3人具有火灾原因调查员、火灾物证鉴定员的资质，经过火灾原因调查管理机构的审核，获得火灾原因调查、火灾物证鉴定资质的机构。火灾原因调查机构独立招收火灾原因调查员、火灾物证鉴定员，并为火灾原因调查员、火灾物证鉴定员申报上岗资质。

4. 火调及其物证鉴定的社会化符合发展趋势

火调及其物证鉴定需要大量投入，需要吸引社会精英参加，如果投入没有产出、没有收益，则不利于其健康发展。火调及其物证鉴定需要有收益，它不能成为政府部门中的机构，因为“政”“企”必须分开。自从“政”“企”分开政策实施以来，不少具有企业性质的机构离开了政府部门，离开了政府部门主管的事业单位，成为独立的经济实体。

（三）火调改革新体制的运行与管理

1. 资金周转

火灾原因调查过程中产生的费用，包括物证鉴定费用，由火灾责任人负担，共同责任由火灾责任人共同负担。这既是火灾责任人应该担负的费用，也是对其过失行为的惩罚。纵火火灾的调查费用由国家担负。火灾原因调查管理机构制定调查项目、物证鉴定项目的收费标准。火灾责任单位及其肇事责任人不得与火灾原因调查机构、火灾物证鉴定机构直接联系，直接支付费用。对于复核的费用，如果复核结果否定了先前的结论，则复核费用由给出错误结论的鉴定机构承担，如果复核结果与先前的结论一致，则复核费用由复核申请单位或申请人承担。

2. 监督管理

火灾原因调查机构的选择必须在有调查资质的机构范围内进行选择，可以由火灾当事人提出建议，意见统一的应尊重当事人的意见，否则由火灾原因调查管理机构指定。火灾原因调查管理机构应对每起火灾原因调查过程实施监督，建立相关档案，记录调查结论以及后续情况。对于调查、鉴定单位和个人的资质实行动态管理，错误率达到一定数值的取消调查、鉴定资质。对于火灾原因调查任务，火灾原因调查管理机构应优先选择调查、鉴定结论正确率高的单位，以形成竞争机制，促进调查水平和鉴定水平的提高。

火灾现场勘验的监督不仅需要火灾原因调查管理机构派员实施监督，也可以邀请少数其他火调机构，具有火调资质的人员参加，实行多方监督，提高火灾调查监督力度。

第四节 火灾物证鉴定技术

提高火灾物证鉴定技术水平是提高火灾勘验水平的关键，大力发展微量物证检验，从物质内在性质挖掘火灾物证，以扩大火灾物证范围，获取很多的物证。目前火灾物证鉴定技术有物理法、化学法，有光谱法、色谱法、质谱法，还有金相分析、热分析和磁分析等方法，这里仅作简单介绍。

一、化学分析方法

火灾物证化学分析是根据火灾的特点和规律，采取化学分析方法和技术手段，对火灾物证的化学组成、含量、性质和危险性参数进行化学检测，并根据对检测结果的分析和判断，得到证明火灾原因、起火物种类、起火方式、火灾温度等有关火灾信息的直接或间接证据的一类分析技术。

（一）点滴显色反应鉴定技术

点滴显色反应鉴定技术操作简单、快速和准确，它是将分离和提纯的被测组分滴加在点滴板上，再滴加显色剂“对二甲氨基苯甲醛试剂”或“香荚蓝素”生成有色化合物，颜色发生变化，且反应灵敏度高。根据反应前后的颜色变化，并与已知油品样本的显色反应结果对照，即可区别出各种油样，确定被测物质的种类。

（二）气体快速鉴定技术

刚扑灭的火灾现场温度较高，液体转化为气体，在空气中常含有未燃尽的可燃性气体、可燃性液体的蒸气，收集火灾现场空气，利用气体快速鉴定技术进行检测，可以确定可燃气体的种类，为火调人员及时查明火灾原因提供证据。

气体快速鉴定技术主要是利用化学试剂制成的指示剂与被检测气体发生化学反应，使指示剂的颜色发生变化，根据指示剂颜色的变化检测气体的种类和浓度。气体快速鉴定技术除鉴定灵敏度较高、测定速度快、定性能力强等特点外，它的最大优点是检测成本低，便于携带，是一类应用十分广泛的气体化学分析技术，主要包括检气管法和试纸法。

1. 检气管法

检气管是用化学试剂浸泡过的载体作指示剂，将指示剂装入细长的玻璃管中制成。由玻璃管（白塑料管）、载体、指示剂和固定物组成，主要分为比色型检气管和比长度型检气管两种类型。在火灾现场使用时，先钳断检气管两端封口，使被测气体从管中通过，根据检气管内显示的颜色进行定性鉴定，确定被检测气体的种类。

2. 试纸比色法

试纸比色法是先将化学试剂浸泡过的色谱滤纸封闭于玻璃管中，使用时用蒸馏水浸湿，并使被检测气体通过，被测物质与在滤纸上的试剂发生化学反应，发生颜色变化，根据颜色变化进行定性鉴定，确定被检测气体的种类。

（三）利用混凝土化学成分判定火场温度技术

目前的建筑物一般是钢筋混凝土，尤其是地面材料。火灾后，由于燃烧的高温作用和扑救作用，混凝土结构往往受到破坏，通过化学分析这些被烧的残垣断壁能科学而准确地再现火场中的温度分布情况，为起火部位或起火点的认定提供重要依据。

二、色谱分析方法

色谱法又称色层法或层析法，是一种物理化学分析方法，它利用不同溶质（样品）与固定相和流动相之间的作用力（分配、吸附、离子交换等）的差别，当两相做相对移动时，各溶质在两相间进行多次平衡，使各溶质达到相互分离。在色谱法中，静止不动的一相（固体或液体）称为固定相；运动的一相（一般是气体或液体）称为流动相。流动相是气体的称为气相色谱，流动相是液体的称为液相色谱。

（一）气相色谱法

气相色谱法是指用气体作为流动相的色谱分析方法，它能配置多种检测器，因而能够对不同的样品进行检测分析。其中热导检测器（TCD）是一种通用型检测器，由热导池及其检测电路组成，结构简单、灵敏度适中、稳定性好、线性范围宽，能够对氧气、氮气、甲烷、一氧化碳等气体进行分析。

利用气相色谱仪分析时，需到火灾现场采集气体样本，回到实验室后，将气体样本注入气相色谱仪，再用已知标准样品进行标定，得知气体的种类，进行定性分析，也可根据出峰面积计算其含量，进行定量分析。

（二）液相色谱法

火灾现场易燃液体助燃剂的鉴定通常比较困难。高效液相色谱因具有分离效率高、分析速度快和应用范围广等特点，在火灾事故原因分析中备受器重。高效液相色谱不仅对火场残留汽油、煤油、柴油等助燃剂的鉴定可行，而且对其燃烧残留物的分析鉴定更是行之有效，其检测灵敏度和准确度很高。

1. 未烧汽油、煤油、柴油高效液相色谱研究

汽油是最常见的易燃液体放火物，大约90%以上的易燃液体放火案件中用的是汽油。未烧新鲜汽油液相谱图中主要有苯、甲苯、二甲苯、乙苯、C_3苯和C_4苯等芳烃，以及萘、甲基萘和二甲基萘等。汽油经过挥发或者过火后，苯、甲苯、二甲苯、乙苯、C_3苯等芳烃成分会减少较多，减少幅度与沸点有关，成分会发生变化。

航空煤油的液相色谱与汽油的图谱差别较大。未烧航空煤油液相谱图的特征主要是萘、甲基萘和二甲基萘等稠环芳烃，也有少量的C_2苯、C_3苯、C_4苯，但各成分比例与汽油相比差别较大。

未烧柴油的液相色谱图与未烧汽油的谱图完全不同。其苯、甲苯等单核芳烃含量较低，而萘、甲基萘、二甲基萘等萘系含量相对较高。

2. 汽油燃烧烟尘的高效液相色谱分析

火灾燃烧生成的烟尘会附着在玻璃、墙体等物体上，汽油、煤油、柴油燃烧后主要生成有紫外吸收的物质，因此，对燃烧烟尘的液相色谱研究显得尤为重要。

（三）离子色谱法

离子色谱法是以低交换容量的离子交换树脂为固定相对离子性物质进行分离，用电导检测器连续检测流出物电导变化的一种液相色谱方法。

（四）气——质联用色谱法

气——质联用色谱法是气相色谱（GC）和质谱（MS）的联用方法，气相色谱具有极强的分离能力，但它对未知化合物的定性能力较差；质谱对未知化合物具有独特的鉴定能力，且灵敏度极高，但它要求被检测组分一般是纯化合物。气——质联用色谱法可以扬长避短，既弥补了GC只凭保留时间难以对复杂化合物中未知组分做出可靠的定性鉴定的缺点，又利用了鉴别能力很强且灵敏度极高的MS作为检测器，凭借其高分辨能力、高灵敏度和分析过程简便快速的特点，GC——MS法是分离和检测复杂化合物的最有力工具之一。

GC——MS法是将GC和MS通过接口连接起来，GC将复杂混合物分离成单组分后进入MS。在MS中样品分子置于高真空的离子源中，使其受到高速电子流或强电场等作用，失去外层电子而生成分子离子，或化学键断裂生成各种碎片离子，经加速电场的作用形成离子束，进入质量分析器，再利用电场和磁场使其发生色散、聚焦，获得质谱图。根据质谱图提供的信息可进行有机物、无机物的定性、定量分析，复杂化合物的结构分析，同位素比的测定及固体表面的结构和组成等分析。

（五）液——质联用色谱法

液——质联用色谱法（HPLC——MS）即液相色谱——质谱联用方法，它以液相色谱作为分离系统，质谱为检测系统。样品在质谱部分和流动相分离，被离子化后，经质谱的质量分析器将离子碎片按质量数分开，经检测器得到质谱图。

据统计，已知化合物中约80%的化合物是亲水性强、挥发性低的有机物，热不稳定化合物及生物大分子，这些化合物的分析不适宜用气相色谱分析，只能依靠液相色谱。HPLC——MS除了可以分析气相色谱——质谱（GC——MS）所不能分析的强极性、难挥发、热不稳定性的化合物之外，还具有以下几个方面的优点：

（1）分析范围广，MS几乎可以检测所有的化合物，比较容易地解决了分析热不稳定化合物的难题；

（2）分离能力强，即使被分析混合物在色谱上没有完全分离开，但通过MS的特征离子质量色谱图也能分别给出它们各自的色谱图来进行定性定量；

（3）定性分析结果可靠，可以同时给出每一个组分的分子量和丰富的结构信息；

（4）检测限低，MS具备高灵敏度，通过选择离子检测方式，其检测能力还可以提高一个数量级以上；

（5）分析时间快，HPLC——MS使用的液相色谱柱为窄径柱，缩短了分析时间，提高了分离效果；

（6）自动化程度高，HPLC——MS具有高度的自动化。

液质联用色谱法在药物分析、食品分析和环境分析等许多领域已得到了广泛的应用，但在火灾原因调查中尚未见应用的报道。

三、光谱分析方法

各种结构的物质都具有自己的特征光谱，光谱分析法就是利用光谱学的原理和实验方法以确定物质的结构和化学成分的分析方法。

光谱分析法主要有原子发射光谱法、原子吸收光谱法等。根据电磁辐射的本质，光谱分析法又可分为分子光谱法和原子光谱法。

原子发射光谱法（AES）是根据处于激发态的待测元素原子回到基态时发射的特征谱线，对元素进行定性与定量分析的方法，是光谱学各个分支中最为古老的一种。

原子吸收光谱法（AAS）是基于气态的基态原子外层电子对紫外光和可见光范围的相对应原子共振辐射线的吸收强度来定量被测元素含量为基础的分析方法，是一种测量特定气态原子对光辐射吸收的方法。

分子光谱法包括紫外——可见分光光度法（UV——Vis）、红外光谱法（IR）、分子荧光光谱法（MFS）、分子磷光光谱法（MPS）、核磁共振法、化学发光法。紫外——可见吸收光谱法是利用某些物质的分子吸收200～800nm光谱区的辐射来进行分析测定的方法，这种分子吸收光谱产生于价电子和分子轨道上的电子在电子能级间的跃迁，反映出分子结构尤其是价电子的特征，奠定了定性和定量鉴别有机和无机物质的基础。

四、热分析方法

热分析方法是在温度程序控制下研究材料的各种转变和反应，如脱水、结晶、熔融、蒸发、相变等以及各种无机和有机材料的热分解过程和反应动力学问题等，是一种根据温度变化研究物质性质变化的分析测试方法。

（一）热分析方法简介

1. 差示扫描量热法（DSC）

差示扫描量热法这项技术被广泛应用于一系列领域，它既是一种例行的质量测试法，又可作为一个研究工具。该方法易于校准，使用熔点低，是一种快速和可靠的热分析方法。差示扫描量热法（DSC）是在程序控制温度下，测量输给物质和参比物的功率差与温度关系的一种技术。

2. 差热分析法（DTA）

差热分析法是以某种在一定实验温度下不发生任何化学反应和物理变化的稳定物

质（参比物）与等量的未知物在相同环境中等速变温的情况下相比较，未知物的任何化学和物理上的变化，与和它处于同一环境中的标准物的温度相比较，都要出现暂时的增高或降低。降低表现为吸热反应，增高表现为放热反应。

3. 热重分析法（TG）

热重分析仪是一种利用热重法检测物质温度——质量变化关系的仪器。热重法是在程序控温下，测量物质的质量随温度（或时间）的变化关系。

TG分析曲线当被测物质在加热过程中有升华、汽化、分解出气体或失去结晶水时，被测的物质质量就会发生变化。这时热重曲线就不是直线而是有所下降。通过分析热重曲线，就可以知道被测物质在多少度时产生变化，并且根据失重量，可以计算失去了多少物质。

4. 热机械分析法（DMA）

动态热机械分析法是通过对材料样品施加一个已知振幅和频率的振动，测量施加的位移和产生的力，用以精确测定材料的黏弹性、杨氏模量或剪切模量的方法。主要应用于：玻璃化转变和熔化测试，二级转变的测试，频率效应，转变过程的最佳化，弹性体非线性特性的表征，疲劳试验，材料老化的表征，浸渍实验，长期蠕变预估等最佳的材料表征方案等。

（二）热分析方法测定火场温度分布

在严重烧毁火场的调查中，可以采集火场中的不燃材料，如混凝土样品或金属样品，利用热分析技术测定混凝土样品或金属样品的温度，判定火场中所采样品点的温度，根据不同部位的温度进而判断火势传播的方向和路线，结合其他物证查明起火点和起火原因。

1. 根据混凝土样品温度测定火场温度分布

对火场上采集的混凝土样品进行热分析，可以测得其受火灾热作用后的吸放热性质和热重变化，把这些性质和变化与受火场影响的标准样品的热分析结果相比较，利用它们之间存在的差异，可推断这些样品在火场的受热程度，从而得到火场温度分布。

2. 根据金属样品温度测定火场温度分布

在严重烧毁火场的勘查中，采集火场残留的具有熔化痕迹的金属样品。金属都有固定的熔点，熔化是相变，在差热曲线（DTA 曲线）上会出现一个吸热峰。提取火场具有熔化痕迹的金属样品，做 DTA 曲线，测定其熔化温度可确定采样点处曾受热的最低温度。

五、剩磁分析方法

在电流的周围，存在磁场，处于磁场中的铁磁材料内部众多的微小磁畴会按磁力线方向排布，当磁场消失后，铁磁材料内部磁畴仍按此方向排布而成自身的磁性，这种磁性就是所谓的剩磁。任何载流导体和电流径路周围都存在磁场，但是磁化强度很小，受其磁化的铁磁材料上能够保持的剩磁也不多。而当导线发生短路或雷电时，瞬间会产生异常大电流，使导线或雷电电击点周围出现强度相当大的磁场，在这个磁场内存在的铁磁材料会受到很强的磁化作用，将会留下较多的剩磁，剩磁检测技术就是利用这一原理，分析判断火场某些铁磁物件附近是否有大电流通过，进而鉴别是否发生过短路，来鉴别电气短路及雷电火灾的分析方法。

六、金相分析方法

金相分析是金属材料试验研究的重要手段之一，采用定量金相学原理，由二维金相试样磨面或薄膜的金相显微组织的测量和计算来确定合金组织的三维空间形貌，从而建立合金成分、组织和性能间的定量关系。火灾中的金相分析方法是根据金属受热后金相组织的变化与受热温度、时间的密切关系，反推造成温度变化的原因，为火灾原因调查提供物证的分析方法。

火因调查中金相分析主要用于鉴别短路或电弧热作用、漏电过热、火灾热作用、雷电作用、接触不良以及导线过载等形成的导线熔痕，尤其是用于判断或鉴定导线熔痕究竟为一次短路、二次短路还是火烧痕迹，确定火灾原因。

火场中也可以对金属构件进行金相分析，发现火灾蔓延路径，查找起火部位。火灾燃烧的发展阶段、稳定阶段和衰减阶段 3 个阶段对于金属构件来说，类似于金属热处理工艺中的升温、保温和冷却的过程，火灾对金属材料的过火相当于金属热处理工艺中的回火工艺。因此，进行火灾事故调查时，可通过分析受热冷却后金属构件的金相组织与硬度，反推出金属构件的回火工艺，鉴定金属构件所在位置曾经受到的最高温度和燃烧时间，也就反映了火灾的燃烧过程与蔓延情况。

七、火灾物证鉴定软技术

1. 现代信息分析技术

以计算机技术、数字化技术、云计算技术为内容的现代信息技术可以在火灾原因调查中发挥作用。

从现有电子产品的功能看，可以充分利用现代远程摄像头技术，在火灾扑救过程中消防员通过头盔自带的摄像头全程记录火灾扑救过程的情况，利用先进的红外照相机拍摄下火灾蔓延的真实画面，火灾扑救后再使用先进的数码照相、数码摄像机，全面完整地拷贝火灾现场真实的情况，将所有信息资料输入计算机通过整理绘制成立体资料，再配上语音说明，应该能够完整地、客观地、形象地反映现场情景和具体事物的状态，对于准确、定位地反映火灾现场位置和周围环境，以及现场内部平面结构、设备布局、烧毁物的状态、疑似起火部位等情况。它比跟随灭火战斗员到达火灾现场的火调员更能直接、全面地了解火灾燃烧情况。与传统简单的火灾现场图和现场勘查笔录形成鲜明对比，能让人对现场情况一目了然，对认定火灾原因可以发挥重要的作用。

2. 灰色关联度分析技术

对于两个系统之间的因素，其随时间或不同对象而变化的关联性大小的量度称为关联度。在系统发展过程中，若两个因素变化的趋势具有一致性，即同步变化程度较高，即可谓二者关联程度较高；反之，则较低。因此，灰色关联法是根据因素之间发展趋势的相似或相异程度，亦即“灰色关联度”，作为衡量因素间关联程度的一种方法。

3. 事故树分析技术

事故树分析法（ATA）起源于故障树分析法（FTA），是从要分析的特定事故或故障（顶上事件）开始，层层分析其发生原因，直到找出事故的基本原因（底事件）为止。这些底事件又称为基本事件，它们的数据已知或者已经有统计或实验的结果。事故树分析是安全防范中预测基本事件危险性大小的一种方法，由于它可以对具体环境下基本事件引发顶上事件的可能性进行定量分析，因此，也可以应用于火灾事故原因的调查中。

第八章　电气火灾原因调查中的问题与处置

第一节　电气火灾原因调查的基本方法

电气火灾原因的认定是火灾原因调查总体程序中的一部分，是在全面勘验的基础上，在确定起火点之后，寻找起火源时排除其他起火源的前提下，初步确定火灾是由电气故障引发之时，才集中力量进行的电气专项勘验和调查。

一、认定电气火灾的条件

一起火灾在判定为电气火灾时，其现场必须具备如下的条件。

（一）故障点必须与起火点相对应

电气火灾的起火源是电火源，电火源一般在电气设备或电气线路的故障点附近，起火点及其附近没有电气设备或线路或不存在联系，则不能认定是电火源。而且起火点必须位于电气线路或设备的附近或下方。电气设备或线路的故障产生的电火花，或电气设备的发热体产生的热量只能传递到一定距离内的可燃物上。墙面、天花板上电线短路的炙热熔珠会掉落到地面可燃物上；电火花具有向下或向左向右的飞溅能力，易引燃附近的可燃物；漏电火灾，其起火点则必须处于漏电电流经路上。

（二）有效时间内电气处于带电状态

电气线路、设备在起火时或起火前的有效时间内处于带电状态，只有带电的线路或设备才会引起电气火灾。电气火灾发生时，一般起火点处的电气线路、设备处于带电状态，但有时故障点的发热，引发可燃物的蓄热，在数小时后引发火灾，因此，电气火灾必须确认在起火前的有效时间内处于带电状态。起火前的有效时间内处于带电状态是指由于电气线路、设备使用过程中的发热引起可燃物的阴燃，直至出现明火的时间。该有效时间有长有短，长的可达十几个小时。

（三）起火点或附近必须有故障点

由电气线路或电气设备引起火灾后，通常在线路及设备的某一处留下故障点，如短路、接触电阻过大出现的熔痕、漆包线圈烧损等。如果没有爆痕，没有任何能证明曾出现过故障的故障点，除非有其他证据外，不可勉强地认定为电气火灾。当然因火势过大将故障点烧毁无从查找则属例外。

二、调查中应查明的内容

对疑似电气火灾的现场，在确定起火部位后，应该对与起火部位有关的电气线路或设备查明如下问题。

（1）电气线路、电气设备设计是否符合国家电气安装标准和规范，是否符合地方政府及有关部门的安全规定；实际安装的线路、设备是否与设计一致。

（2）电气线路、设备何时、何地经过何人改装和检修，何人验收鉴定，改装或检修使用状态如何。

（3）电气线路、设备发生过何种故障及事故、经过和处理情况。

（4）所使用的电气线路、设备及其附件是否都是经过检验的合格品，这种产品质量信誉如何。

（5）现场用电设备配置情况，有无过负荷的可能。

（6）查明电气设备火灾前的异常情况。包括设备及线路着火前是否正常；反映电压变化的照明灯亮度忽明忽暗，电动机转速突变等情况；反映漏电的线路打火、闪弧，人接触电器外壳的麻电、触电等异常现象；是否嗅到橡胶、塑料烧焦的味道等。

（7）火灾扑救过程中和救火后是否有人变动过电气设备，变动情况如何。

（8）查明电气事故、电器使用与火灾的联系。

三、火灾原因调查中的常见问题

（一）容易忽视的问题

1. 潜在电流经路

起火点必须有电气设备或电流经路，电流经路包括两种，除正常的线路中的电流经路外，还有一种非正常电流中的电流经路，即潜在电流经路，如电焊机工作时焊机接地线端子至焊件之间的潜在的电流经路、漏电电流经路等，它们没有常见的电线，而是工厂中多见的金属材料，容易被忽略。

2. 热传导因素

有时在故障点附近没有可燃物，但有金属设备、构件。故障点处的高温可以通过金属构件传导热，引燃距离故障点有一定距离、受热金属构件上的可燃物。

3. 点火能问题

电气故障可以产生电火花、电弧、熔断电导线，产生的高温可以达到2000℃以上，但由于瞬间消逝，不一定就能点燃附近的可燃物；而电热器具、电气设备的发热，温度并非十分高但它也可能点燃附近的可燃物。可燃物的着火点与其物理形态密切相关，如松木片的燃点是238℃，松木粉的燃点却是196℃，如果是经过长时间烘烤且有点焦色的松木粉其燃点比196℃低很多。物质的形态越碎、越松散，燃点越低。关于点火能问题通常情况下易于判断，对难以判断的情况应当做模拟实验进行证实、确认。

4. 电气火灾物证的提取问题

电气火灾物证的提取点常常是金属熔痕，但电气火灾的物证不仅是金属熔痕，还有其他的电气火灾物证，主要有以下几种：

（1）开关上的烟痕；

（2）开关插销、电热器具等实物；

（3）电弧痕迹；

（4）开关等把手上的指纹；

（5）短路痕迹；

（6）保险丝熔断状态，空气闸刀开关的状态；

（7）变电所运行记录；

（8）电气设计安装、竣工和改装图纸；

（9）现场上的电气接点、开关处于ON还是OFF位置等。

仔细查找物证并提取，为电气火灾原因认定提供充分的物证。

（二）难以认定的问题

电气在出现故障时常常会出现电火花、电弧等点火源，如果周围存在易燃物质蒸气或易燃气体，则会发生爆燃。爆燃可以产生2000℃以上的高温，引燃爆燃范围内的可燃物，导致火灾。爆燃一旦发生可以产生多个起火点，给火灾原因调查带来困难。现场勘验如果认定有多个起火点，则首先应该询问周围的群众是否爆炸的响声，即使群众反映有爆炸声，还需要进一步确认爆炸声是在看到明火前还是在看到明火后，因为火灾发展到一定阶段也会发生爆燃。如果火场周边没有群众或未听到爆炸声，并不能排除爆燃的存在，还要具体问题具体分析。

（三）难以分辨的问题

电气火灾的认定必须确认引发火灾的电器件处于通电状态，鉴别是否处于通电状态具有一定难度，但现代科技的发展，尤其是扫描电镜能谱仪的使用为确认引发火灾的电器件处于通电状态提供了技术条件。

灯丝是否通电的电镜能谱分析

支援等人研究了火灾中白炽灯灯丝，分析了通电状态和不通电状态下的灯丝特征。通电时白炽灯灯泡炙热，可能引起火灾；不通电时白炽灯灯泡不热，不可能引起火灾。虽然火灾中，在火焰、冷却水等的作用下，白炽灯灯泡都会破碎，但破碎前灯丝是否处于通电状态，灯丝的性状存在区别。

（1）火灾中未通电状态下灯丝的电镜能谱分析暴露在空气中受到800℃高温烟熏的原始灯丝，表面存在氧化痕迹，但氧化作用不强烈，灯丝表面光滑均匀，灯丝加工痕迹由于氧化作用变浅，但仍很容易分辨。

（2）火灾中通电状态下灯丝的电镜能谱分析通电灯泡在800℃高温烟熏过程中破坏灯泡玻璃壳，灯丝受烟熏作用后，表面的加工痕迹完全消失，由光滑变成粗糙不平，呈现鳞片状态。表面附着有网状的凸起颗粒，个别部位被严重氧化，发生龟裂膨胀，两灯丝间产生粘连现象。

第二节　电导线熔痕辨识中的问题

电导线短路等故障引起的火灾是电气火灾中最常见的一类，电导线熔痕的辨识应用也最为广泛。导致火灾的是一次熔痕，但必须区分二次熔痕和火烧熔痕。随着扫描电镜能谱仪的广泛使用，压缩了模糊区，提高了一次熔痕、二次熔痕和火烧熔痕辨识率。

一、金相光学显微镜辨识一次熔痕、二次熔痕和火烧熔痕

金相分析技术是依据同一种金属在经过不同的加热、保温、冷却等一系列热处理后形成的不同显微组织状态，鉴别出熔化性质的分析方法，是目前应用最广泛的鉴定方法之一，可以鉴定短路或电弧热作用、漏电过热、火灾热作用、雷电作用、接触不良以及导线过载等形成的导线熔痕。在实际的火灾调查和痕迹鉴定的工作中，主要是根据火灾现场提取的短路痕迹来判断其究竟为一次短路、二次短路还是火烧熔痕。

（一）分析原理

铜铝导线无论是火灾作用熔化还是短路电弧高温熔化，除全部烧失外，一般均能查找到残留熔痕（尤其是铜导线），其熔痕外观仍具有能代表当时环境气氛的特征。

一次短路熔痕和二次短路熔痕同属于瞬间电弧高温熔化，都具有冷却速度快、熔化范围小的特点，不同点是前者短路发生在正常环境气氛中，后者短路发生在烟火与高温的气氛中。由于通常火灾热作用持续时间长、火烧范围大、熔化温度低于短路电弧温度等特征，火烧熔化痕迹与短路熔痕明显不同。一次短路、二次短路虽然都属于短路熔痕，但由于不同的火场环境气氛参与了熔痕形成的全过程，二次短路降温速度慢，所以一次短路与二次短路熔痕又具有各自特征，显微组织呈现各不相同的特点，

仔细分析可以分辨。

（二）火烧熔痕特征及其影响因素

火烧熔痕是铜、铝导线在火灾中受火灾现场高温作用发生熔化，在导线上形成的熔化痕迹。

1. 火烧熔痕特征

《电气火灾痕迹物证技术鉴定方法第1部分：宏观法》中对火烧熔痕特征的描述如下。

（1）铜导线熔珠直径通常是线径的1～3倍，铝导线熔珠直径通常是线径的1～4倍；通常位于熔断导线的端部或中部；表面光滑，无麻点和小坑，具有金属光泽。

（2）有熔化过渡痕迹，熔珠附近的导线明显变细。

（3）在铜质多股软线的线端部形成熔珠或尖状熔痕，熔痕附近的细铜线熔化并黏结在一起，很难分开；在熔珠内有未被完全熔化的间隙孔。

2. 不能作为火烧熔痕判据的参数

（1）晶粒直径不能作为鉴别火烧熔痕的判据实际上，无论火烧加热方式还是电热加热方式，金属的显微组织形貌随着加热温度的升高以及加热时间的延长，多股铜导线的晶粒尺寸不断增大。

多股铜导线的显微组织随着加热温度的升高呈现一定的微观变化，即从细小的等轴晶逐步向粗大的等轴晶转变，这种转变是晶界由某些大晶粒向一些较小的晶粒方向推进，产生晶界迁移，大晶粒逐渐吞并小晶粒，结果晶粒很快均匀地长大。加热温度越高，原子能量越高，扩散能力越强，则晶界越易迁移，晶粒长大也越快。

既然晶粒大小与温度有关，那么，晶粒直径这一最易观察的参数就不能作为鉴别受热方式的判据，但可以作为火场温度的判据。

（2）晶型不能作为鉴别火烧熔痕的判据对3mm2和4mm2两种线径的铜导线利用汽油喷灯模拟火场制备火烧熔珠，当导线出现熔珠后，记下出现熔珠时火焰的最高温度并将熔珠放置在空气中冷却不同时间，之后再用水冷却至常温。

在火场中，火焰在不断烧烤导线，火烧熔珠的金相组织从细小的柱状晶到粗大等轴晶的过程中金相组织会伴有一定的气孔生成，这与短路熔珠也有相似之处。因此晶型和是否有气泡都不能作为区分火烧熔珠与短路熔珠的判据。

（三）一次短路熔痕特征及其影响因素

一次短路熔痕是在正常环境条件下，铜、铝导线因本身故障发生短路，在导线上形成的熔化痕迹。

1. 一次短路熔痕特征

（1）铜导线上的短路熔珠直径通常是线径的1～2倍，铝导线上的短路熔珠直径通常是线径的1～3倍；短路熔珠位于导线的端部或歪在一侧；铜导线短路熔珠表面有光泽，铝导线短路熔珠表面有氧化膜、麻点和毛刺。

（2）短路熔珠内部孔洞数量少，分布在熔珠中部；铜导线短路熔珠内部孔洞的表面呈现暗红色，光泽度差，平滑且有微量炭迹；铝导线短路熔珠内部孔洞的表面有一层深灰色氧化铝膜，其他特征与铜熔珠类似。

（3）短路熔痕与导线基体交接处有明显的熔化与未熔化的分界线。

（4）在两根导线相对应的位置出现凹痕，凹痕内表面有光泽但不平整，有堆积状熔化金属和毛刺，有扎手感。

（5）在铜质多股软线的线端部形成熔痕时，熔痕与导线连接处无熔化黏结痕迹，其多股细丝仍能逐根分离；有的细丝端部出现微小熔珠。

2. 不同受热温度对一次短路熔珠金相组织的影响

对 2.5mm^2 的铜导线，用电焊机电流产生一次熔珠，再在电阻加热箱中于300℃、400℃、500℃、600℃、700℃、800℃、900℃进行保温处理。用金相显微镜观察，可以得出以下结论。

（1）当受热温度低于500℃时，温度、时间对该线径铜导线一次短路熔痕的金相组织影响不大，其显微特征仍以细小的柱状晶为主。

（2）当温度达到500℃时，随着受热时间的增加，发生再结晶，部分小晶粒逐渐长大。持续受热时间大概在90min左右时，出现粗大的晶粒。

（3）当温度超过500℃以后，随着受热温度的增加、持续时间的增长，晶粒逐渐长大，由原来细小的柱状晶逐渐长大为粗大的晶粒。

温度以及受热时间都会对熔痕的晶粒大小、晶型产生影响，使晶粒大小、晶型难以成为辨识判据，其实，短路熔珠内部孔洞的大小、多少、位置等也存在诸多干扰因素，产生“意外”的情况。

（四）二次短路熔痕特征及其影响因素

二次短路熔痕是在火灾环境条件下，铜、铝导线产生故障而引发短路，在导线上形成的熔化痕迹。

1. 二次短路熔痕的特征

（1）铜导线上短路熔珠的直径相对大于一次短路熔珠，但又小于火烧熔珠，表面有微小凹坑，光泽性差；铝导线短路熔珠表面有一层深灰色氧化铝膜，有小凹坑、裂纹及塌陷现象。

（2）短路熔珠内部孔洞数量多，分布在熔珠的边缘及中部；铜导线短路熔珠内部孔洞的表面呈透明感的鲜红色（红宝石色），光泽度强，有较多的炭迹；铝导线短路熔珠内部孔洞的表面有一层浅灰色氧化铝膜，光泽度强，有粗糙的条纹或光亮的斑点。

（3）短路熔痕与导线基体交接处无明显的熔化与未熔化的分界线，导线上有微熔变细的痕迹。

（4）在铜质多股软线的线端部形成短路熔珠时，与短路熔珠相连接的导线变硬或黏结在一处。

2. 冷却方式对铜导线二次短路熔珠金相组织的影响

实验室对熔珠的冷却方式主要有3种，即自然冷却、水冷却以及控温条件下的冷却。这3种冷却方式与火场中的冷却方式都存在差别，火场中一般是在反复变温条件下的冷却。作为研究的典型情况可以用自然冷却和水冷却作为极端的情况加以研究，以说明冷却方式对金相组织的影响。

3. 温度对铜导线二次短路熔珠金相组织的影响

在300℃条件下，液态金属冷却速度快，完全冷却所需要的时间短，留给熔珠晶粒长大的时间也短，晶粒类型主要是细小的胞状晶和纤细的柱状晶。同时，在温度较低时，由于短路熔珠在形成时过冷度大，冷却速度快，凝固过程极短，造成金属在熔化时所吸收的气体还没来得及与金属充分反应和逸出，就被截留在内部组织中，所以短路熔珠金相组织内有较多较大的气孔存在。保温温度高则过冷度小，金属冷却凝固速度慢，完全冷却所需要的时间长，留给熔珠晶粒长大的时间也相对增长，晶粒类型主要以粗大的柱状晶和等轴晶为主。

4. 受热时间对铜导线二次短路熔珠金相组织的影响

在500℃的环境温度下形成的二次短路熔珠，经15min保温后自然冷却的金相显微组织以粗大柱状晶为主，熔珠中心有少量因高温形成的粗大等轴晶，但晶粒较小；在500℃的环境温度下形成的二次短路熔珠，经30min保温后自然冷却的金相显微组织以细小的柱状晶为主，熔珠中心部位有少量细小的等轴晶，部分熔珠金相显微组织以粗大柱状晶为主，熔珠中心内存在部分粗大等轴晶；在500℃的环境温度下形成的二次短路熔珠，经60min保温后自然冷却的金相显微组织以粗大的柱状晶为主，部分熔珠中心有粗大的等轴晶，与粗大的柱状晶交错在一起，有两个熔珠外层出现部分细小柱状晶。

（五）三种熔痕的鉴别

1.《电气火灾原因技术鉴定方法》中的表述

一次短路熔痕的金相组织呈细小的胞状晶或柱状晶；二次短路熔痕的金相组织被很多气孔分割出现较多粗大的柱状晶或粗大晶界。

一次短路熔珠金相磨面内部气孔小而较少，并较整齐；二次短路熔珠金相磨面内部气孔多而大且不规整。

一次短路熔珠与导线衔接处的过渡区界限明显；二次短路熔珠与导线衔接处的过渡区界限不太明显。

一次短路熔珠晶界较细，空洞周围的铜和氧化亚铜共晶体较少，不太明显；二次短路熔珠晶界较粗大，空洞周围的铜和氧化亚铜共晶体较多，而且较明显。

在偏光下观察时，一次短路熔珠空洞周围及洞壁的颜色不明显；二次短路熔珠空洞周围及洞壁呈鲜红色、橘红色。

在较复杂的情况下判定一次短路熔痕和二次短路熔痕时，须结合宏观法、成分分析法和火灾现场实际情况等综合分析判定。

2. 铜包铝导线3种熔痕的鉴别

（1）铜包铝导线一次短路熔痕的金相组织最显著的特征是晶粒以细小的胞状晶、

柱状晶为主，有时还会出现树枝状晶，相对二次短路熔痕和火烧熔痕来说，其晶粒面积最小，且组织中气孔数量相对较少，多股导线熔痕的气孔面积大于单股的面积，但是单股气孔数量相对较多。

（2）铜包铝导线二次短路熔痕的金相组织最显著的特征是多数晶粒为胞状晶和柱状晶，晶粒的面积要远大于一次短路熔痕的晶粒，有时会出现一种晶界不完整的特殊形状的大晶粒，与火烧熔痕金相组织最大的区别是，二次短路熔痕中存在气孔且分割部分晶粒。

（3）比较发现，铜包铝导线与铜、铝导线火烧熔痕不同的是，其晶粒不再是以等轴晶为主，而主要是胞状晶、柱状晶，有时还会出现类似于枝状晶的晶粒组织。从晶粒上看，火烧熔痕组织内部并未发现气孔的存在，且其晶界析出物质的可能性要大于二次短路熔痕。

根据液态金属结晶理论，液态金属的冷却速度决定着金属晶粒的成核和长大的方式，冷却速度较小时，金属以平行推移的方式长大，这种长大的最终结果使晶体获得表面为密排面的规则形状；当冷却速度较大，特别是存在杂质时，金属晶体往往以树枝状的方式长大，最终结果使晶粒形成类似树枝骨架的树枝晶。考虑铜包铝导线一次短路熔痕形成的热环境，与二次短路熔痕和火烧熔痕相比较，其金属熔化后，电弧作用时间极短，温差大，周围环境温度可以近似认为是室温，液体金属结晶的过冷度最大，加之铜铝两种元素的存在，因此其产生枝状晶的可能性较大，即便没有产生枝状晶，晶粒长大速度也很慢，由于结晶过程时间最短，晶粒面积小。结晶时间最短，周围空气可能还没有来得及进入液体金属中，金属的凝固过程已经接近结束，因此相对于二次短路熔痕，其气孔的数量少、面积小。对于二次短路熔痕，金属熔化后电弧虽然消失，但液态金属仍处在500℃以上的火场热环境中，其凝固时的过冷度要小于一次短路熔痕，凝固速度也相对较慢，因此产生了晶粒大、气孔多、气孔分割晶粒的现象。铜包铝火烧熔痕与纯铜、铝导线火烧熔痕不同的是，火烧熔痕组织以胞状晶和柱状晶为主，有时会出现树枝状晶，这是铜铝两种金属混合，以及过冷度和杂质共同作用的结果。

二、金相显微镜与扫描电镜能谱仪比较

光学金相显微镜分析导线熔痕的历史较长，积累了大量的素材，而且仪器价格较低，便于推广使用。扫描电镜能谱仪用于火灾物证鉴定时间不长，素材尚不够丰富，而且价格较高，有些火灾物证鉴定部门没有配备。目前火灾物证鉴定部门多以光学金相显微镜鉴定为主，用扫描电镜能谱仪进行火灾物证鉴定的不多。

（一）光学金相显微镜分析熔痕的缺陷

光学金相显微镜主要是在500倍以下观察熔痕形貌，主要分析导线熔痕中的金相。由于光学金相显微镜景深较浅，立体感不十分强，为突出金相的差异常采用化学药剂腐蚀的方法，利用不同金相腐蚀性能的差异，显现金相的差异。前已述及，熔痕

的金相受加热温度和时间影响，会产生变化，而火场中温度变化较大，高温可以达到1000℃以上，高温持续时间受可燃物数量和灭火救援实施情况而不同，有时某一地点高温时间可以持续数小时，因此根据晶型判别熔痕的类别要视具体情况分析。由于火场温度和持续时间的不确定性，用光学金相显微镜根据晶型判别熔痕类别也存在不确定性，存在一块无法确认的区域。

根据熔痕内部的气孔大小、数量判别熔痕类别时同样难以有确认的结论，对于火烧熔痕基本无气孔的情形，与一次、二次熔痕存在较大差异，易于判别，但过负荷熔痕有时也存在酷似火烧熔痕的特征，低倍放大倍数下难以认定。对于一次、二次短路熔痕，过负荷短路熔痕和接触电阻过大熔痕光学金相显微镜则更难辨别，只能依据经验和一般情况加以区分，故而存在较宽的无法确认的区域。

光学金相显微镜在进行宏观分析方面与扫描电镜能谱仪的分析能力基本相同，对于熔珠与导线基体的过渡区的分析、多股导线烧结熔块以及过渡区变细的形貌分析的能力基本相同。

（二）扫描电镜能谱仪分析熔痕的优势

扫描电镜能谱仪的放大倍数可以从0倍至10万倍以上，并带有成分分析功能。扫描电镜能谱仪对于金相组织的分析并没有特殊的优势，基本功能光学金相显微镜也具备，但扫描电镜能谱仪景深较深，立体感强，一般不需要对熔痕断面进行腐蚀处理，可以直接进行观察。由于扫描电镜能谱仪是以二次电子为信息源，相同元素的物质发射二次电子的能力相同，因此，相同元素的不同晶型，扫描电镜能谱仪不能区分，它主要用于观察外形，从这个意义上说，扫描电镜能谱仪不是最好的金相分析设备。

扫描电镜能谱仪最大的优势是放大倍数高，景深较深，可以细微观察气孔的内部结构。光学金相显微镜难以观察二次短路熔痕气孔内部的复杂结构，尤其是熔痕在受热一段时间后，气孔内壁粗糙的情况下，区分一次、二次熔痕气孔则显得乏力，扫描电镜能谱仪能细微观察的优势凸显。

第三节　电气线路火灾原因的认定方法

电气线路也称电路，是电气设备之间连接、传输电能的导线及其辅助设备。由于电气线路的短路、漏电、过载、接触电阻过大等原因，产生的电火花、电弧、电路过热引燃周边可燃物造成的火灾称为电气线路火灾，主要分为漏电火灾、短路火灾、过载火灾和接触电阻过大火灾4类。

一、漏电火灾及其认定

（一）漏电火灾的概念

所谓漏电，就是线路的某一个地方因为某种原因（自然原因或人为原因，如风吹雨打、潮湿、高温、碰压、划破、摩擦、腐蚀等）使电线的绝缘或支架材料的绝缘能力下降，导致电线与电线之间（通过损坏的绝缘、支架等）、导线与大地之间（电线通过水泥墙壁的钢筋、马口铁皮等）有一部分电流通过，这种现象就是漏电。

（二）漏电火灾发生点认定

根据前面的分析，漏电火灾是由于漏电电流回路中存在接触不良处局部发热或电弧高温作用，引燃其作用点处的可燃物蔓延成灾。这种情况，在漏电的部位（漏电点）、漏电电流流入大地点（接地点）及漏电回路中接触不良处（发热点）都有发生的可能，即前述三点都可能成为起火点。

1. 起火点（发热点）认定根据

确认漏电火灾，也和认定其他火灾原因一样，首先要查明起火点。确定起火点的根据，除一些通用根据外，主要依靠以下根据。

（1）在起火点处查找确认漏电流作用而形成的局部受热或电弧痕。在清理起火点时注意寻找漏电所形成的痕迹。漏电痕迹具有如下两点基本特征：第一，电流往往在平时不带电的高熔点、高强度金属结构上留下痕迹。所以留在上面的痕迹往往能够经受火灾的高温而保留下来。单独的导线痕迹一般不能判断为漏电痕迹。第二，电流痕迹总是金属结构之间或结构与导线之间的接触部位。能搭接在金属结构之间的零散铁件上的漏电痕迹也应注意。

（2）起火点附近有无导线，绝缘层是否受到损伤。

（3）起火点附近电气系统的分布及供电情况，过去及火灾前是否出现过如熔丝熔断、空气开关跳闸、灯光闪烁、灯亮度降低、有人触电和麻电等故障。

（4）起火点附近可燃物的性质、数量及分布情况，有无被点燃的可能。

（5）起火点不明时，可在漏电点与接地点漏电电流经过的部位上直接查找发热点。漏电火灾因漏电电流的局部作用，会使发热点处的木柱或木板上烧成碗状的炭化坑，或者烧成不规则的凹形炭化点。另外在这点通过的漏电电流的金属件上有金属熔痕、熔珠等。在金属管线、金属网等上发现通电熔痕，这些特征都是确认发热点的根据，可考虑是漏电引起的火灾。

2. 漏电点的认定方法和根据

根据起火点的情况和证据，大致能够判明火灾是否由漏电引起，为了有根据地说明问题，应该查明漏电点。

（1）用宏观法确认火灾破坏比较严重，在不能用测量绝缘电阻的方法找到故障线路的情况下，就要耐心地直接在有关场所，有关部件寻找、辨认电气配线或电气设备与接地体接触的漏电点。

（2）用测定电阻的方法确认通常有以下两种方法。①切断待查范围的电源进线及所有引出线，使该范围内的所有开关处于“接通”状态，用万用电表测量该范围内电气线路与起火点处两金属结构间的绝缘电阻值，取两个值中的较小者作为绝缘电阻的近似值，若该值不为零，则一般该范围内无漏电点。②若绝缘电阻为零，说明该范围内有漏电点，这时可用边测量边逐个切断支路开关的办法确定漏电点所在支路，在该支路内用同样的办法再逐步缩小范围，直至找到漏电点。

3. 接地点的认定根据

从漏电点开始流向起火点的泄漏电流，经过接地物体，通过大地返回变压器的接地线。对于漏电火灾，除查明起火点、漏电点外，还应查明漏电电流在何处通过何种金属物体与大地接通问题，使认定的漏电火灾原因更可靠准确。

和接地良好的金属体（如自来水管道等）接触或者相连的地方称为漏电电路的接地点。如果在该处电气连接松动产生火花，形成有金属电熔痕，并具有被引燃的可燃物，那么起火点就在这类金属体上，则可认为起火点与接地点重合，接地侧电阻为零。

与漏电点易受火灾破坏的情况相反，起火点的接地侧通路一般由埋设的铁件组成，不易受火灾破坏，起火点处找到与漏电有关的金属物件或其他能够导电的物件，然后以这个物件为一个测点分别以可能接地的物体为另一个测点测量它们之间的绝缘电阻。其中与起火点电阻值低的那个接地物体，则可能是漏电电路的接地体。若测得起火点与几个接地物体绝缘电阻都低，则要分别测量这几个接地物体对大地的绝缘电阻，其中阻值最低的是漏电电路的主要接地体。

（三）漏电痕迹物证的提取与鉴别

在查清上述情况之后，要进一步查找到漏电痕迹，通过对提取的痕迹物证进行技术鉴定，为快速而准确地认定漏电引发火灾提供技术依据。

（1）漏电痕迹的所在漏电痕迹通常表现在电气线路、电气设备和金属结构上。在火灾现场提取漏电痕迹时，应重点查看电气线路、电气设备及金属结构件，如电气线路中通电的导线，在绝缘破损处留有熔化痕迹，而导线其他部分的绝缘仍保持完好；电气设备的金属外壳或配线导体上有熔化的孔洞或熔化痕迹；在电线电缆附近的金属构件上留有熔化痕迹；在钢铁结构之间或结构与导线之间的接触部位留有熔化痕迹；在铁瓦下面屋面板上发现各种填充物的炭化点、石墨化或砂浆熔融体，在这些炭化点等痕迹附近的金属体（如铁瓦、金属管、金属网等）上会留有熔化的痕迹；在进户线导线上或在进户后的第一块配电盘上有时也会留有熔化痕迹等，查找并提取具有熔化痕迹的部位作为火灾现场的痕迹物证。

（2）漏电痕迹的特点漏电熔痕通常形成在金属结构局部点上。钢铁结构的熔点很高，一旦形成漏电痕迹后，就很难再被火场中的高温、火焰所破坏，这就为鉴别此类火灾提供了很好的依据。这种痕迹的特点是，被电弧烧蚀的钢铁结构表面有电火花滋痕，有麻点坑，电熔痕，严重时形成孔洞、缺口。

（3）漏电保护装置的勘验线路无漏电保护装置或失效。

（4）过流保护装置特征一般保护装置不动作，但当发生大电流漏电或漏电火灾发展造成线路短路，保护装置仍会动作。

二、短路火灾

电气线路中的裸导线或绝缘导线的绝缘体破损后，火线与零线，或火线与地线（包括接地从属于大地）在某一点碰在一起，引起电流突然大量增加的现象就叫短路，俗称碰线、混线或连电。短路时电阻突然减少，电流突然增大，其瞬间的发热量也很大，大大超过了线路正常工作时的发热量，并在短路点易产生强烈的火花和电弧，不仅能使绝缘层迅速燃烧，而且能使金属熔化，引起附近的易燃可燃物燃烧，造成火灾。

三、过载火灾

过载火灾也称过负荷火灾，是指导线中通过电流量超过了安全载流量，导线的温度不断升高，导线绝缘层不断老化变质，直至引起导线绝缘发生的燃烧，并引燃导线附近的可燃物所造成的火灾。导线绝缘层的老化变质，容易产生感应电流，加重导线过负荷，有时也会导致漏电，形成短路。

（一）线路过负载火灾认定要点

线路过负荷火灾最基本特征是过负荷电流高温作用于所有通过电流的线路，而短路、接触不良、漏电的高温主要集中在故障局部。因此，过负荷形成的痕迹出现在全回路线路中。

取证的基本要点是，在被烧的现场内寻找，也要在现场外寻找，取证的重点是现场内未被烧或烧毁不重的导线，导线与导线、导线与设备之间连结接头，及配电盘中控制起火回路保护装置和接头变化情况。

1. 宏观确认的根据

（1）外观分析

绝缘层变色、起泡、变硬、导线整体变细，有时地面可能发现绝缘材料的熔滴；剪短导线，观察横截面，可以发现导线绝缘层内侧焦化程度高于外侧，有时绝缘层与线芯松弛、脱离。

（2）线芯特征

导线过载严重时甚至可以达到导线的熔化温度，出现熔断、位移和断节。铜导线的断节均匀且分布于全线，还可形成少量熔态飞溅物，而铝导线的断节只可能产生在火烧的局部。

（3）接头

过负荷导线部分变化较均匀，但在导线和负荷、导线和配电盘连接处各种热作用痕迹更明显，出现导线接头变色，电闸把柄、闸牙松动，固定绝缘漆熔化，电闸与绝缘板接触处烤焦起泡等现象，至少控制开关与导线连接处老化、烧焦，老化程度比其他部位重。

（4）过流保护装置

控制回路熔断器，保险丝（片）呈现熔断状态或熔丝被铜、铝丝取替，空气开关等保护装置的整定动作电流值选定过大等。

2. 起火点特征

过负荷引起导线绝缘层着火造成的火灾起火点有时是一条线，在导线通过的地方形成多处起火点。

3. 熔痕的微观鉴别

导线过负载严重情况下，除导线本身燃烧外，还会产生过热熔断，在熔断处或导线上留下不同形状的熔痕，但由于这些熔痕有时酷似火烧形成，从外观难以鉴别，因而可用金相分析方法，依据其金相组织的特征，做出结论。

（二）物证的提取

1. 物证提取原则

在火场勘查中，应对有过载的线路进行彻底勘查，导线上发现有类似过载熔痕时，都可作为物证提取。

2. 提取导线接头处被烧焦的胶布

由于导线的接头处，电线过负荷起火遗留的痕迹更为显著，所以要提取导线接头处被烧焦的胶布。尤其是铝线的接头处，其温升往往大于导线本身，以致将接头处缠的胶布烧成焦糊状，特别注意那些出现烤焦痕迹但又未被火烧的接头，可作为物证提取，并验证其电阻大小。

3. 提取未受到火烧的导线作为物证

由于导线受火烧之后，将会使原来过负荷时形成的比较均匀的金相组织受到破坏，失去有效的鉴定价值，无法证明火灾是由于导线过载而引起，所以要提取未受到火烧的导线作为物证。在这种情况下，可查找该超负荷线路的未受到火烧的部分，如通往邻近房间的，配电箱处的，位于建筑外墙的导线等。将位于上述的导线，在尽量靠近火场火源处截取一段长 2 ～ 5m 的导线，作为物证提取，在宏观鉴别的基础上供金相分析之用，通过金相分析或电镜分析，证明是否具有过负荷的特点，然后再做出结论。

四、接触电阻过大火灾

众所周知，凡是导线与导线，导线与开关、熔断器、仪表、电气设备等连接的地方都有接头，在接头的接触面上形成的电阻称为接触电阻。当有电流通过接头时会发热，这是正常现象。如果接头处理良好，接触电阻不大，则接头点的发热就很少，可以保持正常温度。如果接头中有杂质，连接不牢靠或其他原因使接头接触不良，造成接触部位的局部电阻过大，当电流通过接头时，就会在此处产生大量的热，形成高温，这种现象就是接触电阻过大。在有较大电流通过的电气线路上，如果在某处出现接触电阻过大这种现象时，就会在接触电阻过大的局部范围内产生极大的热量，使金属变色甚至熔化，引起导线的绝缘层发生燃烧，并引燃附近的可燃物或导线上积落的粉尘、纤维等，从而造成火灾。

第四节 电器火灾原因的认定方法

现代社会电器使用频率很高，如家用电器，多数工业生产设备、科研仪器等用电设备以及供电设备等，用电和供电设备在发生故障时会产生高温或明火，如遇可燃物就有可能发生火灾，形成电器火灾。由于电器种类繁多，故障类别五花八门，电器火灾的认定方法同样众多。

一、电器火灾原因认定的一般方法

调查电器火灾原因不仅要认定是什么电器引发了火灾，更应该弄清是什么原因造成电器故障，引发了火灾。

电器火灾调查的程序依然遵循环境勘验、初步勘验、细项勘验和专项勘验 4 大步骤。在确定起火部位或起火点，初步排除其他火灾原因后，重点勘查以下几个方面。

（一）确定电器火灾前是否在使用

第一，观察配电箱的断电情况。如果配电箱中是老式的保险丝，观察是否存在保险丝被换成了铜铝丝；如果是熔断的保险丝，要观察保险丝的熔断状况。若是电器使用中的短路，熔断丝一般呈“炸式”熔断，留在保险盒上的熔珠颗粒细小，有的为成片粘连。

第二，观察导线情况。一般对电器故障火灾的现场导线梳理要从电器向配电箱方向追溯。

（1）是否有断线，若有断线，要判断是外力截断，还是火烧高温熔断，还是短路熔断。外力截断时，单股线就可能会在断线端形成截面；多股导线的断面比较整齐。火烧高温熔断时，单股导线就呈针尖状；短路熔断时，单股导线的断端较为圆滑，可能携带熔珠。

（2）是否存在“套筒”现象，我国目前使用的导线多为铜芯质导线。铜在1083℃时熔化。对许多火灾环境来说，这是一个比较高的温度。线路通电后发热与受外部热能影响，其绝缘层的外观变化是不同的。外部热能若绝缘层未全烧完，会造成“缩颈”现象，即绝缘层与线芯粘连紧密；对于过负荷线路，在现场可任取一段未被烧的导线，由于线芯内部先热，导线的绝缘层就可能呈现“套筒”现象，即绝缘层与线芯相对脱粘。若存在“套筒”现象，即可视为导线过热或过载。

第三，观察插座情况。目前许多电器，尤其是家用电器采用遥控控制，遥控开机或停机，一般没有用完电器后拔出插座的习惯。遥控停机从表面上看，电器的使用功能上是停机了，但诸如变压器、电阻器、电容等元件仍然处于工作状态。因此，在现场勘查中，当有插座残留物品时，可观察插座残片内部和外部的烧痕，内部烧痕严重可视为连接，外部烧痕严重可视为断开。

第四，观察发热元件底部可燃物情况。对于电炉、电饭锅、微波炉、电烤箱、烘箱等能产生高温的发热元件，如果元件底部存在未被烤焦的可燃物，一般可以排除其引发火灾的可能;如果元件底部存在被烤焦的可燃物，则存在发热元件引起火灾的可能。

（二）勘查电器最易发生故障的部位

电器在火灾中本身已烧毁严重，调查人员很难找到起火点，因此在具体勘察时就要将精力放在那些很容易出现故障的部位，并特别注意发现熔珠和熔痕。

1. 认真勘查配电控制系统

勘查电器外壳内电源线经过的部分有没有一些喷溅的熔滴，重点勘查下电源线接头的地方有没有熔痕或烧焦的痕迹等等。

2. 认真勘查电机等摩擦和功率相对较大的系统

复杂电器工作时产生的热量常常通过排风扇去除，排风扇及其周边应该是该电器热量产生的集中地区，应该对风扇电机及其周边仔细勘查，尤其是电器内部的产热地区更应仔细勘查，因为电器内部的金属熔痕是确认火灾时电器处于工作状态的最好例证。勘查风扇电机的电源线上是否有短路熔珠；勘查电机轴承是否有严重的研磨痕迹和一些匝间短路痕，如果有的话那可能是因为一些异物进入电机内引起电机的电流变大，导致电机线圈过热引起匝间短路导致火灾；勘查热空气排出风口是否被堵塞，导致热量不能散发出去而引起的火灾等。

3. 认真勘查油浸电容器金属外壳

不少带有智能控制或电子元器件的电器带有电容器，应仔细勘查油浸电容器金属外壳上是否存在击穿痕。油浸电容器金属外壳上的击穿痕，是电容器引起火灾的重要依据。取出电容器内部的绝缘层，如能看见明显的碳化痕迹，就基本上可以断定是电容器的击穿引起的火灾。

4. 认真勘查温度监控系统

有些电器为防止温度失控，安装了温度监视、控制和报警系统，询问相关人员火灾前温度监视、控制和报警系统的工作状况，是否失灵；如果温度监视、控制和报警系统有自动工作记录，查看工作记录，判断其是否处于正常工作状态；勘查温度监视、控制和报警系统是否存在额外的烧焦痕迹等。

5. 认真勘查高压包、变压器

有些电器有高压包和变压器等元器件，高压包出现故障时会放电，变压器因磁铁老化也会增加变压器线圈的温度。对于这类元器件应认真勘查，如果发现高压包周围燃烧痕迹较其他部位更为严重，并且在高压元件的壳体上有电火花痕迹，则可能是高压包放电打火引起的火灾；如果变压器线圈有熔断、熔痕，变压器周围燃烧痕迹较其他部位更为严重，变压器内磁铁的磁通量严重偏离正常值，都增加了变压器引起火灾的可能。

二、家用电器火灾原因认定的根据

（一）电冰箱火灾原因认定的根据

电冰箱火灾原因的认定首先要弄清起火点是其内部还是外部，其次是分析起火原因是电气故障还是设备故障，或是使用不当。

1. 电冰箱爆炸原因的认定

电冰箱若存放易燃气体存储容器、易燃液体，因其气体泄漏、液体挥发，遇电火花就会发生爆炸。认定电冰箱爆炸主要根据：

（1）箱体严重破坏、变形，箱体向外鼓起，严重时冰箱门被抛出；

（2）冰箱内部一般没有烟熏痕迹，箱体外侧焦化程度基本均衡；

（3）温度控制器或继电器触点处有电火花痕迹或炭化痕迹；

（4）电冰箱内物品被抛向外部；

（5）发生火灾时，周围的人听到了爆炸声；

（6）提取冰箱内可能存放易燃气体、易燃液体的容器，检验内存物质是否是易燃物质。

2. 电冰箱本身故障引起火灾的根据

（1）查找提取熔痕，重点查找提取冰箱电源线、插座、插头、电动机电源线的熔痕。

（2）检查保护器是否有故障，检查控制开关熔断器是否处于熔断状态，检查温控开关、照明开关、继电器保护层的被烧状态。

（3）勘查电冰箱周围的墙体是否存在“V”字形烟痕。

（4）勘验压缩机外壳是否存在局部变色痕迹，压缩机卡缸、轴有无严重磨损痕迹，吸气排气管阀是否存在破裂或变形痕迹。

（5）勘验电动机转轴或转子是否存在严重磨损、损坏痕迹。

（6）比较电冰箱内部和外部烧损严重程度，内重外轻的烧损状况是判定电冰箱火灾的重要一环。

（7）调查用户电冰箱火灾前的使用情况，有无冰箱内照明变暗、漏电、启动停机过于频繁等异常情况等。

3. 电冰箱放置不当引起火灾的根据

（1）查明电冰箱的安放环境，是否存在电冰箱散热部分外部堵塞，缺乏空气流动条件的情况。

（2）电冰箱压缩机外部是否存在可燃物及其燃烧后的灰烬。

（3）电冰箱是否放在靠近火源、热源的地方。

（4）检查电冰箱底部或缝隙处是否存在较多的油垢或油垢焦痕。

（二）空调器火灾原因认定的根据

认定空调器火灾的原因，重点是检查容易出现故障的部位，查看短路熔痕、击穿熔痕、断裂或磨损痕迹，综合分析后确定起火原因。

1. 准确认定起火点

在全面现场勘验基础上，重点勘验空调器附近墙壁或物体变色或烟痕，查明空调器部位燃烧程度与周边燃烧程度的差异，确定火灾蔓延路径。如果空调器未被移动，烧损程度由空调器向外逐渐减轻；如果室内空调器挂机下面的地面上有塑料熔滴物，且熔滴物上面覆盖空调器附近可燃物的燃烧灰烬或天花板的坠落物，就可以初步判断空调器为起火点。

2. 比较空调器内外的烧损程度

空调器先起火应该是其内部故障引起，其内部的烧损程度重于外部，可根据隔板、衬垫、电线、外壳等烧损程度或烟熏痕迹来判断是否是空调器火灾。

3. 检查电容器

油浸电容器容易发生故障，如果油浸电容器金属外壳被击穿，电容器内部的绝缘层碳化痕迹明显，电容器密封的金属盖因其内部油脂膨胀而破裂，电容器附近衬垫、隔板内侧烧损程度重于外侧，则可能是电容器故障引发火灾。

4. 检查电源线

如果空调电源线与电机接触松动，变色严重；接头处有熔断痕或凹状、麻坑痕等接触电阻过大熔痕；电源线截面积过小；插头、插座、胶木变色、起泡或绝缘层击穿等过负载痕迹；存在空调保护熔断器熔丝熔断（多数情况下）以及一次短路熔痕，则可能是电源线引发火灾。

5. 检查风扇轴承

如果存在风扇轴承滚珠有麻痕、磨损严重；叶片偏移、变形且与外壳有擦痕，或被卡住；电机线圈存在过热烧痕，匝间存在短路痕等现象，构成风扇电机停转的重要根据。

（三）电脑火灾原因认定的根据

随着计算机的普及应用，笔记本及台式电脑深入千家万户，电脑起火已成为一个新的致灾因素，应谨防电脑火灾。

1. 起火点的认定

以电脑为中心，火灾呈现向四周蔓延的特征；电脑靠近的墙面出现“V”字形烟痕尤其是黄棕色烟痕；手提电脑塑料机壳熔化，尤其是手提电脑底部塑料机壳出现熔化痕迹；如果手提电脑或台式电脑主机摆放在可燃物上，观察手提电脑或台式电脑主机下面的可燃物是否存在烘烤、碳化痕迹，并与其周围的可燃物比较，比较其烧损程度。如果手提电脑下面的可燃物烘烤的碳化颗粒痕迹，或放置台式电脑主机的木质框架箱燃烧程度呈现上下基本均衡，则增加了电脑为起火点的可能；如果手提电脑下面的可燃物烧损程度比周边的较轻且无烘烤碳化痕迹，或摆放台式电脑主机的木质框架箱燃烧程度呈现下轻上重的状况，则降低了电脑为起火点的可能。

2. 勘验电源线

检查电脑电源线插头是否插在外界电源插座上，如果电脑电源插头插在外接插座上，电脑电源入口处的烧损程度会比电脑其他部分更严重；电脑电源插头插在墙体的插座处的墙面上出现“V”字形棕黄色烟熏烟痕；墙体的插座孔存在受热熔化、变形痕迹；墙体插座出现上部被烧，下部基本完好，打开墙体插座，内部塑料熔化、黏结在一起，说明出现过热现象。如果插头插座内的金属片存在烧蚀、熔化痕迹，存在熔珠；插座部位与起火点重合；供电导线存在熔痕；供电保护装置处于保护状态；插座周围存在足以造成火灾蔓延的可燃物等基本可以认定是由电源插头插座过热引发的火灾。

3. 勘验电脑内部

打开电脑外壳，如果电脑内部烧损比外部严重；勘查内部的元器件，如果存在击穿、爆裂的元器件，爆裂处存现由内向外状，尤其是CPU元件存在鼓泡、烧焦和熔化痕迹；如果存在短路熔痕，基本可以认定是由电脑引发的火灾。

三、其他电气火灾原因认定的根据

其他电气火灾主要有：电热设备火灾、用电设备火灾、照明设备火灾、静电火灾、雷电火灾等。这些火灾原因认定的根据与前述认定的根据存在相似的部分，为突出重点，体现各类火灾原因认定的特殊性，下面仅阐述各类火灾原因认定的要点部分。

（一）电热设备火灾原因认定要点

（1）电炉火灾原因认定要点主要有两点：一是电炉本身的缺陷和故障，如电源线截面积过小、接头端子接触不良的烧焦痕迹、电源线老化脱落造成的短路等证据。二是使用不当，如电炉放置位置不当，周围存在可燃物灰烬；调查询问断电复电时间，以及炉上物品烧焦的痕迹，以判断是否存在断电后没有断开电源，复电后长时间加热起火；安装不当以及误操作引起的短路熔痕；余火着火等证据。

（2）电烘箱火灾原因认定要点主要有两点：一是勘查电烘箱本身，分清是内部先起火，还是外部。尤其是获取失去控制温度和加热时间的证据，以及被烘干物体的碳化程度，碳化严重是内热的证据。二是询问调查获取被烘干物体的种类、烘干时间温度以及脱岗时间等起火过程的证据。

（3）电热毯火灾原因认定要点查找提取电热毯残体，查看电热毯的摆放状态，是完全展开还是折叠放置；鉴别电热丝上，尤其是断头处是否存在熔痕；鉴别电源线与电热丝接头处的熔痕。

（二）用电设备火灾原因认定要点

（1）电动机火灾原因认定要点第一要确定电动机起火前是否处于通电状态，通过勘验电源线与电动机连接处附近的短路熔痕，或电击线圈上有短路熔痕。第二确定电动机是否处于单相运行状态，如果存在，熔断器熔丝有一相熔断或空气断路器一相处于断路状态；电源线一相断开或接线松动，固定螺钉有麻亮点坑，甚至有局部放电电火花击出的齿状熔痕等接触不良痕迹；有一组定子线圈断线。第三是查明存在接线错误的情况。第四是检查轴电机本身，如果轴承碾碎、轴瓦内表面划痕严重、转子扫膛明显、风扇罩变形等都是电机本身出现故障的物证。第五是查找电动机过负载运行的物证，如电动机负荷机械故障造成转动困难或“小马拉大车”的物证。第六是电动机内部过热槽内导线严重烧毁，而外露部位烧损程度较轻。

（2）变压器火灾原因认定要点变压器火灾的发生部位一般是变压器室，应重点勘验线圈、调压装置、高低压引线接点、绝缘套管等部件是否存在过负载、短路、接触电阻过大的物证。

（三）静电火灾原因认定要点

静电火灾一般由爆炸引起，可燃物气体或蒸气、可燃物粉尘达到一定浓度时遇静电火花可以引爆。由于静电产生的物件很多，调查静电产生源较为困难，对于静电火灾应以证明爆炸起火点处存在可燃物气体或蒸气、可燃物粉尘为主。通过调查询问查明起火点处的环境状况，获取粉尘颗粒，进行其类别和粒径的检测。提取火灾现场空气、灰烬以及疑似可燃物气体或液体的装载容器，检测是否存在可燃物气体或液体的成分。

（四）雷电火灾原因认定要点

认定雷击火灾首先要确认起火部位在起火前的一定时间内存在雷电活动。其次发现和提取雷电通过时留下的各种熔痕等痕迹，金属短路点多、熔痕数量多、熔痕体积大；存在混凝土构件被击穿、石块被炸裂甚至烧成粉状、红砖变成釉状的现象；木材构件被击断、劈裂、击碎；树木常见树干和树皮剥离。最后是检验起火部位铁质金属是否有剩磁现象。

第九章 火灾事故调查分析与认定

第一节 火灾事故调查分析

火灾事故调查分析就是运用逻辑分析方法，对火灾事实及有关情况进行因果关系的考察研究活动。通过火灾事故调查分析，为火灾事故调查指明方向，认定火灾性质、起火方式、起火时间、起火点等内容，并为最终认定起火原因和火灾灾害成因提供依据。

一、火灾事故调查分析的种类和内容

根据火灾事故调查分析所处的阶段与层次，火灾事故调查分析可以分为随时分析、阶段分析和结论分析三类。

（一）随时分析

火灾事故调查的分析研究工作，贯穿于整个火灾事故调查工作过程，无论是对痕迹物证与火灾事实之间关联的研究判断，还是对知情人陈述内容真假虚实的审查辨识，都离不开分析研究。随时分析是火灾事故调查分析的基础。

（二）阶段分析

阶段分析是指在火灾事故调查进行到一定程度，根据初期的现场勘验、调查询问、物证鉴定等情况，为准确分析确定火灾性质、起火方式、起火时间、起火点等内容，纠正火灾事故调查方向存在的偏差与错误，进一步明确现场勘验、询问的重点和方向

而进行的分析研究工作。阶段分析是火灾事故调查分析的深入。

（三）结论分析

结论分析是指在火灾现场勘验、询问、物证鉴定工作全部完成以后，最后对获取的事实和线索进行的综合分析与研究。火灾事故调查的基本工作结束后，火灾事故调查指挥人员要组织全体调查人员及相关的技术人员对现场勘验、询问、物证鉴定所获取的证据材料进行汇总、分析，以便对整个火灾过程和火灾现场所反映出来的事实有一个比较全面的、正确的和客观的认识。结论分析为最终准确认定起火原因和火灾灾害成因提供依据，是火灾事故调查分析的集合。

二、火灾事故调查分析常用的逻辑方法

火灾事故调查分析中常用的逻辑方法，主要包括比较、分析、综合、假设和推理等。在整个火灾事故调查过程中能否正确地运用这些方法，对火灾事故调查工作的成败是至关重要的。

（一）比较

比较就是指根据一定的标准，把彼此有某种联系的事物加以对照，经过分析、判断，然后作出结论的方法。

1. 比较的对象

比较的基本目的就是认识比较对象之间的相同点和相异点。比较既可以在同类对象之间进行，也可以在异类对象之间进行；比较还可在同一对象的不同方面、不同部位之间进行。

2. 比较的内容

（1）分析火势蔓延方向时的比较。

①求同比较。就是找出同类痕迹及其相同点。

②求异比较。即找出同类痕迹的不同点或同一物体上不同部位燃烧痕迹的不同点。

③垂直比较。即从垂直空间中找出各层次痕迹物证的相同点、相异点。

④水平比较。从平面空间上找出各部分痕迹物证的相同点和相异点。

（2）判定起火点时的比较。

①起火部位与整个火灾现场对比。根据调查结果，设定一个起火部位后将其与整个火灾现场进行仔细比较，以判明该部位是否属于燃烧最重的部位，更重要的是将该部位与全部火灾现场比较，找出以此为中心向四周蔓延火势的痕迹物证。

②不相邻物体对比。就是不相邻物体之间要进行相向、背向、顺向对比。

③毗邻对比。即把火灾现场中彼此相连的物体进行对比。

④同一物体各部分之间对比。这是对同一物体的内部与外表、前与后、左与右、上与下各方面的对比分析。

（3）对证人证言和犯罪嫌疑人口供的比较。

①同一证人多次对同一事实的陈述进行比较，以验证证人证言的正确性。

②多个证人对同一事实的陈述进行比较，以验证证人证言的正确性。

③同一犯罪嫌疑人多次对同一事实的供述进行比较。

④多个犯罪嫌疑人对同一事实的供述进行比较。

⑤证人证言和犯罪嫌疑人对同一事实的供述进行比较。

（4）对现场勘验、物证鉴定结论、证人证言、犯罪嫌疑人口供相互比较。

①将现场勘验中所发现的证据与物证鉴定结论进行比较。

②将现场勘验中所发现的证据与证人证言或犯罪嫌疑人口供进行比较。

③将物证鉴定结论与证人证言或犯罪嫌疑人口供进行比较。

3. 比较中应注意的问题

（1）在进行比较时，相互比较的事实必须是彼此之间有联系的、有可比条件的。

（2）在进行比较时，要有比较的标准。

（3）要用同样的标准对同类痕迹物证进行比较。

（二）分析

分析就是将被研究的对象分解为各个部分、方面、属性、因素和层次，并分别加以考察的认识活动。比较只能了解火灾事故调查事实的相同点和相异点。要进一步研究这些相同点和相异点的特征、形成原因、说明的问题、与火灾的蔓延和起火原因的关系，还必须用分析的方法对各个事实分别进行分析和研究。

1. 分析的方法

（1）定性分析。定性分析是为了确定研究对象具有某种性质的分析。

（2）定量分析。定量分析是为了确定研究对象各种成分数量的分析。

（3）因果分析。因果分析是为了确定引起某一现象变化原因的分析。

（4）可逆分析。可逆分析是解决问题的一种方法，即作为结果的某一现象是否又可能反过来作为原因，就是平常说的互为因果关系。如在火灾中，带电的电气线路或设备的短路可能引起火灾，反过来火灾也可能引起带电的电气线路或设备发生短路。

（5）系统分析。系统分析是一种动态分析，它将被研究的客观对象看成是一个发展变化的系统。系统分析又是一种多层次的分析，它把所研究的客观对象看作是一个复杂的多层次的系统。

2. 分析时应注意的问题

（1）要分析到构成事物的基本成分。

（2）分析必须是对研究对象的重新认识。

（3）分析时要客观全面。

（4）分析时要抓住重点和疑点。

（5）分析时要反复推敲。

（三）综合

综合就是将火灾过程中的各个事实连贯起来，从火灾现场这个统一的整体来加以考虑的方法。分析法研究的是火灾过程中各个事实的特征、形成的原因和能证明的问题。而实际上各个事实都不是孤立的，它们都是火灾现场整体的一部分。各个事实在起火和蔓延的过程中相互联系、相互依存和相互作用。

（四）假设

假设是依据已知的火灾事实和科学原理，对未知事实产生原因和发展的规律所作出的假定性认识。火灾事故调查过程中的假设就是推测，可以根据调查事实对某些痕迹物证形成的原因作出推测，也可对起火时间、起火点的位置作出推测，还可以对起火原因作出推测。假设要注意如下几个问题：

（1）必须从实际出发，以事实为依据。

（2）必须根据实践经验、科学原理进行假设。

（3）假设时必须考虑一切可能的原因。

（4）假设不是结论，而是推测。

（5）任何假设必须进行验证

（五）推理

推理是从已知判断未知、从结果判断原因的思维过程。火灾现场勘验和调查询问得到事实是已知的，要从已知判断未知，首先要对已知的事实进行去粗取精、去伪存真的加工，根据事实的真实性和可靠性决定取舍。其次要对事实进行由此及彼、由表及里的分析与研究，既要依据科学原理和实践经验找出其间的因果关系，又要依据调查事实、科学原理和实践经验判断火灾发生和发展过程，从火灾发生和蔓延过程去分析与认定起火点，从与起火点相关的客观事实出发去认定起火原因。火灾事故调查中通常采用如下三种推理方法：

1. 剩余法

在进行火灾事故调查分析时，常常根据客观存在的可能性，先提出几种假设，然后逐个审查，一一排除，剩下的一个为无可推翻的假设，这就是我们所要寻找的结论。

2. 归纳法

它是由个别过渡到一般的推理，即以个别知识为前提，推出一般性知识结论的推理。在推理中，对某个问题有关的各个方面情况逐一加以分析研究，审查它们是否都指向同一问题，从而得出一个无可辩驳的结论。

3. 演绎法

演绎法是由一般原理推得个别结论的推理方法。人们在生产和科学研究中总结出许多一般原理和规律，这些原理和规律是人们进行分析研究事物的基础。

三、火灾事故调查分析的基本要求

（一）从实际出发，尊重客观事实

火灾现场存在的客观事实是火灾事故调查分析的物质基础和条件，因此，在分析之前要全面了解现场情况，详细掌握有关现场的详细材料。进行分析时，应注意分门别类、比较鉴别、去伪存真，要尊重火灾现场客观事实和发展变化规律，切忌主观臆断，更不能伪造证据材料。

（二）既要重视现象，又要抓住本质

火灾现场的各种现象错综复杂，痕迹物证的形态千差万别，每一种现象、每一个痕迹物证既是火灾现场的表面现象，同时也包含了与火灾事实相关联的本质。然而，在这错综复杂、千差万别的现象和痕迹物证中，只有能够证明起火原因和火灾灾害成因的有关材料和证据是火灾事故调查的关键材料，是众多现象中最根本的本质。

（三）既要把握火灾燃烧的一般规律，又要具体问题具体分析

火灾同其他自然现象一样，都有其共同的规律和特点。火灾事故调查时应善于利用这些规律和特点来指导火灾事故调查工作。不同类型的火灾，其发生、发展的成因、过程是不相同的，不但需要总结、掌握不同类型火灾各自的规律和特点，还要注意比较两者间的相同点和差异，加深对火灾燃烧的一般规律的把握与认识。另一方面，即使是同种类型的火灾，在具体形成过程中也存在各种差异，因此，在火灾事故调查中，在抓住普遍规律的基础上，要重点找出其特殊性，并分析研究某些特殊现象与火灾的本质联系，不能凭主观上的合理性，而视火灾发生后的一些情节为千篇一律的内容。

（四）抓住重点，兼顾其他

火灾事故调查时，要学会从大量的材料中抓住问题的关键和找出待解决的主要矛盾，并且学会兼顾其他。在开始分析火灾原因时，不能把思维仅局限于一种可能性，从而造成判断僵化；要放开视野，努力找出两种或者两种以上的可能性。既要分析可能性大的因素，又要兼顾可能性小的因素；把可能性大的因素暂时先定为重点，进行重点分析。一旦发现重点不准时，就要灵活而又不失时机地改变调查方向，不致顾此失彼。分析中既要防止不抓主要矛盾、面面俱到，又要防止只抓重点、忽略一般。

第二节　火灾性质和起火特征的分析与认定

一、火灾性质的分析认定

根据火灾发生时是否存在主观故意以及是否有能力预料和抗拒，把火灾分为放

火、失火和意外火灾三种。不同性质的火灾，其社会危害性不同，参与调查的主体、调查的法律依据及处理方法也不同。

（一）放火

放火是危害公共安全的犯罪行为，其主要特征是以故意制造火灾的方法危害公共安全。在调查火灾过程中，有证据证明具有下列情形之一的，可以认定为放火嫌疑案件：

（1）现场尸体有非火灾致死特征的；

（2）现场有来源不明的引火源、起火物，或者有迹象表明用于放火的器具、容器、登高工具等物品的；

（3）建筑物门窗、外墙有非施救或者逃生人员所为的破坏、攀爬痕迹的；

（4）起火前物品被翻动、移动或者被盗的；

（5）起火点位置奇特或者非故意不可能造成两个以上起火点的；

（6）监控录像等记录有可疑人员活动的；

（7）同一地区相似火灾重复发生或者都与同一人有关系的；

（8）起火点地面留有来源不明的易燃液体燃烧痕迹的；

（9）起火部位或者起火点未曾存放易燃液体等助燃剂，火灾发生后检测出其成分的；

（10）其他非人为不可能引起火灾的。

火灾发生前受害人收到恐吓信件、接到恐吓电话，经过线索排查不能排除放火嫌疑的，也可以作为认定放火嫌疑案件的根据。

（二）意外火灾

意外火灾又称自然火灾，是指由于无法预料和抗拒的原因造成的火灾，如雷击、暴风、地震、干旱等原因引起的火灾或次生火灾。调查人员可以根据发生火灾时的天气等自然情况、火灾周围地区群众的反映、现场遗留的有关物证进行认定。如雷击火灾，不仅有雷声、闪电等现象，通常还会在建筑物、构筑物、电杆、树木等凸出物体上留下雷击痕迹，如雷击痕迹、金属熔化痕迹等。有时雷击火灾还会有直接的目击证人。

除自然因素外，意外火灾还包括在研究试验新产品、新工艺过程中因人们认识水平的限制而引发的火灾，如新材料合成试验过程中引发火灾等。

（三）失火

失火是指火灾责任人非主观故意造成的火灾。火灾的发生并不是责任人所期望的，这是失火与放火的最主要区别。失火在火灾总数中占绝大部分。

非主观故意主要表现为人的疏忽大意和过失行为。在此类火灾中，责任人本身也是火灾的受害者。尽管是过失行为，如果火灾危害结果严重，根据责任人的职责和过失情节可分别构成失火罪、消防责任事故罪、危险品肇事罪和重大责任事故罪。

失火是除放火和意外火灾外的所有的火灾，在调查分析中通常利用剩余法来确定此类火灾性质，当排除放火和意外起火的可能性后，火灾的性质就属于失火。

二、起火特征的分析认定

起火特征是指引火源与可燃物接触后至刚刚起火时，或者自燃性物质从发热至出现明火时这一段时间内的燃烧特点。按起火特征分类，可分为阴燃起火、明火点燃、爆炸起火。认定起火特征有利于进一步缩小现场勘验工作的范围，明确下一步的调查询问方向。

（一）阴燃起火特征分析

阴燃起火，从引火源接触可燃物质开始，到出现明火为止，其经历时间从几十分钟至几个小时，甚至十几个小时，个别的能达到几十个小时。这种起火方式，在生产和生活中经常可以遇到，而且在火灾现场的特征比较明显。

1. 发生阴燃起火的情况

（1）点火源为微小火源

微小火源主要指那些非明火的点火源，如燃着的香烟头、烟囱火星、热煤渣、热炭、炉火烘烤等。由于这些火源传递的能量较小，引燃能力较弱，与可燃物作用时，往往只能使可燃物发生阴燃，无法直接产生明火燃烧。

（2）起火物偏好阴燃

有些物质不易产生明火燃烧，更偏好阴燃，如锯末、谷糠、成捆的棉麻及其制品等。这类物质受到火源作用后，一般要经过缓慢过程才能够发出明火，即存在一个明显的阴燃过程。

（3）自燃性物质起火

自燃性物质，如植物产品、油布、鱼粉、骨粉等处于闷热、潮湿的环境中能够发生自燃。自燃的过程包括发热、热量的积蓄、升温、引燃等过程，其中引燃阶段存在阴燃过程。

2. 阴燃起火的特征

阴燃起火时，由于起火物早期燃烧速率较慢，经历时间较长，现场又缺乏明火焰紊流扰动，因此火灾现场具有如下明显特征：

（1）烟熏痕迹明显

由于阴燃起火时物质燃烧不充分，发烟量大，在现场往往能够形成浓重的烟熏痕迹。一些可燃物在燃烧时，即使是明火燃烧，也会产生大量的烟尘，在现场形成浓重的烟熏痕迹。例如石油化工产品，包括汽油、柴油、煤油、塑料等，分析认定起火方式时应该考虑这一点。

（2）具有明显的炭化中心

阴燃起火时，起火点处经历了长时间的阴燃过程，受热时间较长，但是由于燃烧不充分，因此容易形成炭化区。这种炭化区因燃烧物和环境条件的不同，范围大小不同。当阴燃转变为明火燃烧后，火势随即向四周蔓延。

（3）伴有异常现象

阴燃时，阴燃物质会产生烟气或者是水分蒸发而产生白色烟气，有的物质阴燃时会产生一些味道。这些现象容易被人发现，是阴燃起火的重要特征之一。

（二）明火引燃特征分析

明火引燃是可燃物在火源作用下，迅速产生明火燃烧的一种起火方式。由于燃烧速度快，现场具有鲜明的特征：

1. 火场的烟熏程度轻

在明火引燃条件下，可燃物迅速进入明火燃烧状态，燃烧比较完全，发烟量比较少，与阴燃起火相比，火灾现场的烟熏程度较轻，有的甚至没有烟熏。

2. 物质烧损比较均匀

由于明火引燃火灾中火势发展较快，不同部位受热时间差别不大，总体上看，物质的烧毁程度相对比较均匀。

3. 无明显炭化区

起火物被迅速引燃后，火势开始向四周蔓延。与此同时，起火物继续有焰燃烧，造成起火点处可燃物炭化程度与四周相差不明显，甚至没有差别，在起火点处形成较小的炭化区，往往难以辨认。

4. 有较明显的燃烧蔓延迹象

明火引燃火灾蔓延较快，容易产生明显的蔓延痕迹，如物质不同方向上的受热痕迹、物质残留量的变化等。根据这些痕迹，可以分析认定火势蔓延方向，以及起火部位和起火点的位置。

（三）爆炸起火特征分析

爆炸起火是由于爆炸性物质爆炸、爆燃，或设备爆炸释放的热能引燃周围可燃物或设备内容物形成火灾的一种起火形式。爆炸起火的主要特征为：

1. 爆炸起火时易被人感知

爆炸起火时，由于能量释放剧烈，往往伴随着爆炸的声音，同时迅速形成猛烈的火势，所以，一般在爆炸的瞬间即可被人发现，容易找到目击证人。

2. 现场破坏严重

爆炸起火中，除了燃烧造成的破坏之外，还有冲击波的破坏作用，所以具有较强的破坏力，常常导致设备和建筑物被摧毁，产生破损、坍塌等，其现场破坏程度比一般火灾更严重。

3. 现场存在较明显的中心

由于爆炸冲击波在传播的过程中迅速衰减，其破坏作用逐渐减弱，所以爆炸中心处的破坏程度较重，形成明显的爆炸中心，有的爆炸（如固体爆炸物爆炸）能形成明显的炸点或炸坑。在爆炸中心周围，可能存在爆炸抛出物，距中心越远，抛出物越少。可以根据破坏程度、抛出物的分布以及设备或建筑物的倒塌方向等，判断爆炸中心的位置。

第三节 起火时间和起火点的分析与认定

一、起火时间的分析认定

起火时间一般是指起火点处可燃物被引火源点燃开始持续燃烧的时间，对于自燃来说，则是发烟发热量突变的时间。准确地分析和认定起火时间是分析起火原因的重要条件。因此，起火时间一般是火灾事故调查分析中首先要进行分析的内容。

根据起火时间，可以查清发生火灾时现场的各种条件与火灾的发生之间存在的必然因果关系，缩小调查范围，查清与火灾发生有关的人员，调查分析在此时间内有关人员的活动范围及活动内容；以及与火灾发生有关事物的情况，如有关设备运行状况及相关现象、有关物质的储存状况等，并可以分析判定出起火点处的火源作用于起火物的可能性大小。

（一）分析和认定起火时间的主要依据

下列证据材料可以作为认定起火时间的根据：最先发现烟、火的人提供的时间；起火部位钟表停摆时间；用火设施点火时间；电热设备通电时间；用电设备、器具出现异常时间；发生供电异常时间和停电、恢复供电时间；火灾自动报警系统和生产装置记录的时间；视频资料显示的时间；可燃物燃烧速度；其他记录与起火有关的现象并显示时间的信息。具体分析如下：

1. 根据证人证言分析认定

起火时间通常首先从最先发现起火的人、报警人、接警人、当事人、扑救人员等提供的发现时间、报警时间、开始灭火时间；公安机关消防、企业消防及单位保卫部门接警时间；最先赶赴火灾现场的公安机关消防、企业消防队及有关人员到达时间；火场周围群众发现火灾的时间及当时的火势情况来分析和判断。发现人和报警人因为当时急于报警或进行扑救，往往忽视记下发现时间，在这种情况下，可以根据他们的日常生产和生活活动，及其他有关现象和情节中的时间作为参照进行推算。

2. 根据相关事物的反应分析认定

若火灾的发生与某些相关事物的变化有关，或者火灾发生时引起一些事物发生相应的变化，那么这些事物的变化情况可用来分析起火时间。因此，可以通过向有关人员了解，查阅有关生产记录，根据火灾前后某些事物的变化特征来判定起火时间。

3. 根据火灾发展阶段分析认定

不同类型的建筑物起火，经过发展、猛烈、倒塌、衰减到熄灭的全过程是不同的。根据实验，木屋火灾的持续时间，在风力不大于0.3m/s时，从起火到倒塌为

13～24min。其中从起火到火势发展至猛烈阶段所需时间为4～14min，由猛烈至倒塌为6～9min。砖木结构建筑火灾的全过程所需时间要比木质建筑火灾的时间长一些；不燃结构的建筑火灾全过程的时间则更长。根据不燃结构室内的可燃物品的数量及分布不同，从起火到其猛烈阶段需15～20min，若至不燃结构倒塌则需更长的时间。普通钢筋混凝土楼板从建筑全面燃烧时起约在2h后塌落；预应力钢筋混凝土楼板约在45min后塌落；钢屋架约在25min后塌落。

4. 根据建筑构件烧损程度分析认定

不同的建筑构件有不同的耐火极限。当超过耐火极限时，建筑构件背火面平均温度会超过初始温度140℃或单点最高温度超过初始温度220℃，或者发生穿透裂缝，从而阻挡火灾蔓延的作用。超过耐火极限后，建筑构件可能会因为机械强度降低而失去支撑能力。

5. 根据物质燃烧速度分析认定

不同物质的燃烧速度不同，同一种物质燃烧时的条件不同其燃烧速度也不同。根据不同物质燃烧速度推算出其燃烧时间，可进一步推算出起火时间。

在实际火场上，物质燃烧的条件可能与上述的实验条件不同，其燃烧速度也因此有所不同。因而，应注意在推算起火时间时不能仅用现成的数据，还要考虑到现场的其他影响因素。

6. 根据通电时间或点火时间分析认定

由电热器具引起的火灾，其起火时间可以通过通电时间、电热器种类、被烤着物种类来分析判定。例如，普通电熨斗通电引燃松木桌面导致的火灾，可根据松木的自燃点和电熨斗的通电时间与温度的关系推测起火时间。

7. 根据起火物所受辐射热强度推算起火时间

由热辐射引起的火灾，可根据热源的温度、热源与可燃物的距离，计算被引燃物所受的辐射热强度来推算引燃的时间。例如，在无风条件下，一般干燥木材在热辐射作用下起火时间与辐射热强度的关系为：在热辐射强度为4.6～10.5kW/m^{2}时，12min起火；在热辐射强度为10.5～12.8kW/m^{2}时，8min起火；在热辐射强度为15.1～24.4kW/m^{2}时，4min起火。

8. 根据中心现场死者死亡时间分析认定

如果中心现场存在尸体，可以利用死者死亡的时间分析起火时间。例如根据死者到达事故现场的时间，进行某些工作或活动的时间，所戴手表停摆的时间，或其胃中内容物消化程度分析死亡时间，进而分析判定起火时间。

（二）分析认定起火时间应注意的问题

在认定起火时间时，应该充分考虑各种相关因素，全面分析各因素的影响作用，准确认定起火时间。为了保证起火时间分析与认定的准确性，必须注意如下几个问题：

1. 要进行全面分析

认定起火时间后，应该对其进行全面分析，注意与火灾现场其他事实之间是否相互吻合。尤其要注意将起火时间与引火源、起火物及现场的燃烧条件综合起来加以分析。

2. 要注意可靠性和正确性

在认定时，应该注意认定依据的可靠性和正确性。对提供起火时间的人，要了解其是否与火灾的责任有直接关系，不能轻信为掩盖或推脱责任而编造的起火时间。作为认定起火原因依据之一的起火时间必须符合客观实际。起火时间不准确，则可能造成起火原因认定工作范围的扩大或缩小，前者使起火原因认定增加工作量，后者可能造成某些方面的遗漏。

应该注意的是，所谓认定起火时间的准确性，是一个相对的概念。在很多情况下，不可能将起火时间认定准确到分秒不差，只要确定到一个相对准确的时间段即可。

3. 注意起火物和环境条件对起火时间的影响

在分析起火时间时，应该注意起火物的性质、形态，以及起火时的环境条件。在同样的火源作用下，因为不同物质的燃点、自燃点、最低点火能量和燃烧速率不同，所以点燃的难易程度和起火的时间也不相同。同一种起火物由于其形态不同，其最小点火能量、导热系数、保温性也不同，所以点燃的难易程度和起火的时间也不相同。

二、起火点的分析与认定

起火点是火灾发生和发展的初始部位。在火灾现场，可能有一个起火点，也可能有两个或更多的起火点。正确分析起火点，是正确认定起火原因的前提条件。在火灾事故调查过程中，只有找到了起火点，才有可能查清真正的起火原因。

（一）分析认定起火点的依据

可以作为认定起火部位或者起火点的根据有：物体受热面；物体被烧轻重程度；烟熏、燃烧痕迹的指向；烟熏痕迹和各种燃烧图痕；炭化、灰化痕迹；物体倒塌掉落痕迹；金属变形、变色、熔化痕迹及非金属变色、脱落、熔化痕迹；尸体的位置、姿势和烧损程度、部位；证人证言；火灾自动报警、自动灭火系统和电气保护装置的动作顺序；视频监控系统、手机和其他视频资料；其他证明起火部位、起火点的信息。运用火灾现场痕迹认定起火部位、起火点，应当综合分析可燃物种类、分布、现场通风情况、火灾扑救、气象条件等对各种痕迹形成的影响。证人证言应当与火灾现场痕迹证明的信息相互印证。

1. 火灾蔓延痕迹

根据火灾发生和蔓延的一般规律，可燃物的燃烧总是从某一部位开始的，火势的发展，总是由一点烧到另一点，从而形成了火灾的蔓延方向和燃烧痕迹，这个蔓延方向的起点就是起火点。因此，火灾后在现场寻找起火点的过程，在某种意义上讲就是寻找蔓延方向的过程。而寻找蔓延方向的过程，实质上就是在各种燃烧痕迹中寻找证明火势蔓延方向痕迹的过程，各种证明火势蔓延方向的痕迹起点的会聚部位就是起火点。

火灾是以热传导、对流、辐射三种方式蔓延的。一般说来，从某一点或某一部位上一定数量的可燃物燃烧产生的热能，在传播过程中均遵循一定的规律。首先，热能随传播距离的增大而减少，形成离起火点近的物质先被加热燃烧，烧毁重一些；离起火点远的物质被加热晚，烧毁相对轻一些。其次，热辐射是以直线的形式传播热能的，所以物体受到热辐射的作用，受热面和非受热面的被烧程度有明显的差别，面向起火点的一面先受热，被烧得重一些，而背向起火点的一面则被烧得轻一些。这种被烧轻重程度的差别和受热面与非受热面区别的痕迹，不仅反映出火势蔓延先后的信息，而且也显示出了火势传播的方向性，即显示出火势是由“重”的部位、受热面一侧蔓延过来，这个指明的“重”的方向、受热面朝向，一般情况下就是指向起火点。所以说，被烧轻重的顺序和受热面朝向是最典型的火势蔓延痕迹，在现场勘验中应作为分析重点。

（1）根据被烧轻重程度分析

火灾现场残留物的烧损程度、炭化程度、熔化变形程度、变色程度、表面形态变化程度、组成成分变化程度等往往能反映出火场物体被烧的轻重程度。在火灾现场的残留物中，它们被烧的轻重程度往往具有明显的方向性，这种方向性与火源和起火点有密切的关系，即离起火点或引火源近的物体易烧毁破坏，迎火面被烧严重。物体被烧轻重程度与物质的性质、燃烧条件、燃烧时间和温度等条件有关。在火灾初起阶段，由于火势较弱，蔓延较慢，起火点处燃烧时间较长，所以火灾初起阶段只有起火点处烧得重一些，这种局部烧得重的痕迹在火灾终止后仍保留着，这是起火点的重要特征，成为火灾后确定起火点的重要依据。

（2）根据受热面分析判定

热辐射是造成火灾蔓延的重要因素之一。由于热辐射是以直线形式传播热能的，所以在火灾过程中，物体上形成了表明火势蔓延的痕迹——受热面，这种痕迹的特征主要表现在形成明显的方向性，使物体总是朝向火源的一面比背向火源的一面烧得重，形成明显的受热面和非受热面的区别。因此，物体上形成的受热面痕迹是判断火势蔓延方向最可靠的证据之一，是确定起火点的重要依据。

在现场勘验中，在可燃物体和不燃物体上都可以找到受热面的痕迹。由于热辐射只能沿直线传播，所以物体受到直射的部分比没有受到直射的部分被烧程度明显要重得多，特别是在同一物体不同侧面表现得更为明显。对建筑火灾中的门、窗作仔细观察，就会发现门、窗两侧的框被烧程度有明显区别，一侧烧得重，另一侧烧得轻，这就是热辐射方向性的结果。但有时热辐射被其他物体遮挡时，可使离火源近的物体反而比远的物体烧得轻。现场勘验中不仅要对单个物体进行判断，也要同时对多个物体联系起来进行判断，对同一个火灾现场来说，在多个物体上形成的受热面的朝向基本是一致的。因此，首先找出它们的受热面，确定出火势过来的方向，然后再通过对每个物体受热面被烧程度的鉴别，确定出烧得最重的部位，最终确定起火点。

（3）根据倒塌掉落痕迹分析

一般情况下，在火灾中距火源近的部位或迎火面的物体先被烧和失去强度，从而导致发生形变或折断，使物体失去平衡，面向火源一侧倒塌或掉落。虽然倒塌的形式、掉落堆积状态各不相同，但是都有一定的方向和层次，遵循着一个基本规律，都向着起火点或迎着火势蔓延过来的方向倒塌、掉落。所以，调查人员在现场勘验中，首先参照物体火灾前后的位置和状态变化事实，通过对比判断出倒塌方向，逐步寻找和分析判断起火点（倒塌方向的逆方向就是火势蔓延方向）。其次，还可以通过分析判别掉落层次和顺序认定起火点的位置。

（4）根据线路中电熔痕（短路熔痕）分析

在火灾发生和蔓延的过程中，如果导线处于带电状态，被烧时绝缘层被破坏，有可能形成短路熔痕，而被烧的顺序与火灾蔓延方向有关。在火灾过程中，电熔痕的形成顺序以及电气保护装置的动作顺序是与火势蔓延顺序一致的，而保护装置动作后，其下属线路就不会产生短路痕迹。因此，在火灾中短路熔痕形成的顺序与火势蔓延的顺序相同，起火点在最早形成的短路熔痕部位附近。在燃烧充分、破坏严重、残留痕迹物证比较少的火灾现场，利用这一方法判定起火点非常有效。

（5）根据热气流的流动痕迹分析

火势蔓延的规律表明，高温浓烟和热气流的流动方向往往与火势蔓延方向相同。对流传热是火灾发展过程中传热的方式之一，灼热的燃烧气体从燃烧中心向上和周围扩散和蔓延，热气从温度高的地方流向温度低的地方，离火源越近温度越高，反之温度越低。当室内起火时，热烟气总是先向上升腾，然后沿天棚进行水平流动。因为热烟气在室内不断积聚，将从上向下充满整个房间，从而产生一个热气层。开始时热气集聚在火焰上方，形成的热烟气层比其他部位厚（例如在角落里），但是最终整个房间内的热烟气层厚度将趋于一致。火灾规模越大或者房间越小，热烟气层厚度增加就越快，直至热气流从开启的门、窗或通气孔洞向外涌出，进入相邻的房间。当热气流进入相邻房间后，开始新一轮扩散。由于此时烟气的温度降低，留下的烟气痕迹较弱，而且热烟气层的厚度较小，这一过程在不同房间产生的阶梯性的烟成热的破坏痕迹，可以用来判断火灾的蔓延方向。另外，热烟气扩散过程中，会在物体上留下带有方向性的烟熏痕迹。这种烟熏痕迹反映了火势蔓延和烟气流动的方向。在一些火灾现场，依据烟熏痕迹的方向性，可以找出火灾蔓延的途径，并依据火灾蔓延的途径找出起火点的位置。

（6）根据燃烧图痕分析

燃烧图痕是火灾过程中燃烧的温度、时间和燃烧速率以及其他因素对不同物体的作用而形成的破坏遗留的客观“记录”。这些图痕直观简便地指明了起火部位和火势蔓延的方向，是认定起火点的重要根据。火场中最常见的“V”字形图痕，对确定起火点有重要意义。由于燃烧是从低处向高处发展的，所以，在垂直的墙壁，垂直于地面的货架、设备及物体上，将留下类似于“V”字形的烟熏或火烧痕迹。火是由“V”字形的最低点向开口方向蔓延的。一般起火点就在“V”字形的最低点处。常作为判定起火部位的燃烧图痕有“V”字形、斜面形、梯形、圆形、扇形等图形，它们主要以烟熏、炭化、火烧、熔化、颜色变化等痕迹形式出现。

（7）根据温度变化梯度分析

物体被烧轻重程度，在火源和其他条件完全相同的情况下，主要与燃烧温度和作用时间有关系，火灾后可燃物体、不燃物体或其某一部位被烧轻重程度实质上是火灾中燃烧温度和作用时间在这物体或部位上作用的反映，它是以不同的痕迹表现出来的。因此，可以通过可燃物体和不燃物体上形成的痕迹（如炭化痕迹、变色痕迹、炸裂脱落痕迹、变形痕迹等），比较各部位实际的受热温度的高低，找出全场的温度变化梯度，进而分析判断起火点的位置。

2. 证人证言

由于火灾现场的暴露性，火灾在发生和发展过程中容易被人们发现，现场附近的人员可能目击到起火点、起火物、引火源、蔓延过程和各种变化情况。因此，通过调查询问发现人、从火场里逃生的人、当事人等对火灾初起的印象，再现火灾过程，可获取证明起火点和起火部位的证据和线索。

（1）根据最早出现烟、火的部位分析

由于起火点处可燃物首先接触火源而开始燃烧，所以该部位一般最早产生火光和烟气，这一基本特征就是证明起火点位置最直接、最可信的根据。因此，在现场勘验前必须把最先发现起火的人、报警人、扑救人、当事人等作为现场询问的重点，详细查明最早发现火光、冒烟的部位和时间、燃烧的范围和燃烧的特点，以及火焰、烟气的颜色、气味及冒出的先后顺序，并进行验证核实，之后作为现场勘验的参考和分析认定起火点的证据。

（2）根据出现异常响声和气味的部位分析

发生火灾初期的异常响声和气味，对分析判断起火点非常重要。火灾初始阶段一些平稳物体（如固定在墙外的空调机、悬挂在天棚上的吊灯和电风扇等）被烧发生掉落时与地面或其他物体撞击而发出的一些响声；电气设备控制装置动作时响声（如跳闸声）；线路遇火发生短路时的爆炸声；还有一些物质燃烧时本身也发出独特的响声，如木材及其制品燃烧时发出“噼啪”响声，颗粒状粮食燃烧时发出“啪啪”响声等。这些不同的声音都表明火灾发生部位的方向或指明火势蔓延的方向。不同物质燃烧初起时会产生不同的气味，如烧布味、烧塑料味等，根据这些气味的来源，可以分析判断起火部位的方向或火势的方向。因此，向当事人了解有关听到响声的时间和部位，发生异常气味的部位，就可以得到起火部位的线索和信息。在查明响声的部位、物体和原因后，再验明现场中的实际物证。如果两者一致，则表明证人提供的证言是正确的，可以认定起火部位就在发出响声或气味的部位附近。

（3）根据有关热感觉的部位和方向分析

火灾发展过程中，火从起火点向外蔓延的过程就是热传递的过程，离起火部位近的物体先被加热，温度较高，离起火部位远的物体后被加热，温度较低，这样就形成了起火部位与非起火部位之间的温度梯度，起火部位物体的温度明显高于其他部位物体的温度。因此，发现火灾的人、救火的人、在火灾现场的人等提供的有关皮肤有发热、发烫感觉的部位，很可能反映了起火部位的信息。

（4）根据电气系统反常情况分析

电气设备、电气控制装置、电气线路、照明灯具等被烧短路，控制装置动作（跳闸、熔丝熔断）断电，使该回路中的一切电气设备停止运行，这些因停电产生的现象，能传递故障信息，反映出起火部位的范围。因此，通过电工、岗位工人及起火前在现场的人了解起火前电气系统的反常现象，可以查明断电和未断电回路之间及断电回路之间的顺序。一般情况下在几条供电回路中，只有一个回路突然断电，其他回路正常供电，则可以推断起火部位就在断电回路范围内。若几个回路都断电，则查清短路的先后顺序（可以通过电灯熄灭顺序、电风扇停转顺序、空调机停止运行顺序等查证），起火部位一般在第一个断电回路所在的部位。

（5）根据发现火灾的时间差分析

火灾的发生和发展需要一定的时间，距起火点距离不同的地方和物体，发生燃烧的时间不同，火势大小也存在一定的差异，这就产生了起火部位和非起火部位之间燃烧的时间差。这种时间差，反映了燃烧的先后顺序，有时指明了起火点的部位。因此，不同部位的人员提供有关发现火情的时间和当时火势的大小情况与起火部位有联系。把他们发现起火的时间按先后顺序排列起来，并把火势大小情况和现场环境、建筑特征结合起来，综合分析比较，就能判断出燃烧的先后顺序，初步判断出起火点所在的部位。

3. 引火源物证

在有些火灾现场中，还存在火源的残骸，如果在现场勘验时找到它，确定其原始位置，弄清其使用原始状态和火势蔓延方向等情况，就可以确认其所在的位置就是起火点。这里指的是引火源物证，是指直接引起火灾的发火物或其他热源。例如，电熨斗、电炉、电暖器、电热毯、电热杯等电热器具，以及烟囱、炉灶等。

用引火源物证分析起火点时，一是确定其火灾前的原始位置和使用状态；二是其周围物体的燃烧状态。如果证明引火源处于使用状态，且周围又有若干能证明以此为中心向四周蔓延火势的燃烧痕迹，一般情况下，其所在的位置就是起火点。

利用引火源物证判明起火部位和起火点时应该注意下列问题：

（1）这些物品是否为火灾现场原来就有的

发现引火源的残骸后，首先应该判断这种引火源是否在火灾前就存在于现场，或者火灾前就在这个位置，这一点非常重要。如果起火前现场不存在这一引火源，或者火源的位置被移动，则应该重点调查引火源的来源、移动的原因，以判断是否为有人故意将火源带入现场，或者故意移动火源使其引燃可燃物，从而判断是否为放火案件。

（2）火灾发生后，这些物品是否被人移动过

如果有证据证明这种火源在起火后被人移动过，显然不能以现场中被移动后的位置作为起火点。此时应该分析火源的原始位置，以及火灾后位置移动的原因。

4. 灰化、炭化痕迹

灰化、炭化痕迹是指有机固体可燃物质燃烧后出现的残留特征。灰化物是指物质完全燃烧的产物，炭化物是指高温缺氧情况下物质不完全燃烧的产物。形成灰化、炭

化物的原因主要与可燃物性质、火源强弱、燃烧条件以及燃烧时间等因素有关。

一般情况下，火源为明火，且供氧充足，引起明火燃烧时易形成灰化痕迹；火源为无火焰的热源，且供氧不足时引起的阴燃，或一些有机物质本身自燃，及本身属于阴燃物质的，燃烧时形成炭化痕迹。当灰化、炭化部分形成一定面积和深度时，称为灰化区（层）、炭化区（层）。可燃物形成的灰化区和炭化区也是一种燃烧痕迹，是表明局部烧得“重”的标志。

起火物明火燃烧时，由于起火点处燃烧时间比较长，容易形成灰化痕迹，可以作为判断起火点位置的依据。如果现场发现易燃液体燃烧痕迹，很可能为起火点。在分析判定时，同样应该判断是否有向周围蔓延的痕迹。

5. 其他证据

（1）根据现场人员死、伤情况分析

如果火灾中发生了人员伤亡，那么有关烧死、烧伤人员的具体情况，如死者在现场的姿态、伤者受伤的部位、死者遇难前的行为等，对于分析判断起火点的方向、火势蔓延方向有着重要的证明作用。例如，死者在火灾中有逃生行为，那么在现场受到火灾威胁的人，大多数都向背离起火的方向逃难，死者在现场一般背向起火部位。因此，可利用这一特征，根据死者在现场的姿态和受伤者提供的线索分析认定起火部位和起火点。

对于爆炸现场，可从尸体位置和爆炸前死者的工作常处位置判断爆炸冲击波的方向，从而分析判断爆炸中心的位置。

（2）根据自动消防系统动作顺序分析

一些建筑物内安装了火灾自动报警、自动灭火设施，当火灾发生时，正常情况下都能以声响、灯光显示等形式立即报警，计算机能自动记录，使消防或安全监控人员、值班人员能很快地查明起火的房间和部位，并能采取相应的措施将火扑灭在初起阶段。有自动灭火设施的部位，报警的同时也自动启动灭火装置进行灭火，这些装置动作的次序，往往都能指明起火的大致位置和方向。

（3）根据先行扑救的痕迹分析认定

个别单位和个人为逃避火灾责任，往往不主动提供火灾发生部位和回避先行扑救的情况。调查人员若在现场某局部区域发现使用过的灭火器、灭火器喷出的干粉或者其他灭火工具，则起火点就在这局部区域之内。

（二）分析认定起火点应注意的问题

1. 认真分析烧毁严重的原因

现场烧得重的部位一般应为起火点，这符合火灾发生和发展的一般规律。但是千万不能把烧得重的部位都看作是起火点。火灾过程中，局部烧得重不仅取决于燃烧时间的长短、温度的高低，局部烧毁情况的影响因素很多，在分析起火点时，应该全面分析这一部位烧毁严重的原因及影响因素，才能得出正确的结论。一般应该注意分析以下问题：

（1）可燃物的种类和分布

在火灾中，可燃物的种类和分布直接影响现场的烧毁程度。如果可燃物的着火点比较低，或者说比较易燃，在火灾中就容易被引燃，而且燃烧比较充分，其所在部位烧毁就比较严重，甚至超过起火点。同样，如果可燃物分布不均匀，起火点处的可燃物较少，而其他部位可燃物多，在火灾过程中经过燃烧后，无疑是可燃物多的部位烧毁严重。

（2）现场的通风情况

由于火灾中消耗大量的氧气，需要补充新鲜空气，现场的通风情况直接影响可燃物的燃烧。如果起火点处于通风不畅的部位，氧气供给困难，则物质燃烧不充分。而处于通风口处的部位，不断有新鲜空气进入，使物质的燃烧速度加快，则这一部位的烧毁程度可能比起火点还严重。

（3）火灾扑救次序

灭火行为实际就是干预火灾蔓延的行为。与相对扑救晚的部位相比，扑救较早的部位燃烧时间也相应较短，调查分析时，应该查明火灾扑救的次序。

（4）气象条件

先行扑救的部位，燃烧被终止，烧毁较轻。因此在询问火灾扑救火灾时的气象条件，特别是风力和风向会影响火势的蔓延，同时也影响现场的烧毁程度。如果在火灾中发生了风向转变，则可能带来蔓延方向的转变。在分析现场烧毁情况时应该注意这一因素。

2. 分析起火点的数量

由于火灾是一种偶发的小概率事件，一般火灾只有一个起火点，这也在实践中得到了证实。但是一些特殊火灾，由于受燃烧条件、人为因素以及一些其他客观因素的影响，有时也会形成多个起火点，因此在分析认定起火点时绝不能一成不变地对待现场，要具体问题具体分析。一般易形成多个起火点的火灾有放火、电气线路过负荷火灾、自燃火灾、飞火引起的火灾等。

3. 分析起火点的位置

虽然火灾的发生有一定的规律性，但是具体到每一起火灾，火灾的发生就没有特定的地点。只要起火条件具备的地方都有可能发生火灾，所以起火点的位置也没有特定的地点。就建筑物起火而言，起火点可能在地面，也可能在天棚上，也可能在空间任何高度的位置上出现。当在地面、天棚上没有找到起火点时，特别要注意空间部位的可能性。有些起火点也可能在设备、堆垛等的内部，因此既要从物体的外部寻找，也要注意从物体的内部寻找。

4. 起火点、引火源和起火物应互相验证

初步认定的起火点、引火源和起火物，应与起火时现场影响起火的因素和火灾后的火灾现场特征进行对比验证，找出它们之间内在的规律和联系，并重点研究分析燃烧由起火点处向周围蔓延的各种类型的痕迹，看其是否与现场实际总体蔓延的方向一致，起火物与引火源作用而起火的条件是否与现场的条件相一致等，避免认定错误。

只要认定起火点的证据充分，即使是一时在起火点处找不出引火源的证据，也不要轻易否定起火点，应把工作的重点放在寻找引火源的证据上。

第四节　起火源和起火物的分析与认定

一、起火源的分析与认定

起火源是指直接引起火灾的火源，是最初点燃起火点处可燃物质的热能源。起火源是由一定的火源或其他热能源转化而成的。常见的起火源大约有400余种，如炉具、灯具、电热器具、高温物体、自燃的植物堆垛中形成的炭化块、雷击痕迹等。

起火源是物质燃烧不可缺少的重要条件。在火灾原因调查过程中，查清起火原因、分析研究起火源、起火物与起火有关的各种客观因素间的关系，是认定火灾原因的重要保证。只有准确地找出起火源的证据，才能为认定火灾原因提供有力的证据。

（一）认定起火源的证据

一般情况下，我们在火灾现场中所能查到的起火源证据，概括起来通常有以下两种：一种是能证明起火源的直接证据；另一种是与起火源有关的间接证据。

（1）证明起火源的直接证据，实际上就是起火源或容纳发火物的器具的残留物。如火炉、电炉子、打火机、电气焊工具、电熨斗、电烙铁、导线短路熔痕等。在火灾发生后，最初点燃起火源中可燃物的热能，常常是不复存在的，所残留的只是热能载体，即发火物或容纳发火物的器具。所以，在火场勘查中所能获取的起火源的直接证据，多是发火物或容纳发火物的器具的残留物痕迹。

（2）证明起火源的间接证据，是指能证实某种过程或行为的结果是产生起火源的证据。对于有些着火源则无法取得物证，如烟头火源、火柴杆火源、飞火星火源、静电放电、自燃等原因引起的火灾，则不可能获得直接物证，这就要靠间接证据来说明火灾原因。物体的电阻率，生产操作工序或工艺过程，能产生静电放电的条件，放电场所的易燃易爆气体与空气的混合物，场所的环境温度，空气的相对湿度，物质的贮存方式，物质的成分、性质、吸烟的时间、地点，吸烟者的习惯等等都属间接证据。在这类火灾中，我们虽然找不到起火源的直接证据，但在能证实或肯定某种过程和行为的条件下，以火灾现场这一事实为根据，经过科学的分析或严密的逻辑推理，就能得到起火源的间接证据。

（二）认定起火源的原则条件

认定火灾直接原因，必须搞清以下两个问题：一是准确确定起火点；二是查出易燃起火点处可燃物的火源。解决了这两个问题，一起火灾的直接原因也就查清楚了。因此，确认一起火灾的起火源是认定火灾原因的重要内容和依据。分析认定起火源的基本原则有以下几点：

1. 围绕起火点查找起火源

起火点是火灾发源地，准确确定起火点后，在划定的起火处可燃物的火源就能有一个比较集中的目标，就能缩小起火源的范围。

2. 全面分析，逐一排除

在一般情况下，火场范围较大的火灾，起火源也比较复杂，这就需要首先应根据现场勘验和调查询问的情况，全面分析起火部位有几种起火源，并在综合分类排队的基础上，以现有的材料和客观事实为依据，逐个进行分析，然后将能被各方面证据所证实的某一种起火源加以肯定，做到否定有充分的理由，肯定有可靠的证据。

3. 起火源要与起火物相联系

火灾是起火源与起火物相互作用的结果，二者联系紧密，不可分割。所以在分析研究起火源时，就不能脱离起火物。如起火点在室内，而室内不仅有火炉，且在其周围存在可燃物，同时还有大量的物证足以证明炉内的炭火或火炉的温度能引着可燃物，就可把火炉作为起火源来研究并加以肯定。但若火炉位于室内的中央，又不存在火炉与可燃物接触的条件，就不能轻易地断言，火炉就是起火源。在有些火灾现场中，虽然我们找不到起火源，但起火物遗留的痕迹物证，常常也可以说明或证明是由于何种起火源作用所引起的火灾。因此，弄清起火源与起火物之间的关系，是认定火灾原因过程中的一个必不可少的重要环节。

4. 分析发火、发热物体的使用状态

例如服装加工车间起火，在燃烧废墟上发现了被烧毁的电熨斗，电热可能是起火的原因，但是该电熨斗所处位置起火点特征不明显，或者起火点特征被严重破坏，则不能立即判定电熨斗是火灾原因。如果没有充分的证据说明这只电熨斗在火灾前是通电的，就不能肯定是这只电熨斗造成的火灾。所以要根据电熨斗内外受热情况，以及电熨斗使用情况进一步分析判明这只电熨斗在火灾前没有断电，或者用过较长时间不经冷却就放在可燃的案板上，才能证明火灾原因。一个住宅夜间发生火灾，起火点在床头，户主有吸烟的习惯，可是他不承认自己当天晚上躺在床上吸烟。在火灾现场，火灾事故调查人员在床头附近的残灰中发现1只烟灰缸。经调查这只烟灰缸平时总是放在远离床头的一个写字桌上面的，这就说明这只烟灰缸在起火前被使用。户主无法解释这种现象，承认了自己睡前曾躺在床上吸烟。

5. 分析着火能量

点燃一定数量的可燃物，要有一定的点火能量。某种火源发热的温度和产生的能量能否造成它附近的可燃物着火，这是确定发火源的重要条件。明火源和高温物体，如火焰、电弧，尤其明火焰具有很高的温度，因此很容易成为起火源。一些微弱的火源的发火物或发热体，其所放出的能量能否成为一种起火源应从以下几方面考虑：

（1）能量，即能否供给足够的点火能量。

（2）温度，即要达到或超过被点燃物质的自燃点。

（3）单位时间释放的能量，某一能量以缓慢的速度放出，则这种能量大部分散失在空气中，不能在被点燃物内部积聚，就不能成为火源。

另外，在分析火源能量时，不仅要考虑火源本身，而且必须结合被引燃的对象进行分析。因为不同物质具有不同的自燃点或闪点，所以点燃相同数量的不同物质，所需能量也是不同的。具有同等能量的同一种火源，可能只能成为某些物质的起火源，而对另外某些物质则不足以成为起火源。即使对一个微弱火源，对同一种物质，在不同的自然条件下，如气温、湿度等不同，有时可成为火源，有时不能成为火源。因此在分析火源能量时，要结合被点燃对象储热和散热条件以及气象等条件综合分析。

6. 起火源要与起火时间相一致

任何事物都有它的空间和时间的局限性，起火源也是如此。在允许的时间范围内，起火源可能对一起火灾发生了作用，而时间不充分或者过长、过短，都可能与这次火灾毫无关系。可见，起火源与起火时间在火灾发生的过程中，有着不可分割的紧密联系，也是我们以起火源为依据，认定火灾原因时不可忽视的一个重要因素。

二、起火物的分析认定

所谓起火物，是指在火灾现场中，由于某种起火源的作用，最先发生燃烧的可燃物。

（一）认定起火物的条件要求

以起火物作为认定火灾的一个依据，首先应准确地认定起火物。在火灾现场中，我们认定的起火物必须满足以下条件和要求：

（1）认定的起火物必须是起火点中的可燃物，不能在没有确定起火点的情况下，只根据一些可燃物的被烧程度来认定起火物。

（2）认定的起火物必须与起火源作用结果和起火特征相吻合。起火点特征是阴燃时，起火源多为火星、火花和高温物体，起火物一般应是固体物质。起火特征为明燃时，起火源往往是明火，起火物一般应是固体或可燃液体。起火特征为爆燃时，起火物一般应是可燃气体、液体蒸气或空气的混合物。

（3）认定的起火物比其周围的可燃物被烧或被破坏的程度严重。许多火灾，当人们发现时，火焰已蔓延扩大远远超出了起火点的范围，结果就使起火点处受高温作用的时间较强。

（4）认定液体、气体为起火物时，要注意其基本参数、浓度、点火能量，同时要注意漏点和起火点关系，有时起火点不一定在漏点处。

（二）起火物痕迹作用

在火灾原因调查过程中，我们可以根据起火物的痕迹特征，分析研究与火灾有关的因素。

（1）根据起火物的性质，如起火物的燃点、自燃点、闪点、爆炸极限等，分析研究何种火源在何种条件下，能使该起火物起火并能遗留这种痕迹，或在认定的起火源作用下，能否使起火点或起火部位中的可燃物成为起火物。

（2）根据起火物燃烧后的痕迹特征，如同类物质的不同燃烧炭化程度，分析起火物或一些可燃物的燃烧速度或起火时间的形式特征。

（3）根据起火物的运输、储存、使用等情况和起火前起火物所处的环境状况，如运输中的摩擦、碰撞晃动，储存中被日照、受潮、通风不良，使用中的摩擦、喷溅、碾压、挤压、剥离、混进杂质，起火前起火物质所处的环境温度、空气相对湿度等条件，分析研究起火物是否增加了火灾危险性或破坏了其稳定性能，进而分析能否自燃或产生静电放电起火等。

第五节　火灾原因的分析与认定

火灾原因的分析与认定是火灾调查的最后一个步骤，一般是在现场勘验、调查访问、物证分析鉴定和模拟实验等一系列工作的基础上，依据证据，对能够证明火灾起因的因素和条件进行科学的分析与推理，进而确定起火原因的过程。

一、火灾原因认定的依据

火灾事故调查人员在认定起火原因之前，应全面了解现场情况，详细掌握现场材料，在认定起火原因时，要把现场勘验、调查询问获得的材料，进行分门别类、比较鉴别、去伪存真，对材料来源不实或者材料本身似是而非的，要重新勘查现场，切忌主观臆断。

在火灾事故调查过程中，证据是认定起火原因、查清火灾的因果关系、明确和处理火灾责任者的依据。起火原因的认定通常是在确认了起火点、起火源、起火物、起火时间、起火特征和引发火灾的其他客观因素与条件的前提下进行的。这些火场事实一般是逐步得到查清的，已被证实的事实可作为查清因果关系的依据。它们的依据是相辅相成又相互制约的，舍弃或忽略其中的某一个，都可能作出错误起火原因的认定。

（1）起火点认定准确与否，直接影响起火原因的正确认定。因为起火点为分析研究火灾原因限定了与发生火灾有直接关联的起火源和起火物，无论收集这些证据，还是分析研究起火原因，都必须从起火点着手。实践证明，起火点是认定起火原因的出发点和立足点。及时准确地判定起火点是尽快查清起火原因的重要基础。

在以起火点为起火原因的分析与认定依据时，应注意：起火点必须可靠，有充分的证据做保证，起火点与起火源必须保持一致，要相互验证。

（2）查清起火源和分析起火物及有关的客观因素之间的关系，是认定起火原因的重要保证。只有准确地找到起火源，才能为起火原因的认定提供有力的证据。

作为起火源的证据可以分为两种：一种是能证明起火源的直接证据；另一种是与起火源有关的间接证据。所谓直接证据是起火源中的发火物或容纳发火物的器具残留物，如火炉、电炉、打火机、电气焊工具、电熨斗、电烙铁、铜导线短路熔痕等。所谓间接证据就是能证实某种过程或行为的结果能产生起火源的证据，如在静电、自燃、吸烟等火灾中的物体的电导率、生产操作工艺过程、静电放电条件、空气中可燃气体的浓度、场所的环境温度、空气的相对湿度、物质的储存方式、物质成分与性质、吸烟的时间与地点、吸烟者的习惯等。

（3）利用起火时间能够分析判断起火点处起火源与起火物作用的可能性。在火灾事故调查实际工作中，有时把发现着火的时间误认为起火时间，这是不确切的。因为火灾从初起到扩大有一个蔓延过程，这需要一定时间。此时间的长短受起火源和起火物的制约，且受环境客观因素的影响。因此，夜深人静无人在场的火灾，由于不能及时发现或当发现时已经蔓延扩大，此时就需要根据调查访问和现场勘验所获得的情况和资料，进行严密的分析推理，才能得出比较符合实际的起火时间。然而，起火时有见证人在场的情况下，起火时间应是可信的。一般情况下影响起火时间的因素主要是：起火物的性质，起火物所处的状态与环境条件，起火物与起火源之间的距离。

二、分析认定火灾原因的基本方法

在分析认定了起火点、起火时间、引火源、起火物和影响起火的环境因素后，调查人员已经掌握了大量证明起火原因的直接证据和间接证据，可以开始认定起火原因。起火原因认定方法通常有两种，即直接认定法和间接认定法。对一起火灾起火原因的认定来说，采用何种方法，应根据火灾事故调查的实际情况和需要来决定，可以运用其中一种方法，也可以两种方法结合起来使用。

（一）直接认定法

直接认定法就是在现场勘验、调查询问和物证鉴定中所获得的证据比较充分，起火点、起火时间、引火源、起火物与现场影响起火的客观条件相吻合的情况下，直接分析判定起火原因的方法。这种方法由于简便易行，在起火原因的认定中应用比较广泛。利用此法认定起火原因前，应该用演绎推理法进行推理，符合哪种起火原因的认定条件，就判断为哪种起火原因。

直接认定法适用于火灾事故调查中获取的证据比较充分的起火原因的认定。这种方法的运用是在对火灾进行了全面调查的情况下进行的，一切都要以调查的证据、事实为依据，要对起火点内的引火源、起火物、影响起火的环境因素有全面的了解，并进行全面分析之后才能进行认定。对现场中的实物直接认定应及时进行，以防时间过长导致实物变性、变色，或外观形态发生变化。

（二）间接认定法

如果在现场勘验中无法找到证明引火源的物证，可采用间接认定的方法认定起火原因。所谓间接认定法，就是将起火点范围内的所有可能引起火灾的火源依次列出，根据调查到的证据和事实进行分析研究，逐个加以否定排除，最终认定一种能够引起火灾的引火源。这种方法的运用正体现了排除推理法的应用，对于每一种引火源用演绎法进行推理判断。

运用间接认定法的关键，第一步是将起火点处所有可能引起火灾的火源排列出来，这就要求在调查过程中充分发现和了解火灾现场中存在的一些火灾隐患，保证在分析可能的原因时没有遗漏。第二步就是依据现场的实际情况，比较假定的起火原因与现场是否吻合，运用科学原理进行分析推理，找出真正的起火原因。

1. 分析的内容

对于可能的起火原因，应该采用以下方法进行分析：

（1）将假定起火原因与现场调查事实作比较。这些事实就是调查所获取的人证、物证、线索、鉴定结论，以及火灾前存在的火险隐患、火源、可燃物的特性等。用假定的引火源与它们相比较，去发现是否与现场情况相符。

（2）运用科学原理进行分析判断。根据现场的实际情况，弄清相应的生产工艺条件、设备构造原理，运用科学原理对假定的起火原因进行分析，排除不符合科学原理的火源，验证认定的引火源。

（3）与以前的同种火灾案例比较。一起火灾起火原因的认定可以与在此之前曾出现过的同种类火灾的起火原因的认定进行比较，比较起火点、引火源、起火物、影响起火的现场因素等，如果各方面都相同或相近，则该起火灾的起火原因很可能与以前同种类火灾的起火原因认定相同，这就是类比推理法的实际应用。但是应该注意的是，所运用的案例必须与这起火灾的起火点、引火源、环境条件等相同或基本相似，并且以事实为依据。

（4）调查实验。对于有些火灾，可以用模拟实验的方法判断一些火灾事实，进而认定起火原因。模拟实验时，必须忠实于火场实际情况，最好在原火灾现场选取同种类、同型号的火源和起火物，模拟起火当时影响起火的现场条件进行实验，从能否起火、起火方式、现场残留物的特征等方面去分析假设的起火原因是否符合实际情况。需要注意的是，模拟实验的结果不能作为证据使用，但可以作为参考依据。

2. 运用间接认定法应注意的问题

（1）必须将起火点范围内的所有可能引起火灾的火源全部列出，再逐个加以否定排除时不能将真正的引火源排除掉。

（2）在运用排除法时，必须对每一种引火源用演绎法进行判断和验证后再决定取舍。

（3）间接认定都是在现场引火源残体已经在火灾中灭失的情况下进行的，所以，现场勘验中获取的其他证据和调查询问证据材料更为重要。

（4）最后认定的起火原因，必须在该火灾现场中存在由于该种原因引起火灾的可能性，并且具备起火的客观条件。例如，认定因吸烟引起火灾时，在存在由于吸烟引起火灾的可能性的情况下，还要查清楚是谁吸的烟；在什么时间吸的烟，相隔多长时间起火；在什么位置吸的烟，移动范围多大；火柴杆和烟头的处理情况，周围有什么可燃物，这些可燃物有无被烟头引燃的可能性等。如果其中某一条件出现矛盾，则不能轻易认定为起火原因。

（5）对最后剩余的起火原因要进行反复验证，验证正确后才能正式认定。

（6）一旦发现认定错误，要立即进行重新分析认定。

三、对初步认定的起火原因的验证

虽然进行了认真细致的现场勘验和调查询问，同时取得的证据也比较充分，但由于火灾现场具有破坏性、复杂性、因果关系的隐蔽性和火灾发生的偶然性，对于认定的起火原因往往不能保证万无一失，尤其是对于那些大而复杂的火灾更是这样。所以，初步认定一起火灾的原因后一般要进行验证，才能保证认定错误率少一些。

（一）对初步认定的起火原因与现场调查事实作比较

这些事实就是调查所获取的人证、物证、线索、鉴定结论，以及火灾前存在的火险隐患、火源、可燃物的特征等，与它们相比较，发现有无矛盾之处。

（二）从理论上进行验证

可以运用燃烧学、建筑学、电学、化学、热学、逻辑学等理论对初步认定的起火原因进行分析和验证。

（三）用调查实验进行验证

对于那些不常见的起火原因的初步认定结论，最好在原火灾现场选取同种类、同型号的火源和起火物，模拟起火当时影响起火的现场条件进行实验，从能否起火、起火方式、现场残留物的特征上去分析初步认定的起火原因是否符合实际情况。

四、认定起火原因的基本要求

（一）从实际出发，尊重客观事实

在认定起火原因前，应对现场进行认真的勘验，并细致地进行调查询问，全面掌握证据和材料。认定起火原因的过程就是对火灾情况进行调查研究的过程，对掌握的证据和材料要进行验证和审查，确保证据和材料的真实性和客观性，切忌主观臆断、搞假证据和假材料。

（二）抓住本质性问题

所谓本质的问题，就是指能够说明火灾发生、发展的有关证据和材料。火灾现场各种现象的表现形态千差万别、错综复杂，不一定哪一个个别现象或哪一个细小痕迹就能反映出火灾的本质问题。因此，要善于研究与火灾本质有关系的每一个问题，即便是细小的痕迹和点滴情况，都应认真分析研究，并把这些情况联系起来，研究它们与火灾本质的关系。

（三）把握共性和个性的辩证关系

火灾案件与社会现象一样，同种类型的火灾都有其共同的规律和特点，调查人员应掌握这些规律和特点。同时，同种类型的火灾，在具体情节上也都存在差异，千万不能忽视这些差异。因此，在调查火灾的过程中应注意发现具体火灾现场的不同特点，结合火灾发生当时的具体情况和现场条件，具体问题具体分析。在抓住普遍规律的基础上，重点找出它的特殊因素，并科学地分析这些特殊因素与火灾发生的本质联系，不能凭主观上的合理想象，把火灾后的一切现象看作是千篇一律的内容，这样会导致得出错误的判断和结论。

一些特殊或难度大的未查清的火灾，可以肯定其中必有一个或几个未知的特殊因素，调查人员应集中力量揭示出这些因素，然后再具体问题具体分析，这样往往能对火灾中的特殊因素作出科学和合理的解释，甚至能准确地认定起火点和起火原因。

（四）注意分析火灾的因果关系

任何一起火灾的发生都有一定的因果关系，只不过有的比较明显，有的比较隐蔽。因此，分析一起火灾的原因时，一般都要先查明该单位或该住户等火灾前存在哪些火灾隐患，分析这些火灾隐患，也能为认定起火原因提供有力的依据和线索。例如，放火案件，除了精神病患者无意识的行为外，都具有明显的因果关系，放火者的行动必然有一定的目的，或者为了进行破坏，或者为了泄私愤进行报复，或者是为毁灭罪证，或者是为达到自己的某种目的等，这些正是调查人员要发现和利用的因果关系。

（五）分析火灾发生的必然性和偶然性

由于一个单位或一个家庭中存在这样或那样的火灾隐患，所以必然会导致火灾，之所以现在还未发生，是因为发生火灾的客观条件暂时还不具备。但是火灾的发生，也有很大的偶然性，认真地分析和研究火灾现场出现的各种偶然现象，对于分析认定起火原因将起到重要作用。

（六）注意抓住重点

在分析认定起火原因时，往往证据和材料众多，起火原因有多种可能，所以要进行深入细致的多方面分析，找出主要矛盾，抓住关键性的问题。在抓住重点突破口时，还要兼顾其他可能性的存在，一旦发现重点确定不准确，就要灵活而又不失时机地改变调查方向，不至于顾此失彼，贻误时机。

第六节　灾害成因分析

一、灾害成因分析的内容

灾害成因分析的内容包括：人的因素对火灾的影响、火灾场所环境因素对火灾的影响和其他有关情况。具体内容包括：

（1）分析人对火灾孕育、发生、发展、蔓延、扩大和火灾结果的影响情况，分析人对火灾影响的积极因素和消极因素。

（2）分析火灾场所建筑物平面、立面及空间布置情况，确定火灾中的烟、气、热、火焰等的蔓延途径、速度和蔓延原因。

（3）分析在火灾热和荷载作用下结构构件全部或部分失去力学性能，从而造成建筑物倒塌、变形的建筑构件，分析其耐火性能。

（4）分析火灾发生时安全疏散通道和安全出口情况，分析认定人员、物资疏散受阻原因。

（5）分析火灾场所中火灾自动报警系统、自动灭火系统、消火栓系统、防火分隔设施、防排烟设施、通风系统、消防电源、应急照明、疏散指示标志灯、灭火器材等消防设施在火灾过程中的表现，确认其是否发挥了预期的作用。

（6）分析火灾场所过火区域内存放可燃物种类、数量、状态、位置等情况，认定它们对火灾蔓延、扩大和火灾结果所起到的影响作用。

（7）分析火灾场所内易燃易爆危险物品种类、数量、状态、位置等情况，认定其对火灾现象和火灾结果产生的影响。

（8）分析阻燃剂、阻燃圈（包）等消防阻燃措施情况，以及它们在火灾中的表现。

（9）其他对火灾产生重要影响的有关情况。

二、灾害成因分析的方法

（一）事故树分析法

事故树分析法又称为故障树分析，是从结果到原因找出与火灾有关的各种因素之间的因果关系和逻辑关系的分析方法。火灾灾害成因分析中，按照熟悉调查对象、确定要分析的火灾结果、确定分析边界、确定影响因素、编制事故树、系统分析等步骤，对灾害成因进行分析，并最终作出认定结论。

灾害成因事故树分析法的具体内容包括：

（1）熟悉调查对象。灾害成因分析首先应详细了解和掌握有关火灾情况的信息，包括火灾发生时间、地点、火灾场所建筑物情况、消防设施情况、可燃物情况、场所的使用情况、火灾蔓延扩大情况、扑救情况、伤亡人员情况等。同时，还可广泛收集类似火灾情况，以便确定影响火灾结果的可能因素。

（2）确定要分析的火灾危害结果（顶上事件）。灾害成因分析所要分析的火灾危害结果可能是严重的人员伤亡、财产损失、火灾面积巨大、起火建筑意外垮塌、同类建筑多次发生火灾等。

（3）确定分析边界。在分析前要明确分析的范围和边界，灾害成因分析，一般把与火灾有直接关系的人、事、物、环境划在分析边界范围内。

（4）确定影响因素。确定顶上事件和分析边界后，就要分析哪些因素（原因事件）与火灾有关，哪些因素无关，或虽然有关，但可以不予考虑。比如，当把某火灾造成重大人员伤亡结果作为顶上事件时，人员疏散逃生受阻很可能成为中间原因事件，在确定基本事件时，会发现尽管疏散人员可能有着性别、体力上的差异，但这些可能对疏散逃生影响甚微，可以不予考虑，但在病房、幼儿园等特殊人群火灾场所，又必须作为重要因素给予关注。

（5）编制事故树。从火灾的危害结果（顶上事件）开始，逐级向下找出所有影响因素直到最基本事件为止，按其逻辑关系画出事故树。

（6）系统分析，得出结论。根据火灾具体情况，结合询问、勘验、鉴定、模拟实验等情况，综合分析各个因素对火灾的影响度，并按照影响度大小顺序进行因素排序。

（二）事件树分析法

事件树分析是从原因推论出结果的（归纳的）系统安全分析方法。按照事故从发生到结束的时间顺序，把对火灾有影响的各个因素（事件）以它们发生的先后次序按照逻辑关系组合起来，通过绘制事件树，并结合调查信息进行综合分析，找到影响火灾的关键因素链。

灾害成因事件树分析法的具体内容包括：

（1）收集和调查火灾相关信息。这些信息主要包括：建筑物基本情况、消防设施情况、使用情况、火灾基本情况、内部人员情况等，还要找出主要的火灾中间事件。

（2）对中间事件进行逻辑排列。所谓逻辑排列，就是根据火灾过程的时间顺序，按照中间事件发生的先后关系来排列组合，直到得出火灾结果为止。每一中间事件都按照“成功”和“失败”两种状态来考虑。

（3）绘制事件树图。在以上步骤的基础上，完成事件树的绘制工作。

（4）综合分析，得出结论。根据调查获得的具体情况，结合询问、勘验、鉴定、模拟实验等情况，综合分析，得出是什么中间事件（影响因素）、怎样影响了火灾的结果。

三、影响灾害成因的因素

（一）人的因素对火灾的影响

人的活动总是在复杂的系统中进行的，在这样的系统中人是主要因素，起着主导作用，但同时也是安全控制最难、最薄弱的环节。对于火灾的发生虽然不少人认为具有很大的偶然性，但在火灾孕育阶段，人的活动对火灾孕育起着很重要的影响作用。

1. 人的心理对火灾发生的影响

人的心理状态对火灾发生的影响作用巨大。积极的心理会有效地防止火灾发生；相反，消极的心理则很可能会导致火灾发生。在火灾孕育阶段，人的心理通常可以表现为以下四种状态：

（1）侥幸心理。表现为碰运气，相信自己有能力阻止事故发生，别人不一定发现等心理，行为人不是马虎了事，就是贪图方便，为火灾的发生埋下隐患。侥幸是引发火灾最普遍的心理。

（2）冒险心理。表现为好胜、逞能、强行野蛮作业等行为。冒险心理者只顾眼前，故意淡化危险后果，而且先前的冒险行为会进一步加强冒险心理。

（3）麻痹心理。主要表现：习以为常，对重复性的工作满不在乎，凭“老经验”办事而放松警惕等。

（4）心理挫折。在遭受挫折的状态下，行为人可能会有攻击、压抑、倒退、固执己见和妥协等反应，心理冲突激烈时，会采取极端的行为，从而导致火灾的发生。

对于大多数火灾来说，在人的上述心理和行为的共同作用下，火灾孕育得以完成。

在分析人的因素对火灾的发生产生的影响时，主要应查明行为人的心理状态，分析火灾孕育的过程如何，哪些人参与了火灾孕育过程，他们各自的心理和行为是什么，综合分析人的心理和行为对火灾发生产生的影响等因素。通过调查与走访，弄清行为人的心理状态对火灾孕育所产生的影响作用，可以为今后有针对性地开展消防安全教育活动，消除上述不利心理提供帮助。

2. 人的施救行为对火灾过程的影响

根据火灾发生、发展所处的不同阶段人的施救行为方式不同，人的因素在火灾过程中的影响可以分为发现火灾、报告火警、初期扑救三个阶段。

（1）发现火灾阶段

发现火灾是人同火灾进行斗争的关键性前提。火灾发生后，一旦不能及时发现，只要环境条件允许，火灾就会自由地发展和蔓延，火灾可能的危害结果也就越大；相反，及时地发现火灾，使人对火灾采取及时有效的控制措施成为可能，火灾的危害结果也可能会减小到最小限度。

火灾发生后，必然会在一定环境空间范围内释放出火灾产物——火焰、光、热、烟、气味、声响等。人发现火灾的过程，就是火灾信息刺激人的感官并引起人判断和证实火灾发生的过程。不同火灾的火灾信息表现特征不同，不同人的感官以及同一人各种感官之间也存在差异，但主要的感官有视觉、听觉、嗅觉和触觉四种途径。

①视觉途径。视觉途径是火灾信息中的火焰、光、烟等通过刺激人的眼睛，从而引起大脑的反应来判断证实火灾发生的方式。视觉途径通常能够最直接地使人发现火灾，但它同时要求发现人必须是处在能够感受到火焰、光、烟信息的状态下并能给出正确的判断。

②听觉途径。听觉途径是火灾信息中的声响通过刺激人的听觉，从而引起人的注意来判断证实火灾发生的方式。听觉途径一般较视觉途径晚。这是因为火灾产生让人注意的声音（如木材燃烧的噼啪声音、玻璃遇热炸裂声音、玻璃倒塌掉落的声音等）时，火灾往往已处于猛烈的明火燃烧阶段。但是，因为声音传播和光的传播规律不同，所以人只要处在声音能够到达的距离内，不论他与火场之间是否存在有视觉障碍物，还是能够获得火灾声音信息。因此，人在不能通过其他途径发现火灾的情况下，听觉途径还是相当重要的。

③嗅觉途径。嗅觉途径是火灾信息中的气味通过嗅觉刺激，从而引起人的注意来判断证实火灾发生的方式。由于气味是随着空气的流动扩散而传播的，因此如同听觉途径一样，有时人对火灾气味的感知还是比较容易的。对于还没有产生明火燃烧的阴

燃，通过嗅觉途径来较早地发现初期火灾，就是很好的一种情形。

④触觉途径。触觉途径主要是火灾信息中的热、振动等通过刺激人的感觉，从而引起大脑的反应来判断证实火灾发生的方式。触觉必须依靠接触来实现。因此，通过触觉途径来发现火灾，就要求人必须能够接触到火灾产生的热。尽管人通过这种途径发现火灾的案例相对少见，但对于一些特定情况还是存在的。

在发现火灾阶段，要分析人的施救行为对火灾过程的影响，应当着重了解火灾发现人是在什么时间获得火灾信息的；火灾发现人获得火灾信息时，其自身状态如何；火灾发现人是通过怎样的途径发现和判断火灾发生的；发现火灾时，火灾正处于怎样的阶段以及发展的趋势如何等信息，综合评价火灾发现人在发现火灾阶段对火灾过程的影响。

（2）报告火警阶段

火灾发现者选择怎样的报警行为，取决于发现者自身、火灾状态以及火灾现场相关情况等因素的诸多影响。发现者报告火警的行为直接影响火灾扑救力量的投入，对火灾控制过程十分重要。要分析报告火警阶段人的因素对火灾过程的影响程度，核心任务就是查明报警时间、报警方式、报警过程以及报警效果，具体内容包括：报警人在什么时间报告的火警，这个时间距离火灾发现时间有多久；报警人通过什么方式报告火警，报警程序存在哪些有利或不利因素；报警的内容是什么，报警后的效果如何；报告火警时，火灾发展的状态。通过以上调查分析，综合评价报警是否及时、报警方式选择是否合理、报警是否达到预期效果等，得出报警情况人的因素对火灾过程的积极影响和消极影响的科学结论。

火灾初期阶段，火势小、燃烧不猛烈、火灾产物数量少。在这个阶段，人能够较容易接近着火处并采取有效措施灭火，这是扑救火灾的最佳时期。一旦初期发现人的扑救行为失败，火灾会发展、蔓延下去，导致严重的危害后果。

（3）初期扑救阶段

在初期扑救阶段，分析人的因素对火灾过程的影响时应注意以下内容：分析发现人获得火灾信息的时间、发现人所处的状态、发现和判断火灾发生的途径，火灾所处的发展阶段与趋势等内容；对报警情况影响的分析，主要侧重分析报警时间、报警方式、报警过程以及报警效果等情况；对初期扑救影响的分析，应分析初期扑救行为人的基本情况、扑救决定的作出、扑救的方式、初期扑救的效果等内容。

3. 人的逃生行为对火灾结果的影响

在火灾威胁之下，人的逃生行为是影响火灾造成人员伤亡的关键因素。如果行为人表现出非适应性、恐慌、再进入、冒险等行为，在火灾中容易造成较严重的人员伤亡。

（1）非适应性行为

受火灾威胁时，非适应性行为主要包括忽视适应性行为，或忽视有利于其他人的疏散行为，或忽视对火灾产生的热、烟、火焰的传播与阻挡。没有关门便离开着火房间，从而导致火势迅速蔓延，使其他人处于受威胁的状态之中，这个简单的行为反应就是非适应性行为。但通常的非适应性行为是指不关心其他人，只顾个人从火灾中逃离，造成自己或其他人遭受伤害的行为。

（2）恐慌行为

受火灾威胁的人可能会表现出惊慌失措，呈现出一种非常行为状态，其显著特征就是恐慌。恐慌行为是非适应性行为的反应。火灾危险被发现及确认后，人在避险本能的支配下，会尽量向远离现场的方向逃逸。群体性恐慌发生后，通常会伴随拥挤、从众、趋光、归巢四种行为，影响人员疏散。恐慌是导致疏散受阻从而造成大量人员伤亡的主要因素。

（3）再进入行为

火灾统计发现，受火灾威胁人逃离现场时，有部分人会再进入火场，这些人通常完全清楚建筑中发生的火灾及起火位置和烟气扩散的程度。产生再进的心理动机通常是为抢救财物、灭火、检查火势或帮助他人。再进入行为本质上不属于非适应性行为，因为此种行为是行为人在理智的情况下，经过思考在有目的方式下进行的，不具备非适应性行为常有的感情焦虑或自我焦急的特征。

（4）冒险行为

受火灾威胁的人为了实现避险的目的，明知行为在很大程度上会致不良后果而仍选择该行为。如行为人选择从高空跳下，就是一种最典型的冒险行为。

（二）火灾场所环境因素对火灾的影响

火灾发生、发展、蔓延、扩大乃至火灾结果的产生都必须依赖于场所环境。不同的火灾场所环境下，火灾产物与危害、蔓延途径与速度、扩大范围与倒塌等情况不同，所造成的火灾结果也就不同。因此，有必要认真分析火灾场所环境因素对火灾的影响，尤其是找到影响火灾结果的环境因素并分析各种因素的影响力，这是灾害成因分析的重要内容。

1. 建筑结构与耐火等级对火灾的影响

建筑物火灾发生频率最高，危害后果也最严重。建筑物火灾发生后，建筑物的耐火程度、内部构造特点、表面构造以及疏散条件均对火灾具有影响作用。

（1）建筑耐火程度对火灾的影响

整体建筑的耐火程度用耐火等级来描述，它取决于建筑结构构件的耐火极限。建筑构件的耐火极限又由组成构件材料的燃烧性能来决定。按建筑的结构材料不同，可将建筑分为木结构、砖木结构、砖混结构、钢结构、钢混结构、钢与钢混混合结构。建筑结构材料不同，其对火灾发展的影响就不同。

建筑耐火程度对降低火灾危害结果的作用，主要体现在：在建筑物发生火灾时，确保其自身在一定的时间内不破坏，不传播火灾，延缓和阻止火势的蔓延；为人们安全疏散提供必要的时间，保证建筑物内人员安全脱险；为消防人员扑救火灾创造条件；为建筑物火灾后修复重新使用提供可能。

（2）建筑物内部构造特点对火灾的影响

不同结构的建筑物，火灾蔓延的规律和特点也不同，建筑物平面布置、房间容积大小、空心结构的数量和相互连通的情况，以及建筑物立面构造等对火灾蔓延影响较大。

建筑物的平面布置形式很多。不同形式的平面布置，火灾蔓延的规律和特点也不同。

大空间场所发生火灾时，通常会发生以下情况：场所空间大，空气充足，燃烧容易猛烈发展；大空间由于建筑跨度大，容易在火灾中较早发生变形或倒塌；当较狭小的空间首先起火时，热气流和火焰便迅速向大空间处流动，或是也随之向大空间场所蔓延。

建筑物的空心结构越多，特别是隔墙与楼板、顶棚等空心结构相互连通，一旦某部位起火，火势就会在空心结构内部蔓延，这对火势扩大是非常有利的，往往造成严重的后果。此外，楼梯间、电梯间或通风空调管网通道等，都是火灾容易蔓延的途径。

(3) 建筑物表面构造特点对火灾的影响

建筑物内部起火，能否很快引起建筑外部起火，能否引起临近建筑起火甚至火烧连营，与建筑物表面构造特点关系密切。

当火灾在本体建筑由内部向外部及上部蔓延时，主要受以下因素影响：建筑物立面上窗口是否上下对应；窗户材料的燃烧性能；下部窗口上沿至上部窗口下沿的距离；起火建筑物屋面是否垮塌或被火烧穿等。建筑物上下层窗间距小，窗口位置上下对应，则下层火焰容易通过窗口向上层蔓延；屋面垮塌或被火烧穿，则导致火焰突破建筑向外部延伸。

建筑物内部起火，能否很快引起建筑外部起火，能否引起临近建筑起火，取决于邻近建筑与起火建筑的距离，邻近建筑外表材料的燃烧性能情况等。建筑间距越小，邻近建筑表面可燃物越多，则越容易被引燃。

(4) 建筑疏散条件对火灾的影响

建筑疏散条件的好坏，决定建筑发生火灾后，内部受威胁人员和财产的疏散与救助。建筑发生火灾后，内部受威胁人员和财产等，都需要依赖建筑的疏散条件来脱离危险。安全疏散通道是否畅通、距离是否合理；建筑外侧简便楼梯是否被占用或被封锁；安全出口是否畅通、数量是否满足；建筑与外界相联系的窗户、阳台、楼顶平台等是否被人为设置了防盗网(栏)、广告牌等，都会直接影响人员和财产的疏散与救助。

2. 建筑内可燃物状况对火灾的影响

建筑物内可燃物状况，通常用火灾荷载来描述。火灾荷载是指在一个空间里所有物品包括建筑装修材料在内的总潜热能。建筑物内火灾荷载密度大，则火灾发生的概率大，燃烧猛烈，火灾温度高，对建筑构件的破坏作用大，火灾蔓延越容易，火灾危害结果也越严重。

需要注意的是，火灾荷载大小只是从宏观上间接地反映了场所火灾危险性的大小。事实上，场所内可燃物的种类、数量、状态、分布位置等具体情况，对火灾发生、火灾过程和火灾结果的影响才是直接而又具体的。

(1) 可燃物种类对火灾的影响

从可燃物种类上看，可燃物的自燃点越低，越易起火；可燃物热能含量越高、热释放速率越大，火灾越猛烈并容易蔓延；可燃物燃烧发烟量和发烟速率直接影响着火灾场所的能见度；可燃物燃烧产物的毒性、窒息性、腐蚀性等对人员可能造成伤害。

（2）可燃物数量对火灾的影响

从可燃物数量上看，对于同一个场所而言，同类可燃物的数量越多，火灾荷载密度越大。发生火灾时，大的火灾荷载密度使火势更容易蔓延；火势蔓延使有效火灾荷载不断增大；有效火灾荷载的增大意味着有效火灾荷载密度的增大，而有效火灾荷载密度的增大又意味着火灾场所温度的升高，高的火场温度又为扩大有效火灾荷载提供了条件。这样，火灾场所就陷入了火灾蔓延的恶性循环。

（3）可燃物存在状态对火灾的影响

从可燃物存在的状态来看，同一可燃物在不同状态下对火灾的影响也是有差别的。

（4）可燃物分布对火灾的影响

从可燃物分布位置来看，在走廊、楼梯间、房间门口、建筑物出口，以及分布在疏散区域吊顶上的可燃物一旦着火，会严重影响人员的安全疏散；门口、窗口等孔洞附近，楼梯间或建筑竖向未分隔封闭的管道井、电缆井等处的可燃物，会使火灾迅速横竖向蔓延，使火灾很容易扩展到着火楼层以上的各个楼层；建筑物之间存放的大量可燃物，还可能导致火灾从着火建筑向邻近建筑的蔓延等。

3. 建筑消防设施状况对火灾的影响

完善的建筑消防设施对建筑抵御火灾的能力有着积极的正面影响，火灾发生后，有的设施能及时发现火灾并报警，有的能自动灭火，有的将火灾及其产物尽量控制在一定区域内，有的设施为人员逃生提供了便利，它们的存在都为抵御火灾、降低火灾危害发挥着重要作用。

建筑消防设施器材主要包括：火灾自动报警系统、消防自动灭火系统、防火分隔设施、防烟设施、通风系统、消防电源、应急照明与疏散指示标志设施、建筑消火栓系统、灭火器材等。对于起火建筑而言，该建筑消防设施是否设置完备，是否具有良好的可靠性和有效性，将直接影响建筑抵御火灾的能力，并影响火灾过程和火灾结果。

（1）火灾探测与报警设施

火灾自动报警系统本身并不直接影响火灾的自然发展过程，其主要作用是及时将火灾信息通知有关人员，以便组织灭火或准备疏散，同时通过联动系统启动其他消防设施以灭火或控制烟气蔓延。

不同的火灾物理特征和相应的信号处理方法不同，不同传感器的火灾探测器差异也很大，主要有感温火灾探测器、感烟火灾探测器、火焰探测器、气体火灾探测器等几种常见的火灾探测器。这些火灾探测器通过探测火灾的物理特征，如温度、烟尘、火焰的电磁辐射以及火灾气体产物等，来判断和确认火灾，发出火灾报警信号。然而，每一种火灾探测器并不能保证在任何时候、任何地点不出现差错或问题，因此，火灾发生后对火灾探测器和火灾探测系统的可靠性进行综合分析评估就十分有必要。

（2）控制与灭火设施

接到火灾报警信息后，有些消防系统可以自动或通过人工手动等方式开始动作，来控制火灾蔓延、排除火灾烟气或扑灭火灾，这些系统或设施包括自动灭火系统、防烟排烟系统、防火卷帘、防火门（窗）、挡烟垂壁、消防水幕、阻火圈（包）设施等。

（3）应急照明与疏散指示标志设施

火灾发生后，正常供电的中断、火灾烟气的干扰，使人员疏散、物资抢救活动受到极大影响。此时，必须解决火灾时的应急照明问题，并设置指示标志以有效引导人员疏散。火灾发生后，应急照明与疏散指示标志若未正常发挥预期的作用，则应着重分析是否存在以下问题：应该安装应急照明与疏散指示标志设施的建筑场所没有安装；虽安装了这些设施，但安装数量不足，位置不正确、不合理；因长期缺乏检修、维护而陷于损坏状态，例如非火灾时未充电；设施产品本身存在质量问题，例如照度不够或持续时间过短等。

4. 易燃易爆危险物品对火灾的影响

易燃易爆危险物品对火灾的影响，主要是由其燃点低、热值大、易爆炸的特点决定的。燃点低，使它们容易参与到火灾中来；热值大，使火灾现场有效火灾荷载激增；易爆炸，使火灾瞬间蔓延、扩大，不易控制，直接威胁建筑结构和人身安全。

（1）爆炸冲击波对火灾的影响

冲击波的破坏作用与爆炸点的距离远近有关。距离越近，冲击波的破坏作用就越大；反之，距离越远，影响就越小。爆炸冲击波的作用，可能对火场有如下影响：冲击波将燃烧着的或高温物质向四周抛散，这些物质如果接触到合适的可燃物，就会引起新的起火点，造成火灾范围扩大，增加火场有效火灾荷载；冲击波机械力作用，破坏了一些结构构件的保护层，保护层脱落使可燃物暴露，降低了构件的耐火极限，威胁了建筑安全；足够大的冲击波，会使建筑结构发生局部变形或倒塌，使火灾蔓延途径变化，蔓延扩大，甚至突破着火建筑本身；倒塌还意味着灾难性后果。冲击波可能会使炽热的火焰穿过缝隙等不严密处，引起某些设备或结构内部的易燃物着火；火场中原来沉积的某些粉尘可能在冲击波作用下被扬起，与空气形成新的爆炸性混合物，发生再次爆炸或多次爆炸。另外，冲击波还可能会直接给人体造成伤害。

（2）爆炸热对火灾的影响

爆炸对火灾的另一个重要影响因素是热。爆炸产生的大量热，会把爆炸周围区域内的一些低燃点的易燃物在瞬间点燃，使爆炸场所有效火灾荷载密度激增。爆炸热还能使区域内灭火人员或被困人员的皮肤或呼吸系统受到伤害。

（三）其他因素对火灾的影响

1. 气象条件对火灾的影响

（1）气温、雨（雪）、雷电等对火灾的影响

气温对火灾的影响，主要体现在两个方面。一方面，气温越低，火灾烟气温度与环境温差就越大，火场上热气流上升和冷空气进入的速度就越快，气体对流的增强，使燃烧更猛烈，助长了火势蔓延；另一方面，气温越高，可燃物温度越高，就越容易起火。温度对自燃火灾的影响是显而易见的。

（2）大风对火灾的影响

火场上，往往由于风向的改变，而使火势蔓延方向发生变化。特别对于室外火灾，

风对火势的影响更为明显。当风吹向建筑时，在建筑物表面周围形成压力差，在压力差作用下，建筑物背风处形成马蹄形旋风区域。部分火灾产物在旋风区域内的循环流动，使该区域内的可燃物被点燃。同时，风对燃烧材料和燃烧产物的机械作用，会使火种飘移到下风方向，遇到合适的可燃物就会形成新的起火点。可见，风不仅可以使本来的燃烧更猛烈，还可能会促成新的燃烧——火灾空间范围上的扩大，这对火灾结果有时具有关键性的影响。

2. 扑救力量对火灾的影响

在分析扑救力量对火灾的影响时，应注意以下内容：

（1）消防规划情况

是否按照规划应该设置消防站而没有设置，消防站距离火灾发生地距离、道路状况是否影响了消防人员尽快到达，消火栓等市政公共消防基础设施是否满足了灭火作战的需要。

（2）扑救情况

消防站在人员力量、装备配置、信息调度等方面是否存在影响灭火救援的因素；扑救火灾及救助人员方面是否存在战略、战术上的失误。

第十章 典型火灾起火原因认定

第一节 电气火灾起火原因认定

在我国每年发生的火灾中，电气火灾无论是火灾的起数还是造成的损失都占据着第一的位置。因而，深入研究电气火灾发生的原因，总结火灾调查的一般规律，对于火灾调查和防火工作都十分重要。

一、电气火灾起火原因认定的基本条件

电气火灾是指因为电气线路、设备故障或其安装、使用、维护不当造成的火灾。这类火灾的共同特点是电能转换为热能后，作为点火源引发火灾。

根据我国火灾统计数据，我国每年因电气原因引发的火灾占火灾起数的20%以上。而且，在造成重大人员伤亡和财产损失的火灾中，电气火灾所占比例更大。

认定电气火灾起火原因，应满足以下基本条件：

（1）起火时或者起火前的有效时间内，电气线路、设备处于通（带）电状态。认定电气火灾时，首先应该确认电气系统的通（带）电情况，因为电气线路或设备只有通（带）电时才可能引起电气火灾。起火前的有效时间内通（带）电引发火灾，主要是指电热设备即使已经停电，在一定时间内的余热仍然可能引起火灾。

（2）电气设施的故障点与起火点（起火部位）相对应。电气线路或设备引起火灾后，通常在线路及设备上的某一处留下故障点及痕迹，如短路、接触电阻过大出现

的熔痕。确认电气火灾时，应注意电气设施的故障点位于起火点（起火部位）或其附近，具有对应关系。如果电气线路或设备远离起火点（起火部位）或根本无联系，则不能认定为电气火灾。但对于电气线路或设备在发生故障时产生的电火花，应对起火点（起火部位）与电气设施之间的距离作适当的考虑。电火花飞溅的水平距离，取决于短路点的高度和爆发力的大小。通常，电火花的飞溅距离，以故障点为中心，其半径最近的为几十厘米，远的可达 2m。

（3）电气故障产生的热量能够引燃周围可燃物。将电气线路或设备故障产生的热能作为引火源时，必须考虑其能量的大小。其电热能足以引燃本体的绝缘材料或相邻的可燃物，才有可能引起火灾。可燃物的存在是火灾发生的必要条件。因此，在认定电气火灾时，既要考虑电气故障产生能量的大小，又要考虑起火物的点火能量。

二、电气线路火灾起火原因认定

电气线路主要指架空线路、进户线和室内敷设线路。电气线路火灾主要是电气线路由于短路、过负荷、接触电阻过大等原因，产生电火花和热量，引燃本体及其他可燃物造成的火灾。

此类火灾的认定，除需满足上述认定电气火灾起火原因的基本条件外，还应结合具体的电气故障类型及特点，满足其相应的条件。

（一）电气线路短路火灾起火原因认定

（1）现场勘验的主要内容。检查起火部位是否有线路经过，起火点是否有短路点；检查短路点附近最初起火物质的残留物，并判断其种类，观察此处火势有无向周围蔓延的痕迹；在起火点寻找证明发生短路的痕迹物证，如电流作用形成的熔珠、熔痕和击穿痕等；检查控制装置，确定火灾前导线是否处于通电状态；对电气线路经过部位的金属构件进行剩磁检测，确定是否有大电流经过。

（2）调查询问的主要内容。火灾前电压变化情况，如电风扇、电动机转速变化、照明忽明忽暗闪烁等；目击者证实电气线路短路的部位；发生短路的反常现象，如冒烟、异味和不正常响声等；起火后断电时间和过程，如跳闸、电视图像忽然消失、照明忽然熄灭等。

（3）电气线路短路火灾起火原因认定要点。在满足电气火灾起火原因认定的基本条件下，还应满足下列条件：一是电气线路本体及起火点处存在导线熔珠（痕）经金相分析鉴定为一次短路熔痕；二是如果由于客观原因无法找到短路熔痕，但有其他证据表明火灾前发生了短路，并且通过调查排除了短路以外的其他起火因素，也可以认定起火原因。

（二）电气线路过负荷火灾起火原因认定

（1）现场勘验的主要内容。认定的起火点是否为多个或条形；起火点处是否有电气线路，线路是否有过负荷均匀破坏的痕迹特征；检查整个回路，火场内部和外部的电线绝缘层和线芯是否具有过负荷破坏特征；检查该回路的保险装置，观察熔丝、熔片熔断特征；在整个回路尤其是未受火烧处每隔一段取10～100mm导线，作金相分析鉴定。

（2）调查询问的主要内容。查明该回路连接的用电设备，对线路的总负荷进行计算，特别注意增加的大功率用电设备；该回路电气设备启动的次数、频率和连续使用时间；查明线路配置形式和散热条件，有时过负荷并不严重，但由于可燃物堆积，影响散热造成温度升高引发火灾；该回路中线路和用电设备是否有短时间的漏电或短路情况；电线的截面积和型号，查表找出对应的安全电流。

（3）电气线路过负荷火灾起火原因认定要点。在满足电气火灾起火原因认定的基本条件下，还应满足下列条件：一是根据计算，确定导线在火灾现场中的实际负荷超过导线的安全载流量，并存在起火的危险；二是现场勘验导线呈过负荷痕迹特征，且现场符合导线过负荷引燃可燃物的起火特征。

应当注意，有时电气线路过负荷不一定直接引起火灾，但可以使导线接头处尤其是接触不良的接头处发热起火。

（三）电气线路接触电阻过大火灾起火原因认定

1. 现场勘验

主要包括以下内容：

（1）在起火部位处寻找导线接头。接触电阻过大，热作用发生在接头处，线路的其他部位绝缘层、线芯一般没有明显变化，故在起火点处要查找与火灾有关的接头和残体。尤其注意发现铜、铝导线接头，并查明接头与起火点的位置关系。

（2）对找到的导线接头进行表观判定。接头处是否具有因电阻过大而过热的特征，如绝缘烧焦，金属线过热变色痕迹，表面有电弧烧蚀痕。

（3）检查接头的连接方式。

（4）检查保护装置熔丝熔断状态。一般情况下，因接触不良不会使熔丝熔断，当因接触不良过热发展为短路时才会使熔丝熔断。

2. 调查询问

主要包括以下内容：

（1）起火部位电气线路配置情况。主要询问电工，了解起火部位处接头的连接方式及检查维修情况，特别是铜、铝导线接头情况。

（2）起火部位电气接头以往发生故障的原因及处理情况。

（3）起火前起火部位附近新接入的电气设备及启动情况。

（4）起火部位电路和用电设备负荷，送电、断电方式和时间。

（5）查明起火点处可燃物与电气线路接头的位置关系情况。

（6）起火前有何异常现象，如冒烟、异味或电灯忽明忽暗等。

3. 电气线路接触电阻过大火灾起火原因认定要点

在满足电气火灾起火原因认定的基本条件下，现场还应存在导线接头处绝缘烧焦、金属导线过热变色或熔融痕迹。

三、常用电器火灾起火原因认定

一些常用电器，由于内部电气线路、元件故障（如短路、接触不良、过负荷等）或使用不当引起打火或发热而引发火灾，本节从认定起火原因的角度出发，对这些电器引起火灾的主要原因进行分析，并有针对性地介绍现场勘验和调查询问的主要内容。

（一）空调器火灾起火原因认定

1. 空调器起火

原因包括以下方面：

（1）电气线路故障，主要有以下几种情形：

①电源线端接头松动或空调器内电动机、变压器等连接头接触不良，导致接触电阻过大起火；

②插座插头容量过小，导致过热引发火灾；

③电源线与其功率不匹配，造成过负荷引起火灾；

④内部电线、电气元件绝缘强度降低，发生短路打火引起火灾；

⑤压缩机密封接线座绝缘受损造成漏电打火，引燃外溢的冷冻油和附近可燃物起火；

⑥外部电压变化导致电动机过热引燃可燃物。

（2）内部元件故障，主要有以下几种情形：

①电动机故障。空调器中有不同功能的多台电动机，如轴流风扇电动机、离心风扇电动机、摇风电动机、压缩机中的电动机等。

②空调器控制开关故障。控制开关是指电源开关、温度和风速开关、制冷制热转换开关、电加热器控制开关等，这些开关发生故障可以引起火灾，如交流继电器触点粘连，电磁线圈发生匝间短路等。

③电容器故障。电容器击穿时产生的高温电火花引燃机内衬垫、分隔板的外壳等可燃物起火。电容器被击穿的主要原因一是电源电压过高，二是受潮漏电。

（3）安装使用不当，主要有以下几种情形：

①安装位置不当。空调器安装在可燃构件上，与窗帘、木结构等物体的距离较近；未做防潮、防雨处理或安装在朝阳处，由于阳光长时间照射，压缩机连续运行过热起火。

②误接电源。窗式空调器通常使用220V电源，误接380V的三相电源过电压起火。

③空调器停止后立即启动。空调器停用后，其压缩机进、排气两侧压力差比较大，如果再立即启动，毛细管达不到平衡，致使负荷增加、电流剧增，导致电动机烧毁引起火灾。

2. 空调器火灾现场勘验

主要包括以下内容：

（1）准确认定起火点。确定起火点与空调器的位置关系，获取以空调器为中心向周围蔓延的痕迹。

（2）勘验空调器机身的燃烧状态。机身烧毁程度是否呈内部重于外部的情况，可根据隔板、电线、外壳等的烧毁状态及烟熏痕迹来判断。

（3）查明电源线及插座故障引起空调器火灾的根据。通过细项勘验，寻找电气线路短路、过负荷、接触不良等故障痕迹；查明插座与空调器功率是否匹配、插座与起火点之间的位置关系以及插座与插头的接线等情况。

（4）对空调器内部元件的勘验。查明压缩机、蒸发器、控制开关和电容器等故障痕迹。内部元件故障容易留下痕迹，与火烧痕迹有明显区别。特别是大型空调机，也要检查电源配置情况，检查热管对地绝缘情况以及风道被烧程度和燃烧方向。

3. 空调器火灾调查询问

主要包括以下内容：

（1）首先，要查明空调器的安装情况，如电源线种类、截面大小、配置形式、连接方式以及插头、插座的种类、保护装置容量和安装位置等情况；其次，要查明对空调器防水、防雨和遮阳所采取的措施。

（2）查明使用情况及外部供电情况：主要是连续使用时间、停机顺序、启动次数等情况；是否有违反空调器操作规程情况；测定电源每相负荷量，三相电源是否存在严重不平衡的问题。

（3）查明空调器周围可燃物分布情况：空调器是否紧靠窗帘、可燃装修板等材料。

（4）查明故障、维修和维护情况：在使用过程中是否出现过故障；了解维修的具体部位。

（5）查明起火前异常现象：起火前发生的异常现象，如焦味、较大响声或有规律的碰撞声等。

（6）查明空调器的相关参数：空调器的规格、功率大小、型号、安装时间和使用时间等。

（二）电冰箱火灾起火原因认定

1. 电冰箱起火

原因主要包括以下方面：

（1）电气故障，主要有以下几种情形：

①电源线绝缘损坏导致短路，插头、插座或电线接点处接触不良造成接触电阻过大起火；

②电源线长时间被冷凝器烘烤，绝缘老化漏电乃至短路起火；

③电气开关盒密封不严、进水或绝缘强度降低，漏电引起内胆或保温塑料起火；

④电动机过热、短路引起冰箱起火；

⑤外部电压异常升高，烧毁电气元件起火；

⑥除霜加热器控制开关失灵，加热时间过长引燃保温层起火。

（2）使用不当，主要有以下几种情形：

①电冰箱内存放有乙醚等易燃、易挥发液体时，若电冰箱的温度控制器、启动继电器、热保护继电器和照明灯开关等为非防爆型的，当易燃液体的蒸气在冰箱内达到其爆炸极限时，电火花就足以引爆起火。

②放置位置不当，且电冰箱与可燃物质接触，散热条件差时，压缩机和冷凝器与可燃物接触易引起火灾。夏季环境温度高，压缩机的表面温度可达 80 ～ 105℃，压缩机长时间靠近低自燃点物质易引起火灾。

③压缩机工作时电源被频繁切断、接通，电冰箱制冷系统内压力差较大，频繁切断和接通就必须有较大的启动力矩来克服这个压力差，这时电动机的启动电流剧增，温度升高，电动机有可能被烧毁而起火。

（3）压缩机故障。压缩机是电冰箱的核心部件，长期磨损会出现电气故障和机械故障。机械部分的故障主要有以下几种情形：

①压缩机吸气阀或排气阀碎裂或变形，造成压缩机内部漏气；

②高压排气缓冲管断裂，运转时噪音明显增大，此时压缩机运转电流低于额定电流；

③避震弹簧与外壳脱钩或断裂，使压缩机在启动或停机时产生金属敲击声或震动噪音；

④曲轴间隙太小或机油质量差，导致压缩机抱轴或卡缸。

2. 电冰箱火灾现场勘验

主要包括以下内容：

（1）查明电冰箱周围可燃物质的位置、堆积方式、数量和燃烧状态，其受热面是否均朝向电冰箱，电冰箱靠墙处或其他物体上是否形成“V”字形燃烧痕迹。

（2）电冰箱烧损是否呈内重外轻痕迹特征。

（3）勘验电源线、插座和插头等部位：主要是寻找插头、插座的位置，勘验是否有金属熔融痕迹。

（4）勘验电动机：一是电动机线圈处是否有短路熔痕。二是电动机轴承和转子有无磨损痕迹。电动机的机械故障可以造成轴承和转子损坏，发生短路起火。三是电动机电源接线有无过热痕迹。

（5）控制开关熔断器状态：控制开关的熔断器如果呈熔断状态，那么说明电冰箱电气线路发生了故障。

（6）勘验温控开关、照明开关和启动继电器被烧状态：若因上述元件故障引起火灾，除具有熔痕外，保护层塑料内壁被烧程度严重，燃烧痕迹呈从里向外蔓延的状态。

3. 电冰箱爆炸火灾调查询问

主要包括以下内容：

（1）查明使用情况：向用户了解冰箱的使用情况，有无连续切断和接通电源现象，有无外部电源故障导致起火的可能。

（2）询问冰箱内是否存储易燃液体类物品，以及易燃液体的种类、数量和存放时间以及盛装容器种类和密封的方法等。

（3）向发现人了解爆炸过程，如是否听到爆炸响声等情况。

（三）电视机火灾起火原因认定

1. 电视机起火

原因主要包括以下方面：

（1）高压元件故障：电视机正常工作时，黑白显像管的阳极高压为12～14kV，彩色显像管的阳极高压为22～28kV，阳极高压由高压包产生，经高压绳送往显像管。如果高压包或高压绳老化龟裂，加上机内大量积灰、受潮造成高压泄漏，将会对其周围5cm内的物体放电，产生高达3000～4000K高温电弧，极易引燃周围可燃部件和机壳引起火灾。

（2）电源变压器长时间通电、散热不好积热造成线圈匝间、层间短路。电源变压器长时间通电，主要是部分电视机的电源开关的安装位置不合理造成的。有些电视机的电源电路中电源开关设计在电源变压器的副边回路，不能控制整机电源。如果看完电视后只关断电源开关而不使插头断电，变压器原边仍在通电。虽然它通过的电流很小，但长时间通电，电流会使电源变压器继续升温，电源变压器的线圈和绝缘性就会因短路或炭化而起火，引起电视机发生火灾爆炸事故。

（3）元器件老化。电视机使用一段时间后，电视机如果质量不过关，就会出现虚焊点，从而造成局部放电和短路的情况发生，严重时可形成火灾。电容器的老化，也会使其不能承受设计电压，当电压意外波动或发生故障造成电压升高时，就会击穿电容，或造成短路，引起电视机燃烧。

（4）外部因素导致短路：一是用户不慎将液体滴入电视机内或小虫钻入电视机内，造成漏电和短路；二是雷击或外部电源故障引起电压升高，造成电视机部件击穿起火。

2. 电视机火灾现场勘验

主要包括以下内容：

（1）准确认定起火点，勘验时应注意发现以下痕迹特征：

①起火点一般在离地面一定高度的电视柜或桌面上，靠墙体时易形成“V”字形烟熏痕迹。

②起火部位残留物塌落层次从下至上依次为：地面、电视机残体、电视机支撑物残体、瓦砾。对电视机屏蔽玻璃残体的勘验十分重要。电视机本身引起的火灾，一般是显像管先行爆炸，然后火势向四周蔓延。屏蔽玻璃碎片会先于其他灰烬散落在电视机前地面，呈放射状，碎块呈尖刀形，边缘平坦、曲度小，其他部位的物体残骸倒塌掉落将其覆盖。因此，玻璃碎片朝上一面有灰烬和烟熏痕迹，朝下一面没有。

③电视机残体大部分存在时，其外壳靠高压包或变压器一侧严重被烧变形，电视机内有明显的烟熏痕迹。

（2）勘验电视机内部元件，主要勘验以下部位和内容：

①勘验变压器。变压器线圈和硅钢片燃烧程度呈内重外轻，漆包线内层炭化结块，外层只是轻微炭化。线圈匝间、线圈与硅钢片间有短路熔痕，同时变压器外壳和硅钢片形成变色痕迹，变色痕迹与短路痕迹相对应。

②勘验高压系统。高压电路的显像管、第二阳极、高压包和高压绳等有较严重变形，有明显的烟熏痕迹和高压放电打火痕迹，在高压包外壳上形成喷射状的微蓝色痕迹，说明是高压元件故障引起的火灾。

③勘验电容器。可拆开电容器逐层进行检查，如果呈现由内向外的燃烧痕迹，电容器内部卷着的铝箔和浸有电解液的纸有被腐蚀的小洞，两层铝箔之间有熔痕，则可能为击穿短路或漏电引起的火灾。

（3）检查电源部分获取物证：勘验线路、插头与插座、保险盒和自动开关等，判断通电状态、故障种类。

3. 电视机火灾调查询问

主要包括以下内容：

（1）电视机与周围可燃物的距离；

（2）电视机起火前是否处于通电状态、使用时间、电源控制方式等；

（3）电视机起火前曾发生的故障及维修情况，起火前的不正常现象；

（4）电视机环境是否潮湿、散热情况、有无昆虫及液体进入电视机内等。

（四）计算机火灾起火原因认定

1. 计算机起火原因

主要包括以下方面：

（1）中央处理器（CPU）供电系统故障。中央处理器的供电电路是由电感线圈、场效应管和一定数量的滤波电容组成。它的输入电压低，工作电流大，可产生高温。若散热不好，不仅可烧损中央处理器，也可因电感线圈和电容故障引燃机内粉尘、电线等。

（2）主机输入电源故障。主机输入电源由电源变压器和第一道滤波电路组成，因变压器质量问题、使用中老化或外部电网电压变化影响，以及长时间通电和散热风扇停转等原因，造成电源变压器过热甚至短路起火。

（3）计算机内布线不合理，导线接触高温元件。中央处理器和硬盘是主机内产生高温的两大元件，它们与电线长时间接触可能被引燃起火。硬盘是计算机的重要组成部分，硬盘工作时，驱动器长时间运转产生的热量，不能及时散热，使温度不断升高，若内部布线不合理，高温元件直接接触导线，导致导线过热炭化或内部故障，引起火灾。

（4）UPS 电源故障。UPS 电源主要由变压器、电瓶（组）、逆变器和线路板组成。若 UPS 电源使用不当，长时间通电，散热不好，易使变压器线圈老化、过热，发生短路引起火灾。

2. 计算机火灾现场勘验

主要包括以下内容：

（1）准确认定起火点：重点获取以主机或 UPS 电源为中心向周围的蔓延痕迹，如炭化痕迹、倒塌痕迹和“V”字形图痕等。

（2）勘验计算机输入电源：获取插头与插座接通状态的证据、电源线短路熔痕及控制开关通电状态的证据。

（3）勘验电感线圈：获取短路、熔化痕迹。

（4）勘验电容器：获取击穿、爆裂、熔融痕迹。

（5）勘验电源输入变压器：获取线圈变色、过热、短路痕迹物证，这是认定电源变压器引起火灾的重要证据。

（6）勘验UPS电源：获取变压器变色、过热、短路痕迹，线路板与外壳被烧痕迹。

（7）勘验计算机是否连接有路由器、有源音箱以及USB外接小电器等，是否有设备内部过热、线路短路等痕迹物证。

3. 计算机火灾调查询问

主要包括以下内容：

（1）起火前计算机的使用情况。查明使用时间、结束时间及工作结束后是否断电等事实。

（2）计算机型号及使用时间。特别是要搞清是组装机还是品牌机。

（3）使用期间出现故障的部位、原因及处理情况。

（4）起火前主机、UPS电源是否出现过异常情况。是否闻到过异味，是否发现电压波动现象等。

（5）主机UPS电源的具体部位及与周围可燃物体之间的距离。

（6）是否使用路由器、有源音箱以及USB外接小电器，起火前设备状态。

（五）电暖器火灾起火原因认定

1. 电暖器起火

原因主要包括以下方面：

（1）电源故障。电暖器功率较大，一般在1500～2000W，若电源线路、接插件等与其功率不匹配或质量低劣，可能造成接插件接触不良过热起火，或接插件、导线过负荷引起火灾。由于电暖器是可移动的，经常拖动可能损伤电源线或插线板的连接线，导致绝缘能力降低，造成短路起火。

（2）电暖器自身故障。油汀式电暖器因导热油为可燃液体，闪点为140℃，燃点为165～180℃。在温控器失灵情况下，电热管持续加热，导热油因被加热体积膨胀，甚至胀裂暖气片，引起导热油渗漏燃烧甚至爆炸。如果导热油有杂质或不符合标准，循环不力，温升较快，产生气体多，压力增大，也可能造成油汀膨胀泄漏，引起火灾。

2. 电暖器火灾现场勘验

主要包括以下内容：

（1）电暖器及其电源线路是否处于起火部位、起火点。勘验电暖器周围可燃物燃烧炭化情况，是否呈现以电暖器为中心向周围燃烧蔓延特征。

（2）电暖器通电状态及证据。电源线路、接插件是否有过负荷、接触不良、短路等故障痕迹。

（3）勘验电暖器本体。对油汀式电暖器来说，主要是判定电热油汀是由于内部过热还是外部火烧形成的。

①查看暖气片是否鼓胀以及鼓胀片数量、位置和特征。若是外部火烧，内部导热油受热产生压力，因电热油汀受热不均匀，受火的部分机械强度降低较大，在内部压力作用下，这部分鼓胀较大，特征为：暖气片鼓胀不均匀；若是电热油汀内部过热，则因其内部存在循环的导热介质，各部分温度基本相同，受热均匀，压力也均匀，各部分机械强度均匀下降，因而各部分会发生均匀鼓胀，特征为：所有暖气片均鼓胀且鼓胀相对均匀，上部鼓胀较大，下部较小，呈上宽下窄的扇形鼓胀。

②查看内部是否有炭化和过热痕迹。若外部火烧，电热管色泽均匀、无变形，鼓胀暖气片内部炭化物分布不均匀；若内部过热，电热管部分过热变色或部分退火锈迹，轻微变形，特别是电热管表面有明显积炭，油汀内有较厚的炭化物。

③查看油汀放置的地面是否有导热油流淌燃烧痕迹。如果地面有导热油形成的流淌痕迹，一般是因为内部过热、压力过大或质量问题造成暖气片于起火前发生开裂，导热油泄漏。

3. 电暖器火灾调查询问

主要包括以下内容：

（1）电暖器品牌、型号、功率、新旧程度，运行是否正常。

（2）电源线、接插件以及保护装置（如保险丝、空气开关）的种类、型号、容量，是否与电暖器功率匹配，是否出现过线路、接插件过热及其产生的异味，是否发生过空开跳闸、保险丝熔断等故障情况。

（3）电暖器放置的准确位置和周围环境条件，以及通电使用情况；电暖器周围可燃物种类、数量及是否有被引燃蔓延的条件。

（4）是否习惯长时间通电、高档位运行；是否覆盖毛巾，烘烤衣服，靠近窗帘；是否倒置或放倒使用，是否可能有家养宠物意外拖拽、碰倒电暖器。

（5）查明起火前使用情况，如通电、停电的时间，是否与其他大功率电器同时使用。

（六）日光灯镇流器火灾起火原因认定

日光灯镇流器有两种，一种是电感式镇流器，另一种是电子镇流器。电感式镇流器火灾危险性大。

1. 电感式镇流器引起火灾的原因

电感式镇流器引起火灾的主要原因是镇流器故障和安装使用不当造成的。具体原因包括以下几方面：

（1）电网电压波动。电网电压波动或其他原因使电压升高，导致镇流器电压过高、电流增大，其内部温度升高，烤着周围易燃物质。

（2）灯的功率和镇流器容量不匹配。不同功率的日光灯应配置相应容量的镇流器才能正常工作。如果选用过大或过小的镇流器就会使其电流增大过热，甚至引起火灾。

（3）安装位置不当。镇流器安装位置不当，环境温度高，则散热条件差。电感式镇流器绝缘耐热温度为120℃，若超过此温度，则绝缘性能下降，可使匝间短路，可能导致起火。环境温度和散热条件是造成镇流器过热的重要条件，将镇流器安装在天棚里或者用装饰材料包装起来都可能引起火灾。

（4）长时间使用。在散热不利条件下，电感式镇流器表面温度可逐渐增加，在35℃条件下，经过5h表面温度可达90～100℃。

2. 电子式镇流器引起火灾的原因

电子镇流器外壳一般是由聚苯乙烯硬塑压制而成，设通风缝隙孔，压模时在棱角和缝隙等处留有微小毛边，受热时易熔解蒸发产生可燃蒸气。电子镇流器即使在正常情况下也能产生热量，如果镇流器出现故障，如在电容老化、电阻质量不佳或外界电压不稳定的情况下，容易造成电容、电阻过热或产生火花，可点燃聚苯乙烯硬塑外壳或其在一定条件下挥发出的可燃蒸气起火。

3. 日光灯镇流器火灾现场勘验

主要包括以下内容：

（1）准确认定起火点。以镇流器所在部位为中心，勘验屋顶构件、周围物体倒塌的痕迹特征，寻找以镇流器位置为中心向周围蔓延的痕迹；获取镇流器所在部位局部炭化痕迹或被烧程度较重的痕迹。

（2）日光灯火灾前处于通电状态的根据。检查开关、熔断器和电源线熔痕等获取证据。

（3）对镇流器残体进行细项勘验。电子镇流器在火灾中容易被烧毁，只能通过一系列间接证据形成证据体系进行分析认定。对于电感式镇流器，火灾中一般可以留下痕迹，勘验时可从起火点所在部位或其底部提取电感式镇流器残体并勘验，用放大镜观察线圈内外有无短路熔痕、变色、烧焦、烧断痕迹，获得如下证据：

①镇流器整体过热引起火灾，内部和外部被烧都很重，沥青几乎溢出或烧尽。被火烧的镇流器整体上呈现外重内轻的状态。

②内部线圈发现有熔痕，且线圈发脆变焦、变为黑色或黄色，多处烧断。内部烧毁重，外部烧毁轻，证明是内部线圈发生故障。

③测量引出线与壳体之间的电阻，如果电阻值很低或者为零，说明绝缘层失去绝缘作用。

（4）查明起火点处可燃物与灯具的位置关系。

4. 日光灯镇流器火灾调查询问

主要包括以下内容：

（1）查明日光灯安装的位置、控制形式、开关种类等；

（2）镇流器的型号、功率、与灯管的匹配情况；

（3）镇流器安装部位与可燃物的关系；

（4）起火前镇流器出现的异常征兆；

（5）日光灯的使用情况，如开灯时间、连续使用时间等；

（6）电网电压波动情况，是否出现电压偏高或偏低的情况；

（7）灯管和镇流器是否已经超过使用年限。

第二节　放火嫌疑火灾起火原因认定

放火是一种严重危害公共安全的犯罪，及时准确地认定火灾性质，区分是放火还是失火或意外火灾，是火灾调查的首要任务。

放火罪的主观方面为故意，即明知自己的放火行为会发生危害公共安全的结果，并且希望或放任这一结果的发生，包括直接故意和间接故意，行为人基于何种动机实施放火行为，对构成本罪都没有影响。间接故意指行为人明知自己的行为可能发生危害社会的结果，不采取必要的措施中止或补救，放任结果发生的心态。在火灾调查中要注意区分间接故意放火与失火的区别。

放火罪的客体为公共安全，即不特定或者多数人的生命、健康或者公私财物的安全。行为人燃烧他人财物，并不足以危害公共安全的，若数额较大或有其他严重情节的，应考虑以故意毁坏财物罪定罪。行为人引燃自己所有的财物，一般不构成犯罪，但是如果足以危害公共安全的，应以放火罪定罪；行为人自焚并足以危害公共安全的，其行为也应以放火罪定罪。

一、常见的放火动机

放火是一种故意行为，准确分析放火嫌疑人的动机对科学定性、刻画嫌疑人具有重要作用。按照放火者的动机大体可以分为以下几种类型：

（一）利益驱动放火

犯罪嫌疑人出于对某种利益的需求而放火，可能是直接的经济利益，也可能是间接的经济利益或政治、名誉等其他利益。获得直接经济利益的动机包括骗保、敲诈勒索、逃避经济方面的民事责任等；而一些间接的动机则不容易被发现，如为了迫使同行退出以谋求自己经营利益提升而放火，还有的是为了救火行为得到表扬、奖励等实施放火等。

（二）报复或泄愤放火

报复、泄愤放火的特点是犯罪嫌疑人与被害人之间有一定的矛盾。

（三）为掩盖犯罪证据而放火

因为火灾往往会带来建筑结构的破坏，痕迹物证的损毁、灭失，作案人企图通过放火达到掩盖其犯罪的目的。

（四）精神病人放火

一些精神分裂症患者、精神发育不全者、癫痫病患者，在发病期常由于感知异常、思维异常、情感异常或智能低下等因素而实施放火。

（五）蓄意破坏放火

青少年放火通常都是出于此动机，对象可能是学校的某个场所，一些废弃的建筑、车辆和荒地也经常成为放火目标。

（六）寻求刺激放火

有些人为了寻求某种刺激或是吸引他人的注意而放火。

二、放火火灾现场的特征

（一）现场有多个起火点

放火者为了加速火灾的形成，往往在数处放火，因而火场上常常出现几个起火点。如查明现场有两个或两个以上的起火点，而且根据几个起火点的位置及周围建筑、环境情况，不可能从一个地点蔓延到另一个地点，在排除电气线路、飞火、爆炸引起火灾的情况下，则很有可能是放火。

（二）起火点位置奇特

许多放火地点都选择在门前、楼梯、通道等出入方便的地方，通常这些地方不存在火源、电源，发现这样的起火点则可认为存在放火的可能性。

（三）现场有明显破坏痕迹

（1）门锁有撬痕，门边和门框有挤压痕迹。作案人破门而入留下的撬压痕迹，尽管在火中可能被烧，只要门边或门框的炭化层不脱落，撬压痕迹仍然存在。

（2）检查门窗玻璃破碎的状态和掉落地点。被火烧炸裂的玻璃呈龟裂纹状，向火场一面的玻璃块有烟熏痕迹；而在着火前打碎的玻璃块是透明的，由于受外力破碎其边缘呈棱角状，玻璃碎块大小不一，玻璃表面没有烟熏痕迹。

（3）门窗被锁死，用重物顶上，用铁丝拧住。

（4）现场附近的消防设备、通讯设施被故意破坏。

（四）现场中有放火遗留物

在起火点附近有残余的火柴梗、油棉花、稻草、煤油、汽油瓶、导火线等专门用来引火的物体和材料，有的还留有电池及机械或电子延时装置。

（五）物品有被翻动和移动的痕迹

在勘验和调查中发现现场物品与证人提供的地点不符，并有翻动的痕迹，如办公桌的抽屉被翻，锁被撬等。

（六）可燃物位置变动

现场内物体有明显位置变化，在起火点处发现起火前没有的物体残骸，如可燃气体、液体管道开关或液化气、煤气灶开关被打开等。

（七）现场破坏大、物证分散

从物证的分布看，放火案件的物证与失火的物证有所不同。后者一般在起火点的部位；而前者的物证有时却分散，起火点处有，其他地点也可能有。

（八）现场内尸体有非火灾因素导致的外伤

如果火灾中发现尸体，虽然尸体存在某种程度的烧伤，但是在尸体上发现火灾前形成的致命伤，捆缚痕迹，或经法医学鉴定为火前死亡等，则可能是放火。

三、放火嫌疑火灾调查询问的主要内容

对明显有放火嫌疑的火灾，且初步判断放火嫌疑人使用了一定量的易燃液体，根据易燃液体容易爆燃的特性，火灾调查人员到场后，应提请公安机关立即部署走访医院、门诊部，查找火灾后是否有来医院诊疗烧伤的人；走访理发店，有无头发烧焦来理发的人；走访加油站，有无火灾前零星购买汽油的可疑人员。

放火嫌疑案件由于其隐蔽性，目击证人相对较少，应广泛调查，必要时还要扩大范围，在更宽泛的时间和地域范围进行走访。询问人员主要包括报警人员、扑救初期火灾人员、最后离开（经过）现场的人员、火灾发生场所的员工等，主要了解对判明火灾性质起着重要作用的以下内容：

一是起火的准确时间、地点、方位，起火前后人员活动情况，有无可疑人员进出，有几处着火。

二是发现起火时的情况，如火焰高度、范围、颜色、味道、声响、当天的气温、风向和门窗的状态。

三是被烧的物品及损失，包括家庭财物情况，经营状况，火灾前进出货情况；是否参加保险，包括投保时间、投保金额、收益人等事项。

四是调查了解起火单位或居民有哪些利害关系人，了解其家庭成员、邻里、同事、上下级之间以及同行之间有无矛盾激化现象。

五是电气线路、设备安装、使用以及火灾前后动作情况。

六是调查消防控制室值班操作人员履职、消防设备运行情况，视频监控情况，有无人员无故脱岗、设备状态异常或被人为破坏等情况。

七是其他与本案件有关的，并有证据意义的事项。

在调查询问同时，对放火嫌疑人要在第一时间检查其头发、眉毛、面部、手足背是否有体表烧痕，衣物是否沾上燃料被引燃，并取样进行助燃剂鉴定。

四、放火嫌疑火灾现场勘验的主要内容

（一）通过勘验，获取引火物的证据

（1）在起火点附近仔细寻找放火使用的引火物。在许多放火现场，放火嫌疑人往往将盛装可燃液体的容器遗留在放火现场或丢弃在现场附近。要注意适当扩大现场勘验或搜索范围，对现场燃烧残留物进行仔细筛查，注意发现塑料、玻璃、金属容器残片等各类可疑物品；注意发现火场上的特异气味，必要时提取起火点实物作辨认与分析；注意观察油气管道阀门、炉具和液化石油气瓶的开关状态。

（2）在现场周围隐蔽地点也可能藏有放火用过的引火物，如火柴盒、打火机、烟盒、电池及其他机械或电子的定时装置等。

（3）有些放火嫌疑人以不慎失火、责任事故、自燃起火的现象掩盖放火，如把现场原有的电炉通电并放在可燃物附近；把通电的灯泡靠近或夹在易燃物品里；将仓库内盛有金属钠或白磷的容器弄出小孔，使保护液缓慢流出。勘验时要注意发现这种假象和矛盾。

（二）寻找放火嫌疑人的行迹

在现场周围和现场的出入口注意寻找放火嫌疑人的足迹、破坏工具痕迹和交通工具痕迹，查明围墙有无攀登翻越的痕迹，查明门窗玻璃破坏痕迹；室内箱柜有无撬砸痕迹以及放火嫌疑人随身携带物的遗留物等；注意调取现场周围视频监控信息。发现嫌疑人，应及时对其住所、工作场所实施搜查，以便发现、固定相关证据。

（三）检查烧毁及丢失的财物

从现场残留物和灰烬中检查原物是否缺少，有无钱物丢失，判断是否偷盗后放火。若是盗窃、贪污和抢劫放火要注意寻找工具破坏痕迹，查明丢失或缺少的票据，并注意发现和查证现场遗留痕迹与事主叙述的矛盾之处。

五、放火嫌疑火灾调查认定要点

放火嫌疑案件类型很多，案情错综复杂，没有一个固定的认定模式。但只要认真调查询问和勘验现场，根据现场燃烧痕迹、人证和物证，即可作出客观的分析鉴别和认定。

（一）准确认定起火点

准确认定起火点是查明火灾原因的基础。分析起火点位置是否容易接近；查明起火点数量，分析判断现场是否存在电气线路过负荷、飞火、爆炸等因素造成的条件。

（二）认定起火时间

认定的起火时间一定在放火行为实施的同时或之后。在放火案件中发现起火的时间有早有晚，多数在放火嫌疑人实施放火以后一段时间才被发现。

（三）查明引火源和起火物

许多火灾现场物品庞杂。就引火源而言，往往在起火点处，可能同时存在着若干种不同火源。在这种情况下必须采用排查法，将那些可能引起火灾的各种因素排队，然后再对其可能性和可靠性进行认真分析研究，逐条排除现场其他可能的起火因素，从而最终认定放火嫌疑案件。

（四）查明有无放火嫌疑情形

有证据证明具有下列情形之一的，可以认定为放火嫌疑案件：

（1）现场尸体有非火灾致死特征的；

（2）现场有来源不明的引火源、起火物，或者有迹象表明是用于放火的器具、容器、登高工具等物品的；

（3）建筑物门窗、外墙有非施救或者逃生人员所为的破坏、攀爬痕迹的；

（4）起火前物品被翻动、移动或者被盗的；

（5）起火点位置奇特或者非故意不可能造成两个以上起火点的；

（6）监控录像等记录有可疑人员活动的；

（7）同一地区相似火灾重复发生或者都与同一人有关系的；

（8）起火点地面留有来源不明的易燃液体燃烧痕迹的；

（9）起火部位或者起火点未曾存放易燃液体等助燃剂，火灾发生后检测出其成分的；

（10）其他非人为不可能引起火灾的。

此外，火灾发生前被害人收到恐吓信件、接到恐吓电话，经过线索排查不能排除放火嫌疑的，也可以作为认定放火嫌疑案件的根据。

第三节　爆炸火灾起火原因认定

与其他火灾相比，爆炸火灾更具有破坏性，且更容易引起公众的恐慌。爆炸火灾发生后，首先要确定爆炸和火灾发生的先后顺序，爆炸引发的火灾按爆炸事故交由相关部门调查，公安机关消防机构配合；由火灾引发的爆炸事故按火灾事故由公安机关消防机构调查，其他相关部门配合。

一、爆炸的类别及现场特征

（一）爆炸的分类

1. 爆炸物种类

可将爆炸分为以下几类：

（1）爆炸物品爆炸，指火药、炸药和爆炸性药品及其制品的爆炸；

（2）泄漏气体或可燃液体蒸气爆炸，指可燃气体、液化可燃气体、易燃可燃液体蒸气泄漏到空间发生的爆炸；

（3）容器爆炸，指高压储运容器或反应容器发生的爆炸或爆破；

（4）可燃粉尘爆炸，指可燃粉尘悬浮物与空气混合后遇火源发生的爆炸。

2. 按照爆炸过程中爆炸物性质的变化

可将爆炸分为以下几类：

（1）物理爆炸，是由物理变化导致的爆炸，如锅炉爆炸；

（2）化学爆炸，是物质以极快的速度发生化学反应，产生的温度和压力急剧上升而形成的爆炸，如炸药爆炸；

（3）核爆炸，是由于原子核裂变或聚变引起的爆炸。

（二）爆炸物品爆炸现场的特征

1. 炸点明显

由于爆炸物品爆炸时能量高度集中，易形成炸坑、炸洞等，这些炸坑、炸洞称为炸点，一般都是放置爆炸物品的部位。有无炸点是确定是否为爆炸物品爆炸事故的重要依据。炸点形态及附近烟熏痕迹是判断爆炸物品种类、数量和包装情况的主要依据之一。在极个别情况下，爆炸物品被悬空挂置，距离墙壁有一定距离，爆炸后可能没有明显的炸点，可以通过现场分析排除其他因素，并通过现场有无遗留爆炸物包装、引火物等确定是否为爆炸物品爆炸。

2. 抛出物细碎、量多

在炸点附近的物体往往受爆炸冲击影响大，抛出物表现出碎而多的特点。

3. 冲击波强度大、传播方向均匀、衰减快

爆炸物品爆炸产生的冲击波速度大，破坏力强。常造成人、畜器官的机械损伤。

4. 抛出物表面有烟熏痕迹

部分爆炸物品爆炸后炸点和抛出物表面有明显的烟熏痕迹，这也是判断爆炸物品种类、数量的重要依据之一。

（三）泄漏气体爆炸现场的特征

泄漏气体爆炸属于化学爆炸，释放的能量密度小，爆炸压力较低，但作用范围广，破坏面积大，易引起燃烧，现场主要特征如下：

1. 没有明显的炸点

对气体爆炸而言，通常将引火源首先引爆的位置定义为炸点。由于气体弥散在整个空间内，且气体浓度分布不均匀，爆炸后破坏最严重的地方不一定是起爆点，难以根据破坏程度确定炸点。需要根据周围物体倾倒、位移、变形、碎裂、分散等破坏情况以及泄露点、火源分布等情况综合分析炸点。

2. 击碎力小、抛出物大

空间气体爆炸除能击碎玻璃、木板外，其他物品很少能被击碎，一般只能被击倒、击裂或破坏为有限的几块。抛出物块大、量少、抛出距离近。

3. 冲击波作用弱、燃烧波致伤多

气体爆炸压力有限，一般产生推移性破坏，使墙体外移、开裂，门窗外凸、变形等。可燃气体能够扩散到家具内部，爆炸气体有时能将大衣柜的门、抽屉鼓开或拉出，但冲击波作用较弱。由于可燃气体可以弥漫至整个空间，因此爆炸燃烧波作用范围广，且能迅速燃烧，可以造成人、畜呼吸道烧伤，衣服被烧焦或脱落。

4. 烟熏痕迹一般不明显

可燃气体泄漏一般发生在计量浓度以下，接近爆炸下限情况下，发生爆炸燃烧。空气充足，燃烧充分，不会产生或较少产生烟熏痕迹。只有含碳量高的可燃气体爆炸燃烧时，可在部分物体上留下烟熏痕迹。

5. 易引起燃烧

可燃气体爆炸能引起整个空间大面积燃烧，主要有以下几种情况：可燃气体没有泄尽，在空间爆炸后会在气源处发生稳定燃烧；可燃性液体挥发后发生的气体爆炸，会在可燃液体表面发生燃烧；室内发生气体爆炸时，可引起室内可燃物起火。在特殊情况下，可燃气体泄漏量小，接近气体爆炸下限时，只发生爆燃，也可能不引起燃烧现象。

6. 泄漏气体的低位或高位燃烧痕迹

液化石油气等密度比空气大的气体，易聚集到低洼区域，发生爆炸燃烧后，现场可能发现某物体下方或者一般火灾烧不到的低洼处存在细微可燃物的烧焦痕；而天然气等比空气轻的气体，易扩散到空间上部位置，爆炸后会出现上部壁橱门鼓出等破坏现象。通过现场痕迹特点可以大致判别气源种类。

（四）容器爆炸现场的特征

1. 爆炸容器显而易见

容器发生爆炸，容器内物体以容器为中心向外抛出，现场特征明显。

2. 抛出物块大、量少、距离不等

由于压力容器和反应器选用韧性大的钢材制造，爆炸物能量密度不高，其破坏力介于炸药爆炸和空间气体爆炸之间，容器内有一定的空间缓冲作用，所以一般不会发生粉碎性破坏，多是被炸成较大的块，或被撕裂几个裂口，或将容器铁板展平。这种爆炸抛出物数量不多，且块大、距离不等，有时没有抛出物，有时容器整体抛出或位移。

3. 冲击波有明显的方向性

由于压力容器爆炸一般在某个薄弱部位先发生爆裂，或者只在某一个部位、某一方向发生爆裂，所以冲击波有明显的方向性。

4. 一般没有烟熏痕迹

容器爆炸一般没有烟熏痕迹，尤其是物态变化、体积膨胀引起的爆炸，不存在烟熏痕迹。气体的分解爆炸，可在容器内壁发现少量附着物或烟熏痕迹。

5. 一般无燃烧现象

物理爆炸一般没有燃烧现象。但易燃液体、可燃气体容器爆炸后，扩散出的大量气体或蒸气，在静电、明火或其他火源作用下，往往发生二次爆炸或燃烧，如压力容器（内装天然气）因焊接质量不合格首先发生物理爆炸，天然气扩散出遇火源形成二次爆炸。

二、爆炸火灾调查与认定

（一）爆炸火灾应查明的主要问题

（1）爆炸发生的时间、具体地点、方位；是建筑物内爆炸，还是生产装置爆炸；是空间爆炸，还是容器爆炸。

（2）爆炸的类别和性质，是爆炸物品爆炸，还是气体爆炸、粉尘爆炸或是容器（罐体）爆炸；是物理爆炸还是化学爆炸，或是先物理爆炸后化学爆炸；是先起火后爆炸，还是先爆炸后起火。

（3）爆炸物种类、理化性质及其来源。

（4）爆炸点，即首先发生爆炸的部位。

（5）爆炸的具体过程和具体原因；认定起火源；确定爆炸是案件还是事故。

（6）查明爆炸造成的损失、人员伤亡情况。

（二）爆炸火灾现场勘验的主要内容

爆炸火灾现场物证分布范围大，现场可能还有再次爆炸的危险。调查人员赶到现场时，应首先确认有无可疑爆炸遗留装置，有无房屋倒塌危险，将物证可能分布的范围都应列为保护区域。勘验时，以炸点为中心向外围方向勘验。

（1）炸点的位置及靠近炸点物体的破坏情况，主要是建筑物倒塌、断裂、变形、移动等破坏情况；不同房间内放置的物品被摧毁情况；炸点与倒塌的建筑物之间的距离，测出不同破坏程度的半径；判断爆炸物品的数量和破坏程度。

（2）抛出物的气味，通过抛出物的气味，可判断爆炸物品的种类。也可通过取样送检确定爆炸物品的种类。

（3）烟熏痕迹分布情况。在炸点边缘的物体上容易发现烟熏痕迹，收集烟熏痕迹时要连同其载体一并提取送检。根据烟熏痕迹的气味、颜色可初步判定炸药种类，通过分析鉴定可以帮助判断爆炸物品种类。

（4）抛出物在现场的分布方位、密度，抛出物距炸点的距离。较大块的抛出物要测距、称重、照相、绘图并做记录。

（5）检查抛出物表面烟痕、燃烧痕、熔化痕、冲击痕及划擦痕迹。分析上述痕迹物证，判断爆炸物种类、数量、状态及破坏威力。

(6) 提取残留物做分析鉴定。提取的爆炸残留物主要包括爆炸物品的原形物、分解产物、包装物和引爆物的残体。勘验时，注意在炸点及附近、抛出物、疑似爆炸包装物等部位提取；提取时，要注意在现场附近爆炸波及不到的地方采取空白样，以便做空白对比分析。

(7) 伤亡人员的具体位置，受害者姿态、朝向、损伤部位及原因，衣服剥离、毛发被烧情况，并提取送检。

(三) 爆炸火灾现场调查询问的主要内容

重点围绕报警人、发现人、受伤人员等展开，还应及时调取现场周围监控录像，主要查明以下问题：

(1) 爆炸火灾发生时的现象，如声、光、火焰、烟、气味等情况。爆炸物不同，爆炸后的现象也不一样，通过爆炸现象可判断爆炸物。

(2) 爆炸发生的详细经过，主要是爆炸发生的时间，爆炸发生后的声响，爆炸的震动和冲击波情况。

(3) 爆炸前后现场物品的变化情况，如爆炸前现场物品的位置状态及爆炸后物品变动的情况。

(4) 生产、储存、运输爆炸物品情况，主要是爆炸物品来源和保管、使用的情况以及用火、用电的情况。

(四) 泄漏气体爆炸火灾调查要点

在生产、储存、运输和使用可燃气体过程中，因管理不善、使用不当或产品质量等原因发生气体泄漏，或在相对密闭的空间内使用易燃液体，泄露的气体或挥发出的易燃液体蒸气扩散形成爆炸性混合气体，遇火源引起爆炸火灾事故。气体可以扩散到壁橱、地板等小空间或狭缝中，或被人、畜吸入呼吸道，爆炸后引起可燃物品燃烧及人、畜呼吸道损伤。

1. 气体泄漏原因分析

调查气体爆炸的原因，其中之一就是要分析爆炸性气体是如何形成的，易（可）燃气体来源何处。除了人为故意破坏而造成泄漏外，其他常见的气体泄漏原因如下：

(1) 储运设备的材料强度降低。设备材料及焊缝强度下降，引起破坏导致泄漏的原因主要有：因腐蚀或者摩擦，器壁减薄或穿孔；材料因工作环境温度降低，发生低温脆裂；由于反复应力或者静载荷作用，引起材料疲劳破坏或者变形；材料受高温作用，强度降低等。

(2)外部载荷突变造成破坏。容器、管道等受异常外部载荷作用，产生裂纹、穿孔、压弯、折断等机械性破坏的原因主要有：受各种震源的作用，地基下沉；油槽车、油轮相撞或翻车；船舶晃动，或者油槽车滑动，误开动，使正在输送危险品的管道折断、软管拉断；施工或者重载运输机械通过，造成埋设管道的破裂等。

(3)内压上升引起破坏。由于容器内气体体积或液体体积膨胀，容器内压力上升，造成容器破裂泄漏。

(4) 操作错误引起泄漏。违反安全操作规程，错误操作阀门、孔盖等造成泄漏。

(5) 微量泄漏。接缝、转轴、滑动面、腐蚀孔、小裂缝发生的微量泄漏。这种泄漏一般情况下，只能发生小火灾，但是扑救不及时，即使是小火也能烧坏密封和阀门，则可能转变为大量泄漏，使火灾扩大。

(6) 居民日常生活或饭店使用液化气、天然气不慎造成泄漏。

2. 气体爆炸火源分析

找出引起气体爆炸的引火源，是认定气体爆炸直接原因的关键。一般火源距离泄漏点近，爆炸发生早，气体爆炸造成的危害小；火源距离泄漏点远，爆炸发生晚，气体爆炸危害大。对持续性火源，气体泄漏后立即爆炸危害小；气体先泄漏，后接触火源，气体爆炸危害大。几个火源同时存在，则要根据火源性质、与泄漏点距离、气流方向以及泄漏气体相对密度来确定引火源，并排除其他火源因素。一般从以下几个方面分析引火源：

(1) 持续性火源，主要有：锅炉及加热的明火，电加热器的电阻丝，不防爆的电器设备，如运转的电机、电冰箱继电器或电气开关动作产生的电火花等，都能够引起可燃气体爆炸。

(2) 临时性火源，主要有：焊接、切割金属作业时的火花、喷灯的明火，金属摩擦或撞击的火星，汽车排气管产生的火星等。另外吸烟、炊事、焚烧等明火也能成为引火源。

(3) 绝热压缩火源。高压气体从容器、管道等设备中喷出，很容易产生绝热压缩现象，引发爆炸起火。

(4) 静电火花。气体在伴有雾滴或粉尘的情况下，由于这些颗粒的摩擦、碰撞、分裂等过程可产生静电，气体在管道内高速流动和从缝隙中喷出的过程中，由于发生摩擦均能产生强烈的静电，引起可燃气体的爆炸。静电火花可在放电金属上留下微小的痕迹，在电子显微镜下，可以看到像火山口形状的静电火花凹坑痕迹。

(5) 高温可燃气体接触空气起火。温度超过自燃点的可燃气体或液体蒸气从密闭的容器、管道等设备内泄漏，不需要其他引火源，与空气接触瞬间可直接起火。

3. 气体爆炸现场勘验和调查询问

(1) 现场勘验。寻找爆炸中心痕迹物证，虽然气体爆炸没有明显的炸点，但可根据火源情况、现场建筑物破坏倒塌痕迹进行综合分析，初步确定燃烧爆炸的中心范围。几个火源同时存在时，则要根据火源的性质、距泄漏点的距离、气流方向及泄漏气体密度，分析哪个火源是引起爆炸的引火源。

(2) 调查询问。发生爆炸时的现象和过程；泄漏气体的种类、设备及泄漏位置；泄漏的原因及采取的措施；爆炸前生产、使用、储存情况，有无特殊现象；设备的设计、施工和检修情况；以前是否发生过泄漏事故，是如何处置的；爆炸的中心部位有什么经常性的火源和临时性的火源；附近电气设备是否防爆，选择什么类型的防爆电器；居民家中的火源主要有炉火、电气开关火花和吸烟打火等火源，要查明在爆炸前或火灾前有无操作电气开关、吸烟等行为。

（五）容器爆炸火灾调查要点

容器爆炸火灾是指密封的容器由于材质强度降低或内部压力升高，造成容器破坏并瞬间向外释放能量的现象。

常见易爆容器主要有化工生产、储运装置及设备（如反应釜、分解塔等反应容器），锅炉、冷凝器等换热容器，蒸馏塔、干燥塔等分离容器等，还有液化气罐、汽车槽车等储运容器。这些容器多属压力容器，爆炸主要发生在容器局部腐蚀处、焊缝处、金属疲劳区、接口处等薄弱部位。爆炸的原因主要是由于容器内介质发生物理或化学反应，导致容器内部压力上升突破承载极限引发爆炸。

1. 容器爆炸现场勘验

（1）检查容器本身破坏情况。一是勘验容器残片破裂断面。用放大镜仔细观察断口截面及其附近容器内外壁的颜色、光泽、裂缝、花纹，找出其断面特征，必要时取破裂口附近的材质，进行化学分析、力学性能检验和焊接质量鉴定。二是检查破坏形状。测量裂口尺寸、裂口处的周长和壁厚，并与容器原来尺寸比较，计算裂口处的圆周伸长率和壁厚减薄率，估算出容积变形率。三是对碎片和抛出物进行勘验。记录或测量碎片及抛出物的形状、数量、重量、飞出方向和飞行距离，根据大块抛出物的重量及飞行距离估算其所需的能量。四是收集残留物送检。爆炸容器内的物质一般应该是已知的。

（2）勘验安全附件情况。一是勘验压力表。如果压力表冲破，指针打弯，说明产生超压；如果指针在正常工作点及附近卡住，说明失灵。二是勘验安全阀。检验安全阀有否开启过的痕迹，有否失灵现象；对安全阀重新试验和拆开检验，看其内部腐蚀情况，介质附着情况，阀门动作情况。三是勘验液位表。检验液位表是否与主容器连通，有否假指示现象，通过印痕检查爆炸前液体数量，检查残余液体的量，检查液位表的破坏情况。

（3）检查造成的破坏及伤亡情况。检查因容器爆炸对建筑物、设备等的破坏情况；检查现场尸体所在的方位、姿势、衣着情况、死亡的原因；检查受伤人员受伤的部位、受伤的程度和受伤原因。

2. 调查询问的主要内容

主要针对生产、使用、维修人员进行，重点查明以下内容：

（1）爆炸容器的名称、用途、型号、使用年限、质量、生产厂家等；

（2）爆炸时间、爆炸时的现象、冲击波方向；

（3）容器爆炸前内容物种类、数量、配比，是否超量；

（4）容器正常情况下的温度和压力，如何正常操作；

（5）爆炸前的温度和压力有什么不正常变化，压力表、减压阀和液位表是否经常失灵；

（6）设备的使用性质和工艺，设备设计、施工、使用、检修情况；

（7）爆炸容器附近有什么火源。

第四节 汽车火灾起火原因认定

随着我国汽车保有量的不断增加，汽车火灾每年也大量增加。汽车虽然种类繁多，外形各异，但其基本结构相近，所以不同型号的汽车发生火灾的原因也有相似性，汽车火灾的调查也有规律可循。

一、汽车的分类

汽车的分类方法较多，如按汽车的用途、结构性能参数、动力装置类型、行驶道路条件、行驶机构特征以及按发动机和驱动桥在汽车上的位置等的分类。这里仅介绍按汽车用途进行分类的方式。

根据国家标准的规定，按用途可把汽车分为普通运输汽车和专用汽车两大类。普通运输汽车包括轿车、客车、货车；专用汽车包括运输型专用汽车、作业型专用汽车、特殊用途车等。

二、汽车的总体构造

汽车的类型较多，各类汽车的具体构造虽有所不同，但它们的基本构造大体相同，都是由发动机、底盘、电气与电子设备和车身四大部分组成。

（一）发动机

发动机是汽车的动力装置，其作用是使燃料燃烧后产生动力（将热能转变为机械能），然后通过底盘的传动系统驱动车轮使汽车行驶。现代汽车最普遍的动力装置是往复活塞式内燃机，使用的燃料主要是汽油和柴油，也有使用液化气和天然气作为燃料的。

汽油发动机由曲柄连杆机构、配气机构、燃料供给系统、冷却系统、润滑系统、点火系统和启动系统组成。

柴油发动机气缸中燃料的着火方式为压燃式，无点火系统。

（二）底盘

底盘接受发动机的动力，使汽车产生运动，并能按驾驶员的意志操纵使其正确行驶。底盘由传动系统、行驶系统、转向系统和制动系统等组成。

（三）车身

车身安装在底盘的车架上。用于驾驶员、旅客乘坐或装载货物。除轿车、客车一般是整体结构的车身外，货车车身一般是由驾驶室和货箱两部分组成。

汽车车身主要包括：车身壳体、车门、车窗、前后板制件、车身附件、车身内外装饰件、座椅、通风、暖气、冷气、空调装置等。

现代汽车的车身面板材料多采用塑料、高分子材料或玻璃纤维材料等。

（四）电气与电子设备

汽车电气与电子设备由电源和用电设备两大部分组成，按设备的作用可分为如下九大系统：

（1）电源系统：由蓄电池、发电机和调节器组成。

（2）启动系统：由启动机和继电器组成。

（3）点火系统：主要有点火线圈、分电器总成、火花塞等。

（4）照明系统：是指车内外照明设备。

（5）信号系统：包括音响信号和灯光信号两类。

（6）仪表系统：主要指各种仪表。

（7）舒乐系统：主要是暖风器、空调器、音响视听等装置。

（8）微机控制系统：包括EEC\VEC\DIC三大类。

（9）其他系统 包括防盗器、刮水器、洗涤器、电动汽油泵、电动门窗、中控门锁等。

汽车电源分别为蓄电池和发电机。蓄电池主要供启动用电，发电机主要是在汽车正常运行时向用电器供电，同时向蓄电池充电。通常，从蓄电池至启动机和从蓄电池至发电机的导线，是汽车电路中规格最大的导线。这些线路没有过流保护装置。

汽车电源为低压直流电源，汽车常用电压为12V和24V，由于蓄电池充放电的电流为直流电，所以汽车用电均采用直流电。

汽车用电的设备很多，基本为并联。汽车发动机、底盘等金属机体为各种电器的公共并联支路，而另一条是用电器到电源的一条导线，故称为并联单线制。导线的规格决定其耗电量，导线越长耗电越多。

三、引发汽车起火的主要原因

汽车火灾发生的原因有很多，一般分为两大方面，一方面是汽车本身原因，主要有电气故障、油品泄漏、机械故障和操作不当等；另一方面是汽车外部原因，主要有放火、遗留火种、外来飞火和物品自燃等。引发汽车火灾的因素如下：

（一）明火源

1. 化油器回火和未熄灭的火柴

化油器式汽油机汽车出现的回火引燃泄漏的汽油，是这类汽车常见的起火原因。化油器回火的原因有可燃混合气的比例调节不当、点火过早或者点火顺序错乱等。在这种情况下，车辆常出现加速不灵。如果急剧加油，也会产生化油器回火或排气管放炮，甚至排出火星引燃可燃物起火。而未熄灭的火柴可点燃烟灰缸内的其他可燃物，导致仪表盘或座椅起火。

2. 放火

人为放火的目的大部分为恶意报复放火和为骗取保险金放火。多采用易燃液体作为助燃剂，如将汽油或其他可燃液体直接泼洒在驾驶室内、发动机部位或汽车轮胎处，然后用火源点燃。

3. 操作不当

清洗车辆零件时违反操作规程，不切断蓄电池电源，当清洗用的毛刷金属箍不慎碰到电线时，打出电火花，引燃汽油蒸气起火；或检修车辆时，违章用火，直接用明火烘烤发动机。

（二）电气故障

发动机停止工作后，蓄电池是汽车唯一的电源。此时，汽车用电设备大部分不与蓄电池相连，因此这些设备不会出现电气故障。但是有少数汽车用电设备，如交流发电机、启动机和点火开关等在发动机熄火且点火开关关闭的情况下仍与蓄电池相连，并能够在汽车停车数小时后出现电气故障。汽车电路中常用的线路保护装置有熔断丝、继电器和易熔线等，任何一个线路保护装置经改动、加设旁路或失灵后，都会影响电气系统正常运行。与建筑物不同的是，汽车电路采用直流电路（DC）系统和单线制接法，即蓄电池正极引出线经中央接线盒后连接到各用电设备，负极引出线与车身及发动机缸体相连，而车架、车身壳体和发动机相互连接，作为汽车用电设备的搭铁端（即负极）。这样一来，汽车电路的搭铁点就不止一个。任何带电的导线、接线端子或零件接触到搭铁端，都将形成完整的回路。

1. 导线过负荷

线路中自发的高电阻故障可导致导线的温度高于其绝缘材料的自燃点，特别是在散热条件差的地方，如线束内部或仪表盘下方的导线就会发生这种现象。而且故障发生时，线路保护装置不会动作并切断电路。电动座椅和自动升降门窗等大电流用电设备的线路故障，能够引燃导线绝缘材料、地毯织物或座椅缝隙间堆积的可燃尘垢。部分汽车配备了自动调温的座椅加热器，故障可使加热元件持续工作，从而导致过热。有些加热丝的位置发生变化，使加热部分的线路缩短，造成局部过热。加装额外的用电设备，如车载音响或报警装置等，可能发生导线连接部位过热起火，或导线走向不合理，受热或磨损后绝缘击穿起火，有的加装大功率设备可能导致汽车导线过负荷。

2. 短路和电弧

车内通电导体（主要为汽车导线）的绝缘材料出现磨损、脆化、开裂或其他形式的破损后，与金属导体相碰会产生电弧。液体泄漏致使接插部位绝缘材料的绝缘性能下降，或者接插部位受到挤压，导致接插件松动或断裂，从而产生电弧。汽车受到猛烈冲撞时，导线因压损或断开而产生电弧。特别是蓄电池引出线和启动机电缆等未经过线路保护装置的线路，这些线路所通过的电流大，较容易产生电弧。此外，被撞碎的蓄电池本身也可以产生电弧。电弧遇泄漏的汽油等可燃物可引发火灾。

3. 破碎灯泡的灯丝

破碎灯泡内的灯丝具有一定的点火能量。正常情况下，前照灯使用时其灯丝的温度可达1400℃，在有可燃气体、可燃混合气存在或可燃液体呈雾状喷射、弥散的情况下，破碎灯泡的灯丝能够引燃可燃混合气发生火灾。

（三）排气歧管等炽热表面

排气歧管和催化转化器产生的高温，足以点燃自动变速器的液体传动油，特别是因过载荷变速而升温后，滴落在其炽热表面上能被点燃，部分制动液（DOT3和DOT4）滴落在其炽热表面上同样能被点燃。汽车刚刚停止后，这些可燃液体被点燃的可能性仍然存在。因在行车时，通过发动机零（部）件表面的气流能够吹散油品蒸气，并冷却灼热的发动机外表面。而汽车停车后气流随之消失，此时排气歧管的温度自然上升，并达到足以点燃可燃液体蒸气的温度。催化转换器在正常工作时外表面温度可达到315℃，通风条件或空气环流受到限制时其外表面温度会继续升高。

通过多次实验验证，与电弧、电火花和明火不同，排气歧管和催化转化器的炽热表面不能点燃滴落的汽油。炽热表面点燃可燃液体的条件，除了表面温度要超过被点燃液体的自燃点以外，影响的因素还有很多，包括通风条件、可燃液体的饱和蒸气压、炽热表面的温度和粗糙度，以及可燃液体的量和其在炽热表面滞留的时间等。

（四）摩擦生热

装运金属捆绑物的汽车，因金属和车厢金属摩擦产生的热或打出的火花能引燃货物起火。

（五）遗留火种

现代车用内饰织物和材料，受本身化学性质的影响，很难被点燃的香烟所引燃。但点燃的香烟如果被掩埋在棉布、纸张、薄纱或其他堆积物下，则容易引发火灾。聚氨酯泡沫类坐垫燃烧迅速，一旦被引燃，就会增大汽车燃烧的剧烈程度。

（六）油品泄漏

大量汽车火灾事实证明，油品泄漏遇火源引发火灾是汽车火灾的常见原因。汽车内除可燃固体物质和可燃气体（液化气和压缩天然气）之外，还有较多油液，如汽油、柴油、机油、变速箱油、助力转向液、制动液等。这些油品一旦泄漏有可能被引火源引燃。

（七）其他起火因素

例如，放在驾驶室内仪表盘或变速杆等处的一次性打火机在阳光下长时间暴晒，会使打火机外壳爆裂，丁烷气泄出，可能引发火灾；后备箱内存放的化学危险物品，发生泄漏后可能会自燃起火。

四、汽车火灾现场勘验和调查询问的主要内容

汽车火灾起火原因认定方法与建筑物起火原因的认定方法有许多相同之处，但也有其特殊性。共性之处在于两者的认定程序基本相同，都是根据现场勘验和调查询问等工作，最终认定起火原因。特殊之处在于汽车火灾起火原因认定过程中，认定起火部位和起火点所需要进行的现场勘验和调查询问的内容是不同的，物证提取的要求也有所区别。

（一）现场勘验的主要内容

汽车火灾的现场勘验工作应当在汽车火灾发生地进行，但是有许多原因造成火灾调查人员无法在发生地完成，如在调查人员到达火灾现场之前汽车已被拖离。大多数情况下，需要在事故停车场和汽车维修厂等地点完成现场勘验任务。

1. 汽车基本信息的鉴别

通过鉴别，确定汽车的构造、类型、年代和其他识别标志，记录相关信息。汽车的车辆识别号码可以提供汽车制造商、产地、车身类型、发动机类型、年代、装配厂和生产序列号等信息。为便于勘验，火灾调查人员还可以找到与发生火灾的汽车年代、构造、类型及装置相同的汽车，仔细进行比对或者查阅相关的维修手册。

2. 原始现场的勘验

原始现场的勘验包括汽车所处位置，路面的平整情况，与周边道路、设施、建筑等的关系，周边可燃物的情况，现场燃烧的范围，周围是否有监控摄像等。如果是行驶过程中发生的火灾，根据需要还应当考虑沿车辆驶来方向对道路勘验，是否有行驶中起火的痕迹、掉落的物证，或车辆撞击、碰擦、紧急刹车以及底盘拖带杂物等的痕迹、物证。

车辆下方的地面应当作为重点勘验内容之一。如勘验时车辆还在现场，将汽车拖离的过程中，需观察记录汽车被拖动过程中受损的情况。对车辆下方地面的勘验应注意观察地面受热或可燃物粘连、渗透燃烧的痕迹，玻璃、轮胎残留物的状态，燃烧掉落的车辆构件或电气线路残留物，是否有非车辆本体可燃物的残留物或灰烬，是否有其他容器等。

3. 车辆外部的勘验

一般在车辆外围观察车辆各部位的情况。

（1）观察车壳的烟熏、变色、变形、熔融、炭化等痕迹，是否有撞击、碰擦的痕迹。不同的汽车、不同的部位车身外壳所用材料也有所不同，绝大部分采用的是钢板，还有的是碳纤维、铝、塑料等材料；同时，由于所处部位及附近可燃物不同、风向的作用等都会影响同种材料的燃烧痕迹，勘验中要注意比对。

（2）观察车门、车窗的状态，玻璃烟熏、破裂、掉落痕迹。对变形的车门，要注意观察分析是外力撞击还是燃烧变形所致。对燃烧较重的车辆，火灾发生的过程中如果车门处在开启的状态，那么在火灾结束后车门基本不能再重新关闭。因为在燃烧的过程中由于受到高温的作用，车门会发生变形，难以恢复原位。

车窗玻璃在升起状态下碎裂时大部分会在重力的作用下掉向驾驶室内，少部分掉落在车外。密闭的车厢内发生爆燃，存在玻璃向外被炸裂、飞溅的可能，飞溅出的玻璃如未被再次燃烧，一般无烟熏痕迹或烟熏痕迹很轻，遮阳膜、贴纸以及四周的密封垫无燃烧痕迹或仅表面有高温痕迹。

(3)观察轮胎、轮毂及制动器的变色、变形、熔融、炭化痕迹。比较每个轮胎内外、前后、上下的燃烧程度，轮毂的变色、熔融痕迹，比较不同部位轮胎的差别。火灾中，轮胎被局部烧穿或爆裂后，内部压力释放，轮胎与地面接触部分由原先较窄的一条变为较宽的一个面。一般情况下，车辆发动机部位或车厢内部起火，轮胎上方最先受热起火，火灾后残留的轮胎与地面接触部分较宽且均未受高温影响；反之，则需要注意是否有底部起火的可能。

(4)勘验车辆底盘部位是否有撞击痕，排气歧管、催化转化器、轴承、万向节等部位是否有过热痕迹，是否有稻草、塑料袋或其他可燃物粘连、夹带的痕迹。勘验底盘还要观察油箱、油管的状态，需要注意的是部分车辆的碳罐及电磁阀安装在油箱附近。

4. 车辆内部的勘验

勘验时，应深入汽车内部，尤其是对重点部位进行勘验。

(1)勘验车辆内部火势蔓延痕迹。车厢内部有大量的可燃装饰材料、仪器、仪表，发动机舱内有大量的线束、塑料和橡胶构件，后备箱内也有可燃装饰、备胎以及其他物品。勘验这些可燃物以及车辆内部金属构件的炭化、熔融、变形、变色的痕迹，注意观察不同结构间火势蔓延的途径，以帮助确定起火部位或起火点。

(2)检查油路，主要对下列部位的使用状态进行勘验：

①检查油箱和加油管状态。检查油箱是否破碎或局部渗漏。加油管通常为两节，中间用橡胶管或高分子软管连接。部分汽车加油系统的橡胶或高分子衬管、衬垫，深入到油箱内部。车祸导致连接管出现机械性破损，能造成加油系统的漏斗颈装置与油箱断开连接，并导致燃油泄漏。另外，外火也可烧毁连接管。

②检查油箱盖状态。检查油箱盖是否存在，加油管尾端是否烧损或存在机械损伤。许多油箱盖含有塑料件或低熔点金属件，这些零件在火灾中能够被烧毁，并导致部分金属零件脱落、缺失或掉进油箱。油箱受热或受火焰的作用后，其外部有时会形成一条分界线，能反映出起火时油箱内油面的高度。

③检查供油管和回油管状态。油管之间通常用一个或多个橡胶连接管或高分子软管连接，这些连接管处可发生燃油泄漏。检查并记录靠近催化转换器附近的油路管、靠近排气歧管的非金属油路管、靠近其他炽热表面的非金属油路管和容易受到摩擦的油路管的情况。

④检查机油等情况。检查机油、润滑油、传动油、转向油等容器及连接管路情况，是否有过热燃烧现象或泄漏到排气歧管上，并形成燃烧炭化痕迹残留在上面。

(3)检查电路。一般地，如果是汽车本身电气线路或电气设备出现故障，则会找到带有金属熔痕的电气线路、各种插接件和连接件、电气设备等。重点检查蓄电池、发动机线束、左右发动机室线束、电瓶接线柱、保险丝盒以及启动机、发电机、压缩机、风扇电机、左右前灯具及其线束；检查驾驶室内仪表板线束、中央接线盒、车内其他线束等；重点检查后背箱内尾灯线束等。注意是否有加装线路及设备的情况，或者改变了线路的连接方式、线路走向等现象。

（4）检查开关、手柄和操纵杆。检查驾驶室内部，记录各开关的位置，以便确定开关是否处于“开通”状态；检查车门内车窗升降机玻璃托架位置，确定门窗玻璃是否升起，以及起火前的状态；记录变速操纵杆的挡位；检查点火开关，如果可能的话，还需检查有关钥匙的痕迹，或车锁破碎的痕迹。虽然这些部件的材料容易被烧损，但是其受火后的残留物同样有助于汽车火灾的调查工作。

（5）检查发动机和排气歧管处是否有异物。重点检查是否有报纸、油棉纱等可燃物掉落在高温的发动机或排气歧管附近，有时会有炭化物或未完全燃烧的部分残留在外壁上。

（6）注意区分吸烟遗留火种和明火燃烧的痕迹特征。应重点鉴别汽车门窗玻璃是机械力破坏造成的炸裂，还是明火燃烧所造成的炸裂。观察窗玻璃炸裂的形状、烟熏程度、玻璃落地的位置来判断火源种类和起火特征。对于吸烟遗留火种引起的火灾，起火点多在驾驶室或后车厢的可燃货物上。由于具有阴燃起火的特征，往往造成驾驶室内一侧的窗玻璃烟熏严重且烧熔，起火后燃烧严重的部位是上部。

（二）调查询问的主要内容

汽车火灾调查中对当事人和其他相关人员的调查询问是十分重要的。特别是查明汽车起火前的技术状况，对于准确认定火灾原因有着直接的意义，可以从中发现疑点和难点，确定重点勘验部位，有针对性地找出引发火灾的可能因素。

（1）车辆履历情况，包括：车辆购置日期、首次登记日期；汽车销售店、购置价格；确认零（部）件更换、拆解、调整、修理情况；确认事故、改造、改装等情况。

（2）车辆保险情况，包括：确认车辆有无保险，是否超过保险期限；确认车辆保险的种类、保险金额及过去投保情况等。

（3）车辆运行情况，包括：汽车行驶的时间及行驶的距离；汽车行驶的路线和道路状况；汽车行驶的总里程数；汽车最后一次维护的时间、项目（保养、维修等）；汽车最后一次加油的时间及汽车的油量；汽车内是否存放个人物品（服装、工具、重要物品等）；汽车是否装有货物，是否加拖车，是否快速行驶等。

（4）火灾发生前车辆情况，包括：火灾发生前当事人、发现人以及其他目击证人等看到汽车情况；汽车停车的时间、地点、周围环境、地面可燃物状况和气象情况等；汽车运转是否正常（启动困难、失速、发动机空转、电气故障等）；仪表板上各种警示灯是否异常。

（5）火灾发生前车内人员行为表现，包括：有无吸烟；有无使用过打火机，以及摆放位置；有无调节座椅、升降车窗；有无在火灾前检查车辆，以及加油、换油、更换蓄电池或充电等；有无使用播放机、导航装置、空调、暖风和车高调节装置等；有无使用大灯、警示灯、雨刮器等；有无手刹拉起制动的情况下长距离行驶，或下坡长时间制动；有无发生碰擦、撞击，有无剧烈颠簸或听到异响，有无闻到异味；有无经过草地或路面遇到其他可燃物。

（6）火灾发生时车辆状况，包括：发生火灾时车辆位置、车速和当时的路面状况；发动机处于工作状态还是停止状态；车内驾驶员的状况（驾驶中、睡眠中），是否酒后或醉酒驾车；发生火灾时间，首先出现异味、烟雾或火焰的位置；发生火灾时烟雾或火焰的颜色，有无爆炸或异响；发生火灾时发动机、车身以及其他部位有无异常；有无发动机长时间高速空转；发生火灾时车辆周围相关人员的目击信息。

（7）发生火灾后驾驶员和相关人员行为，包括：从开始留意到可能发生火灾后，到停车时的行驶路程和需要的时间；有无关掉点火开关及拔掉钥匙；有无打开发动机舱盖、后备箱、车门；确认观察到猛烈燃烧的部位和燃烧蔓延的方向；采取何种措施进行扑救及如何扑救；报警时间、报警人及报警方法；消防队到达之前，火灾持续燃烧的时间；消防队到场后实施了哪些破拆方法；火灾燃烧的总时间。

五、汽车火灾起火原因认定要点

汽车起火的原因是多种多样的，这里主要介绍电气故障、油品泄漏、放火和遗留火种等四种引发火灾因素的认定要点。

（一）电气故障火灾起火原因认定要点

（1）根据火灾痕迹特征，经现场勘验和调查询问等工作，确定起火部位（点），起火部位大多在发动机舱或仪表盘附近；

（2）在起火部位寻找电气线路或设备的故障点，提取金属熔化痕迹等物证；

（3）经鉴定，结果为一次短路熔痕或起火前电热熔痕；

（4）综合火场实际情况，有根据地排除其他起火因素。

（二）油品泄漏火灾起火原因认定要点

（1）一般情况下汽车处于行驶状态；

（2）起火部位在发动机舱内或底盘下面；

（3）在发动机舱内重点过热部位，如发动机缸体外壁、排气歧管、排气管等，发现有机油、传动油等高闪点油品燃烧残留物黏附在其表面，同时找到泄漏点；

（4）经现场勘验，在发动机舱内未发现有电气线路或电气设备可能的故障点，或者虽然有导线等金属熔痕但经鉴定为二次短路熔痕等；

（5）发动机舱内油品燃烧后残留的烟熏痕迹较重，起火初期大多数情况下冒黑烟，且当事司机反映汽车起火前动力有不正常现象；

（6）结合现场勘验和调查询问情况，排除放火等人为因素的可能性。

注意汽油泄漏火灾与其他油品泄漏火灾引火源的区别。汽油一般不能被发动机炽热的表面所点燃。以上要点需根据实际情况选择使用。

（三）放火嫌疑火灾认定要点

（1）有两个以上起火点，或者虽然只有一个起火点，但是非人为因素不可能起火；

（2）经调查，发现存在骗保或报复放火的可能因素；

（3）经鉴定，在汽车不可能存在车用燃油的部位存在燃油成分或检出非本车辆用燃油或其他助燃剂成分；

（4）经现场勘验和物证鉴定，排除电气故障、遗留火种等引起火灾的可能性。

（四）遗留火种火灾起火原因认定要点

（1）起火部位一般在驾驶室或货车货厢部位；

（2）在起火部位存在阴燃起火特征，且有局部燃烧炭化严重现象；

（3）经现场勘验和鉴定，排除电气火灾、放火等火灾。

汽车火灾中遗留火种主要指烟头火源。调查时应注意，吸烟人员离开的时间与起火的时间应吻合。

汽车本身是个复杂的整体，存在多种可能引发火灾的因素，加上外来原因就更加复杂。上面列举的只是几种常见起火原因，其他起火原因认定的条件不一一列举。但最基本的认定条件均要首先确定起火部位或起火点，然后根据实际情况收集、提取相关的物证，并进行必要的鉴定分析，最后综合各方面情况加以认定。

第五节　自燃火灾起火原因认定

自燃火灾，是指可燃物在没有外来火源作用的情况下，因受热或自身发热而升温，超过了该物质的自燃点引起燃烧所造成的火灾。

一、自燃性物质的分类

按自燃性物质自燃时的特点和主要生热机理，可将自燃性物质分为以下五类：

（一）低自燃点物质

这类物质与空气中的氧反应的活化能很小，在常温常压条件下就能以较快的速度反应。由于自燃点较低，一旦接触空气，自燃很快就会发生。

（二）吸氧放热物质

（1）油脂类，如植物油类：大豆油、菜籽油、向日葵油等；鱼油类：沙丁鱼油、鲨鱼油等。

（2）金属粉末类，如锌、铝、锡、铁、镁、等金属及其合金粉末。

（3）炭粉类，如活性炭、炭灰、木炭、油烟等粉末。

（4）其他，如鱼粉、骨粉、原棉、炸油渣子、涂料渣、橡胶粉、煤、黄铁矿等。

（三）分解放热物质

例如，硝化纤维素、赛璐珞、硝化棉漆片和硝化甘油等及其制品。

（四）聚合放热物质

例如，丙烯、异戊二烯、液化氰化氢、苯乙烯、甲基丙烯酸甲酯等。

（五）发酵放热物质

例如，植物秸秆、酒糟、棉籽皮、红薯干、造纸原料等。

二、自燃的条件

影响自燃发生的条件，一是自燃性物质的放热速率，二是自燃体系热量积蓄条件。

（一）放热速率

放热速率一般是用放热量和反应速率的乘积来表示，考虑自燃性物质放热速率时，可以从影响其放热量和反应速率的各种因素进行分析。放热速率越大，越有利于自燃的发生。影响放热速率的因素有以下几点：

1. 温度

反应速率受自燃体系的温度影响很大，温度越高自燃反应的速率越快。从火灾统计资料来看，许多自燃火灾的发生都与当地当时气温有很大的关系。

2. 放热量

放热量是单位质量的自燃性物质自燃时释放出来的热量，它是自燃性物质的特性之一，其大小由自燃性物质的种类和引起自燃的反应类型不同而不同。

3. 水分

水分对于自燃有催化剂的作用，它能降低反应的活化能，使反应速率加快。对于植物纤维、金属粉末及堆放的煤，如果存在适量水分，就容易自燃。但水分太多，由于水的热容量和导热率比较大，不利于保温，所以也不利于自燃的发生。

4. 比表面积

反应速率与两相界面的表面积成正比，因而表面积越大，就越容易自燃。浸渍了自燃性液体的纤维状、多孔状或粉末状物质，由于与氧接触的表面积大，氧化反应快，放热速率高，就更容易发生自燃。

5. 催化作用

自燃体系中若存在具有催化作用的物质，自燃火灾更容易发生。在自燃的初期阶段可以观察到各种物质的催化作用。

6. 老化程度

多种物质的自燃与老化程度有关。例如，赛璐珞、硝化棉等物质，本来就不稳定，越是陈旧或者受热时间越长，越易发生分解，自燃的危险性越大；而煤、活性炭、油烟和炭黑等物质越新越容易发生自燃，干性油和半干性油氧化成固体后则无自燃的危险。

（二）热量的积蓄

物质自燃，除了必须由氧化、分解、聚合、吸附、发酵等作用产生热量外，还必须有一个容易积蓄热的环境。一般来说，如果物质内部不易积蓄热，其内部温度就不会持续上升，也就不会发生自燃。因此，热的积蓄是自燃发生的重要条件之一。影响蓄热的主要因素如下：

1. 导热率

导热率是物质的一种物理性质，不同种类物质的导热率差别很大。导热率越大，越不利于热量的积蓄；反之，导热率小，越容易积蓄热量。

2. 堆积方式

物质堆积的方式对蓄热能力有着很大的影响。大块的物质不利于热的积蓄；纤维状、粉末状的物质堆积起来，堆垛越大，蓄热保温越好，自燃越容易发生。

3. 空气流动

空气流动能促使自燃体系内部与外界的对流传热，致使体系内部温度下降，蓄热条件变差。一般露天场所比室内散热好，室内强制空气对流比自然通风散热好。

三、自燃火灾的调查方法

（一）查明起火点

1. 起火点的位置

自燃物质的性质和自燃机理不同，起火点形成的部位也有所区别。例如，植物类物质自燃火灾的起火点一般位于堆垛的内部，低自燃点物质的起火点一般位于最先接触空气的部位。

2. 起火点的数量

一般自燃火灾只有一个起火点，有一些自燃火灾现场可能形成多个起火点。

3. 起火点处是否有向周围蔓延火势的痕迹

起火点处有由内部向外围蔓延火势的痕迹是起火点的最基本特征。所以，一定要根据现场的炭化痕迹、变色痕迹、腐烂痕迹、熔化痕迹等分析判断。

4. 注意火灾前的现象

应查明哪个位置漏雨、哪个位置先冒烟等情况，这对于分析判断起火点的位置有重要作用。

（二）查明起火点处起火前是否存在着自燃性物质

起火点处是否存在着自燃性物质是认定自燃火灾原因的必要条件。所以，一般在认定了起火点之后，就要在起火点处查明起火前是否存在着自燃性物质。

（三）查明火灾现场起火前后是否具有自燃起火特征

要通过现场勘验和调查询问，查明现场是否具有自燃起火的特征，这是认定自燃的证据。

（四）查明起火前现场是否具有自燃条件

1. 查明自燃性物质的自燃特性

查明自燃性物质种类，并查明其自燃点、碘值、过氧化值增长率、发生自燃的初始温度、发生自燃所需要的含水量等。

2. 查明影响自然放热速率的条件

查明火灾前现场的温度、自燃性物质的发热量、含水量、老化程度、催化作用等。

3. 查明热量积蓄的条件

查明现场物质的热传导率、水分含量、堆垛方式、堆垛大小、空气流动情况等。

（五）查明自燃前的气象情况

要查明自燃前现场温度、湿度、雨雪、风速、风向等气象情况，还要查明堆垛漏雨的情况。

（六）查明以往发生过的自燃事故的原因

要查明该单位以前发生的类似自燃事故，包括自燃性物质种类、性质、状态、形态、堆垛大小，现场条件和自燃原因等情况，以此线索作为分析判断此次火灾原因的参考。

（七）现场实验

无法查阅有关物质的相关资料时，可按照火灾前的现场条件进行现场实验，并做好记录。

（八）排除起火点处其他火源引起火灾的可能性

如果火灾发生前现场有其他火源或起火因素存在时，要根据现场调查的线索和证据排除这些起火的可能性。

第六节 弱火源类火灾起火原因认定

根据火源点燃可燃物的机理，可以把火源分为强火源和弱火源。在正常环境下，能引燃一般可燃物的火源叫强火源；不能引燃一般可燃物，只能在特定的条件下才能引燃某些可燃物的火源叫弱火源。弱火源中，有的温度比较低，低于一般可燃物的自燃点；有的释放出的能量比较少，少于一般可燃物的最低点火能量；有的则释放能量的速率比较慢，慢于着火体系的散热速率。弱火源在日常生活和生产中普遍存在，也是引起火灾的火源之一，具有一定的危险性。

一、弱火源的分类

常见的弱火源有烟头、静电火花、低温火源、摩擦火星等。按照弱火源的火源特性，可以将弱火源分为低能量高温火源，如静电火花、碰撞火花、摩擦火星等；高能量低温火源，如烟头、蚊香、热煤渣、高压蒸气管道、烟道、火炕、摩擦热等；低放热速率低温火源，如各种自燃性物质发生自燃的起初阶段。

二、弱火源的特性

（一）弱火源仅能点燃某些物质

低能量高温火源仅能点燃最小点火能量非常低的气体、蒸气或粉尘；高能量低温火源仅能点燃在较低温度下发生热分解、炭化的物质以及自燃点很低的物质；低放热速率低温火源在保温条件好时可使自燃性物质着火。

（二）弱火源点燃可燃物时受现场条件影响较大

弱火源只能在特定的条件下才能引燃某些可燃物。其点燃可燃物时受现场湿度、温度、刮风、下雨、保温条件等现场条件影响很大。

（三）弱火源点燃可燃物的偶然性很大

由于弱火源本身的特性，不易引燃一般可燃物，只有在特定的条件下才会引燃，弱火源点燃可燃物的偶然性很大。

三、吸烟火灾的调查

丢弃的烟蒂及掉落的烟灰有时会引起火灾。虽然其火灾现场特征明显，但作为火源的烟蒂或烟灰在现场已无法查找，因此吸烟引起火灾的调查难度相当高。

（一）吸烟引起火灾的主要原因

1. 烟头处理不当

吸烟人吸完烟后，处理烟头的方式各异。有的用脚踩，有的用手捻，有的掐后装到衣兜内，有的放在烟灰缸内或桌面上，有的随便一扔。手捻、脚踩，不可能将烟头火彻底弄灭，仍是潜在火源。随便乱扔烟头是烟头引起火灾最常见的原因。若将烟头或手捻的烟头扔到阴暗角落里，正好遇上废纸篓、柴草堆、衣物等，很容易将其引燃。

2. 点烟后乱扔火柴杆

吸烟者划着火柴点烟时，若将燃着的火柴杆乱扔，落到棉纺织品、柴草、刨花、纸张上等，可以将其引燃。

3. 吸烟的方式和地点不当

躺在床上或沙发上吸烟，特别是喝醉了酒和过度疲劳的情况下，将带火的烟头掉落在被褥、衣服、沙发上等处，可引起火灾。

4. 其他原因

将烟头放到临时玻璃瓶中，造成炸裂，或将烟头放到纸盒中，造成烧穿，引起底部可燃物起火；用烟斗吸烟的人，随意磕烟灰，火星可引燃可燃物。

（二）吸烟火灾调查的主要内容

烟头引起火灾的现场，往往很难提取到直接的物证及残留物，调查的难度很大。因此，需要通过调查访问与现场勘验密切配合去发现线索，以获取证据。

1. 准确判定起火点

烟头引起着火、属阴燃起火。所以，应寻找阴燃痕迹，如烟熏痕迹、炭化痕迹等，根据阴燃痕迹特征去判定起火点的位置。

2. 查明起火点处可燃物的情况

查明起火点处可燃物种类、数量、状态、分布等情况；烟头引起火灾除烟头与起火点的可燃物接触外，还必须具备能够引起燃烧并蔓延的可燃物；确认可燃物是否为疏松的纤维状物质，是否易在烟头温度下能够发生热分解并能发生燃烧。

3. 查明吸烟人的情况

查明吸烟者的人数、姓名，吸烟时每个吸烟者的位置、姿态（站、坐或卧等）、吸烟的具体过程、烟头和燃着的火柴杆扔在何处，同时查明点烟的时间，扔烟头和火柴杆的时间，吸烟者平时烟瘾程度和吸烟的习惯等。

4. 查明伤亡情况

应查明吸烟者衣服烧焦的部位，脸、手、头发被烧的情况；查明火场中尸体的位置、姿态、烧伤部位等。

5. 查明起火时间

由于烟头引燃的时间较长，应根据吸烟时间、扔烟头时间，发现起火时间等，分析判定起火时间；还可以根据模拟实验分析起火的可能性和起火时间。

6. 查明有无其他火源引起火灾的可能

其他弱火源，如烟道火星、热煤渣等引起火灾的现场特征与烟头火灾现场特征相似，所以要认真分析现场上存在的其他火源引起着火的可能性，加以排除。

7. 查明现场起火时的气象条件

查明起火前现场的温度、湿度、风向、风速、雨雪等气象条件。

8. 现场实验

有条件的可做现场实验，参考有关人员提供的线索和现场可燃物情况，分析烟头引燃的可能性，着火时间等。

四、摩擦火灾的调查

物体间相互摩擦会产生高温、火花或静电等，所以摩擦也能引起火灾。

（一）常见摩擦起火的情况

1. 汽车轮胎摩擦起火

汽车在行驶过程中，其轮胎内轮箍长时间摩擦周围物体或者轮胎与地面摩擦引发火灾。

2. 引燃或引爆易燃液体

易燃液体分子之间、易燃液体与其储运容器或输送管壁之间、易燃液体与被输入体之间、易燃液体与空气之间、易燃液体与其他物体之间等容易产生摩擦。摩擦会产生高温、静电或火花，导致易燃液体燃烧或爆炸。

3. 引燃或引爆可燃气体

可燃气体容易被一些微弱火源引燃或引爆。摩擦产生的高温、火花或静电是常见的引燃引爆可燃气体的火源。

4. 引发电气故障引起火灾

摩擦导致电线绝缘层损坏，引发短路等电气故障引起火灾。

5. 机械转动部分摩擦起火

机械转动部分如轴承、搅拌机、提升机、通风机的机翼与壳体等摩擦过热起火。

6. 机械设备与铁石杂物或与被加工物体之间产生摩擦导致火灾

高速运动的机械设备内混入铁、石等物体，或者由于错误操作导致机械设备本身与被加工物体之间产生不正常摩擦也能导致火灾发生。

7. 砂轮、研磨设备与物体摩擦起火

砂轮、研磨设备与物体摩擦会产生高温、火花或静电，进而引燃周围的可燃物。

（二）摩擦火灾调查的内容和方法

1. 寻找摩擦痕迹，分析摩擦形成的原因

调查时应该先在火灾现场寻找摩擦痕迹。引发摩擦起火的情况很多，特别要注意火灾现场内的摩擦痕迹。首先，确定摩擦痕迹的位置、痕迹特征以及形成的时间；然后，根据火灾现场摩擦痕迹的位置、形成时间、痕迹特征等分析摩擦形成的原因、可能造成的结果。

2. 查明起火点及起火点处可燃物状况

除依据燃烧蔓延痕迹、被烧轻重以及调查询问情况分析确定起火点外，还应重点查明起火点处可燃物种类、状态、分布、数量。确认该可燃物能否被弱火源引燃。

3. 分析认定火源

摩擦火灾的火源主要有物体摩擦后产生的高温、火花和静电等。一般在起火点寻找并用排除法分析认定火源。如果摩擦产生的火花是主要火源，应该分析火花飞散距离；如果摩擦产生的静电是主要火源，应该分析火灾现场静电产生和积聚的条件。在分析时，要注意火源与周围可燃物的关系。由于这些火源都是弱火源，注意对之进行能量分析。

4. 现场实验

通过现场实验确认摩擦产生高温的温度高低以及引燃能力；分析确认摩擦是否能飞出火星、测定飞散距离，分析引燃可燃物的可能性；分析确认摩擦是否能产生静电，静电积聚、放电和引燃周围可燃物的情况。

参考文献

[1] 雷柏伟，吴兵．矿井火灾救灾气体分析理论与实践 [M]. 北京：应急管理出版社 . 2019.

[2] 邵振鲁．煤田火灾地球物理探测技术研究与应用 [M]. 徐州：中国矿业大学出版社 . 2019.

[3] 张洪杰；韩军，幸福堂，陈叿生，王洁副．普通高等院校规划教材建筑火灾安全工程 [M]. 徐州：中国矿业大学出版社 . 2019.

[4] 李思成．高层建筑疏散走道火灾烟气多驱动力作用下运动特性 [M]. 北京：知识产权出版社 . 2019.

[5] 李惠菁．火灾事故调查实用手册 [M]. 上海：上海科技教育出版社 . 2018.

[6] 娄悦．火灾探测报警系统原理与应用 [M]. 杭州：浙江大学出版社 . 2018.

[7] 孙丽．消防安全及常见火灾预案知识手册 [M]. 北京：中国环境科学出版社 . 2018.

[8] 陈梦敏．毛卷卷有朵灭火云应对火灾 [M]. 南昌：二十一世纪出版社 . 2018.

[9] 卢丽敏，袁勇，禹海涛．具有端部约束的钢筋混凝土梁火灾行为的计算方法 [M]. 徐州：中国矿业大学出版社 . 2018.

[10] 季经纬，程远平．中国矿业大学安全及消防工程特色专业系列教材火灾动力学 [M]. 徐州：中国矿业大学出版社 . 2018.

[11] 赵广，黄宏远．体育场馆智能化 [M]. 武汉：中国地质大学出版社 . 2018.

[12] 姬宏亮，白亮亮．草原防火办公室实用手册 [M]. 石家庄：河北科学技术出版社 . 2018.

[13] 张丽娟．火灾燃烧概论 [M]. 北京：经济日报出版社 . 2017.

[14] 张茜，孙旭，杨晨副．火灾事故调查 [M]. 徐州：中国矿业大学出版社 . 2017.

[15] 刘暄亚．火灾成因调查技术与方法 [M]. 天津：天津大学出版社 . 2017.

[16] 阎卫东．火灾应激与心理危机干预 [M]. 成都：西南交通大学出版社 . 2017.

[17] 徐曼丽．火灾逃生 [M]. 北京：中国环境出版集团 . 2017.

[18] 刘晓华．图说火灾逃生自救丛书火灾 [M]. 上海：同济大学出版社 . 2017.

[19] 刘玲；刘义祥，张金专，华菲，金静，李阳．火灾物证技术鉴定 [M]. 北京：中国人民公安大学出版社 . 2017.

[20] 庞国强．矿井火灾防治第 2 版 [M]. 北京：煤炭工业出版社 . 2017.